普通高等教育"十二五"规划教材

食品工艺学综合实验

丁 武 主编

中国林业出版社

内容简介

食品工艺学综合实验是食品科学与工程和食品质量与安全等专业的必修课程之一，是一门独立开设的重要实践教学课程。本书共分为四篇十章，内容包括畜产食品、园产食品、农产食品、水产食品加工和产品质量安全检测，综合了食品生产中的"原辅料品质评定、食品加工工艺、产品品质评价及质量安全检测"三大关键环节，探索性增设综合设计实验。

本书由14所高校16位活跃在教学第一线的专家学者共同讨论编写完成，是集体智慧的结晶。编写中借鉴了国内外同类教材之长，吸收了如辐射杀菌、臭氧杀菌、超高压杀菌、膜分离技术、超临界萃取技术、微胶囊造粒技术、气调保鲜技术等最新加工技术及科研成果，加入了我国食品传统加工及现代加工技术和标准，并融入编者多年来的研究成果和专业工作经验。本书内容丰富，深入浅出，通俗易懂，适合作为各大专院校食品类专业的教材，还可以供职业技术学校相关专业的学生、业余职业教育人员以及食品生产企业的技术人员学习参考。

图书在版编目（CIP）数据

食品工艺学综合实验/丁武主编．—北京：中国林业出版社，2012.8　（2019.7重印）
普通高等教育"十二五"规划教材
ISBN 978-7-5038-6687-6

Ⅰ.①食…　Ⅱ.①丁…　Ⅲ.①食品工艺学－实验－高等学校－教材
Ⅳ.①TS201.1-33

中国版本图书馆 CIP 数据核字（2012）第168950号

中国林业出版社·教材出版中心

策划、责任编辑：高红岩
电话：83221489　83220109　　　　传真：83220109

出版发行	中国林业出版社（100009　北京市西城区德内大街刘海胡同7号） E-mail:jiaocaipublic@163.com　电话:(010)83224477 http://lycb.forestry.gov.cn
经　销	新华书店
印　刷	三河市祥达印刷包装有限公司
版　次	2012年8月第1版
印　次	2019年7月第2次印刷
开　本	850mm×1168mm　1/16
印　张	18.5
字　数	394千字
定　价	42.00元

未经许可，不得以任何方式复制或抄袭本书之部分或全部内容。
版权所有　侵权必究

《食品工艺学综合实验》编写人员

主　编　丁　武
副主编　徐艺青　张　珍　王振斌
编　者　(按姓氏笔画排序)
　　　　丁　武（西北农林科技大学）
　　　　王振斌（江苏大学）
　　　　朱迎春（山西农业大学）
　　　　迟玉森（青岛农业大学）
　　　　李婷婷（南京林业大学）
　　　　武俊瑞（沈阳农业大学）
　　　　张　静（西北农林科技大学）
　　　　张　珍（甘肃农业大学）
　　　　张海生（陕西师范大学）
　　　　易建华（陕西科技大学）
　　　　柳艳霞（河南农业大学）
　　　　袁　超（安阳工学院）
　　　　徐艺青（北京农学院）
　　　　梁丽雅（天津农学院）
　　　　寇莉萍（西北农林科技大学）
　　　　潘永贵（海南大学）

前　言

食品工艺学综合实验是食品科学与工程和食品质量与安全等专业的必修课程之一，是一门独立开设的重要实践教学课程。为顺应学科发展和社会需求，本课程既重视食品加工基本技能训练，又重视产品质量安全检测，综合了食品生产中的"原辅料品质评定、食品加工工艺、产品品质评价及质量安全检测"三大关键环节，探索性增设综合设计实验，将食品原辅料质量检测、食品加工工艺参数优化、新产品开发、产品质量评定等内容有机融为一体，突出了实践教学的知识性、科学性、系统性和实用性。

通过本课程的系统学习和训练，能够使学生深入理解食品制作工艺原理，掌握食品加工的基本技能和产品品质评定方法，了解食品加工高新技术。培养学生运用所学的理论知识和操作技能去观察、分析和解决问题，设计新实验，研发新产品，提高学生的创新思维和动手能力。

《食品工艺学综合实验》由 14 所高校 16 位活跃在教学第一线的专家学者共同讨论编写完成，是集体智慧的结晶。本书对内容的选择、组织和撰写，不拘泥于各学科之间的界限划分，突出机能融合，全书共分为 4 篇 10 章，内容包括畜产食品、园产食品、农产食品、水产食品加工。编写中借鉴了国内外同类教材之长，吸收了众多的最新科研成果，加入了我国食品传统加工及现代加工技术和标准，并融入编者多年来的研究成果和专业工作经验。该教材内容丰富，深入浅出，通俗易懂，适合作为各大专院校食品类专业的教材，还可以供职业技术学校相关专业的学生、业余职业教育人员以及食品生产企业的技术人员学习参考。

在编写过程中，承蒙中国林业出版社和西北农林科技大学教务处的大力支持，全体参编人员的辛勤劳动，在此一并致谢！

限于编者的知识水平和实践经验，加之本书内容体系较新，可参考的文献较少，故书中不足之处在所难免，热切希望诸位同仁和广大读者批评指正。

丁　武

2011 年 11 月

目 录

前 言

第一篇　畜产食品综合实验

第一章　乳制品加工实验 ………………………………………………………………… 2
第一节　原料乳的品质评定 ……………………………………………………………… 2
实验一　原料乳的理化检验 …………………………………………………………… 2
实验二　掺假乳的检验 ………………………………………………………………… 9
第二节　乳制品加工 ……………………………………………………………………… 18
实验一　巴氏杀菌乳的加工 …………………………………………………………… 18
实验二　超高温灭菌（UHT）乳的加工 ……………………………………………… 20
实验三　中性花色牛乳饮料的加工 …………………………………………………… 22
实验四　调酸型花色乳饮料的加工 …………………………………………………… 24
实验五　酸奶发酵剂制备 ……………………………………………………………… 26
实验六　凝固型发酵酸奶的加工 ……………………………………………………… 27
实验七　乳酸菌饮料的加工 …………………………………………………………… 29
实验八　冰激凌的加工 ………………………………………………………………… 31
实验九　凝乳酶活性检测 ……………………………………………………………… 35
实验十　切达干酪的制作 ……………………………………………………………… 36
实验十一　稀奶油干酪的制作 ………………………………………………………… 38
实验十二　卡门贝尔干酪的制作 ……………………………………………………… 39
实验十三　莫兹瑞拉干酪的制作 ……………………………………………………… 41
实验十四　农家干酪的制作 …………………………………………………………… 42
实验十五　奶酪的品质评定及质量检测 ……………………………………………… 44
实验十六　普通全脂甜奶粉、婴儿奶粉的加工 ……………………………………… 47
实验十七　奶粉品质评定及质量检测 ………………………………………………… 49
实验十八　乳制品加工综合设计实验及实例 ………………………………………… 54

第二章 肉制品加工实验 …… 61
第一节 原料肉的品质评定 …… 61
实验一 原料肉新鲜度检测 …… 61
实验二 原料肉品质评定 …… 67
实验三 添加剂和加工方式对肉制品质量的影响综合设计实验 …… 73
第二节 肉制品加工 …… 74
实验一 肉松的加工 …… 74
实验二 肉干的加工 …… 77
实验三 肉脯的加工 …… 80
实验四 火腿肠的加工 …… 82
实验五 西式灌肠的加工 …… 85
实验六 灌肠类肉制品品质评定及质量检测 …… 87
实验七 冷冻肉丸的加工 …… 88
实验八 午餐肉罐头的加工 …… 91
实验九 腊肉的加工 …… 94
实验十 传统香肠的加工 …… 96
实验十一 北京烤鸭的加工 …… 98
实验十二 沟帮子熏鸡的加工 …… 100
实验十三 酱牛肉的加工 …… 102
实验十四 辐射杀菌技术 …… 103
实验十五 烧鸡的制作 …… 104
实验十六 肉制品加工综合设计实验及实例 …… 106

第三章 蛋制品加工实验 …… 111
第一节 禽蛋的品质评定 …… 111
实验一 禽蛋的构造和物理性状测定 …… 111
实验二 禽蛋的新鲜度和品质检验 …… 113
第二节 蛋的加工 …… 117
实验一 包泥法、滚粉法无铅皮蛋（变蛋）的加工 …… 117
实验二 咸蛋的加工 …… 120
实验三 糟蛋的加工 …… 122
实验四 液蛋的加工 …… 125
实验五 蛋粉的加工 …… 126
实验六 蛋黄酱的加工 …… 128
实验七 蛋制品加工综合设计实验及实例 …… 129

第二篇　园产食品综合实验

第四章　果品蔬菜品质评定及贮藏实验 ... 134
- 实验一　果蔬原料的选择和分级 ... 134
- 实验二　果蔬一般物理性状的测定 ... 136
- 实验三　果蔬呼吸强度测定 ... 139
- 实验四　果蔬的气调保鲜技术 ... 141
- 实验五　臭氧杀菌技术 ... 142
- 实验六　果品蔬菜贮藏综合设计实验 ... 143

第五章　果品蔬菜加工实验 ... 145
- 实验一　防止果蔬在加工中的变色 ... 145
- 实验二　真空冷冻脱水果蔬的加工 ... 147
- 实验三　黄花菜的干制 ... 148
- 实验四　微波膨化苹果片的加工 ... 150
- 实验五　果蔬速冻加工 ... 153
- 实验六　冷冻粉碎技术 ... 154
- 实验七　泡菜的加工 ... 155
- 实验八　方便榨菜的加工 ... 157
- 实验九　酱菜的加工 ... 159
- 实验十　果脯的加工 ... 161
- 实验十一　果酱的加工 ... 163
- 实验十二　罐头类果品蔬菜加工 ... 164
- 实验十三　果品蔬菜加工综合设计实验及实例 ... 167

第六章　饮料加工实验 ... 170
- 实验一　果蔬汁的澄清实验 ... 170
- 实验二　软饮料的稳定性检验 ... 172
- 实验三　苹果汁饮料的加工 ... 174
- 实验四　茶饮料的加工 ... 176
- 实验五　膜分离技术（超滤技术） ... 177
- 实验六　冷杀菌技术（超高压技术） ... 179
- 实验七　蛋白饮料的加工 ... 181
- 实验八　软饮料综合设计实验及实例 ... 183
- 实验九　果酒的加工 ... 185
- 实验十　果醋加工 ... 187
- 实验十一　果酒综合设计实验及实例 ... 189

第三篇　农产食品综合实验

第七章　粮食加工实验 · 194
第一节　谷物的品质评定 · 194
  实验一　粮食新鲜度的检测 · 194
  实验二　小麦粉面筋含量及品质测定 · 196
  实验三　谷物品质评定综合设计实验（面粉蒸煮品质研究） · 198
第二节　谷物类食品的加工 · 199
  实验一　韧性饼干的加工 · 199
  实验二　酥性饼干的加工 · 200
  实验三　饼干的品质评定及质量检测 · 201
  实验四　广式五仁月饼的加工 · 207
  实验五　膨化小食品的加工（玉米薄片方便粥的加工） · 208
  实验六　小米锅巴的加工 · 209
  实验七　膨化糯米米饼的加工 · 210
  实验八　膨化食品的品质评定及质量检测 · 212
  实验九　二次发酵法面包加工 · 214
  实验十　快速法面包加工 · 216
  实验十一　蛋糕加工 · 218
  实验十二　酱油加工 · 220
  实验十三　食醋加工 · 223
  实验十四　内酯豆腐加工 · 225
  实验十五　传统豆豉加工 · 227
  实验十六　豆腐乳加工 · 229
  实验十七　谷物加工综合设计实验及实例 · 233

第八章　油脂类加工实验 · 239
第一节　食用油的品质评定 · 239
  实验一　食用油掺假检验 · 239
  实验二　食用油脂透明度、色泽、气味、滋味的检测 · 241
  实验三　氢化食用油中反式脂肪酸含量的测定 · 243
第二节　油脂类食品的加工 · 246
  实验一　超临界流体萃取技术 · 246
  实验二　微胶囊造粒技术 · 247
  实验三　传统油条的加工 · 249
  实验四　油炸芝麻麻花的加工 · 250
  实验五　油炸沙琪玛的加工 · 251
  实验六　油炸糕点类食品的加工 · 252

  实验七 油炸食品品质评定及质量检测 …………………………………………… 253
  实验八 油炸食品综合设计实验及实例 …………………………………………… 255

第四篇 水产食品综合实验

第九章 水产原料的品质评定 ……………………………………………………… 258
  实验一 水产品新鲜度的感官检测 ………………………………………………… 258
  实验二 鱼类鲜度（K 值）的测定 ………………………………………………… 260
  实验三 水产品中甲醛的测定——分光光度法 …………………………………… 261
第十章 水产品加工实验 …………………………………………………………… 264
  实验一 鱼肉松的加工 ……………………………………………………………… 264
  实验二 调味鱼肉片的加工 ………………………………………………………… 265
  实验三 鱼肉脯的加工 ……………………………………………………………… 266
  实验四 熏鱼罐头的加工 …………………………………………………………… 267
  实验五 鱼糜蛋白食品（鱼蛋白纺丝制品）的加工 ……………………………… 269
  实验六 鱼肉蛋白豆腐的加工 ……………………………………………………… 270
  实验七 香酥虾饼的加工 …………………………………………………………… 271
  实验八 冻藏水产品的加工 ………………………………………………………… 272
  实验九 鱼肉制品综合设计实验 …………………………………………………… 274

参考文献 ……………………………………………………………………………………… 278

第一篇 畜产食品综合实验

第一章 乳制品加工实验

第一节 原料乳的品质评定

实验一 原料乳的理化检验

Ⅰ 乳新鲜度测定

Ⅰ₁ 感官鉴定

一、实验目的

使学生通过感官检验评价乳的新鲜度。

二、实验内容

正常乳应为乳白色或略带黄色;具有特殊的乳香味;稍有甜味;组织状态均匀一致,无凝块和沉淀,不黏滑。

色泽鉴定:将少量乳倒入白瓷皿中观察其颜色。

气味鉴定:将少量乳加热后,闻其气味。

滋味鉴定:取少量乳用口尝之。

组织状态鉴定:将少量乳倒入小烧杯内静置 1h 左右,再小心将其倒入另一小烧杯内,仔细观察第一个小烧杯内底部有无沉淀和絮状物。再取 1 滴乳于大拇指上,检查是否黏滑。

Ⅰ₂ 滴定酸度

一、实验目的

使学生掌握滴定酸度的原理和操作方法。

二、实验原理

牛乳酸度分为固有酸度和发酵酸度。固有酸度来源于乳中的蛋白质、柠檬酸盐及磷酸盐等物质。新鲜牛乳酸度为 16~18°T。发酵酸度来源于牛乳挤出后以及存放过程中,由于微生物的活动,分解乳糖产生乳酸,而使乳的酸度升高。

滴定法测定的乳酸度是固有酸度和发酵酸度之和,也称乳的总酸度。滴定酸度可判定乳是否新鲜。乳的滴定酸度常用吉尔涅尔度(°T)表示。°T 是以中和 100mL 乳中的酸所消耗的 0.1mol/L 氢氧化钠的毫升数来表示。

三、实验材料与仪器设备

0.1mol/L 氢氧化钠标准溶液，5g/L 酚酞乙醇溶液，碱式滴定管，吸管，三角瓶。

四、实验内容

（1）滴定乳的酸度　取乳样 10mL 于 150mL 三角瓶中，再加入 20mL 蒸馏水和 3 滴 0.5% 酚酞溶液，小心摇匀。用 0.1mol/L 氢氧化钠溶液滴定至微红色，并在 30s 内不褪色为止。整个过程应在 45s 内完成。记录 0.1mol/L 氢氧化钠所消耗的毫升数 A。

（2）计算滴定酸度

$$滴定酸度（°T）= A \times 10$$

式中：A——滴定时消耗的氢氧化钠毫升数

10——乳样的倍数。

注：该方法也适合于乳制品的滴定酸度检测。

I_3　酒精实验

一、实验目的

使学生掌握酒精实验的原理、操作方法及其在实践中的应用。

二、实验原理

乳中的酪蛋白以胶粒形式存在，胶粒具有亲水性在其周围形成结合水层，正常乳中酪蛋白胶粒是稳定存在的，当乳中酸度升高，胶粒表面所带电荷发生变化，其表面水层稳定性变差。酒精具有亲水作用，浓度越大，亲水作用越强，越容易脱去酪蛋白胶粒表面水层，使酪蛋白凝固。当乳中酪蛋白遇到同一浓度的酒精时，其凝固现象与乳的酸度呈正比，即凝固现象越明显，说明乳中酸度越大。由此，根据乳对酒精稳定性，来判定乳的新鲜度。

三、实验材料与仪器设备

68% 酒精，70% 酒精，72% 酒精，试管，吸管。

四、实验内容

于试管内加等量的酒精与牛乳（一般为 1~2mL），充分摇匀后，出现絮片的乳为酒精阳性乳，其酸度较高，判定标准见表 1-1。实验温度以 20℃ 为标准，不同温度需要校正。

表 1-1　酒精浓度与酸度关系判定标准表

酒精浓度	68%	70%	72%
不出现絮片的酸度	20°T 以下	19°T 以下	18°T 以下

I_4　煮沸实验

一、实验目的

使学生掌握煮沸实验的原理，具体操作及其在实践中的应用。

二、实验原理

乳的酸度越高，乳中蛋白质对热的稳定性越低，越易凝固。根据乳中蛋白质在不同温度时凝固的特征，可判断乳的新鲜度。

三、实验材料与仪器设备

吸管，试管，酒精灯。

四、实验内容

取 10mL 乳，放入试管中，用酒精灯加热至沸腾，观察管壁有无絮片出现或发生凝固现象。如果产生絮片或发生凝固，则表示不新鲜，酸度大于 26°T，见表 1-2。

表 1-2 原料乳煮沸实验判定标准

乳的酸度/°T	凝固条件	乳的酸度/°T	凝固条件
18	煮沸时不凝固	40	加热到 63℃ 以上时凝固
20	煮沸时不凝固	50	加热到 40℃ 以上时凝固
26	煮沸时能凝固	60	22℃ 时自行凝固
28	煮沸时能凝固	65	16℃ 时自行凝固
30	加热到 77℃ 以上时凝固		

I_5 美蓝还原实验

一、实验目的

使学生掌握定性检测牛乳样品细菌含量的方法，同时通过对照试验，确定在牛乳消毒中广泛应用的巴斯德消毒法的卫生标准是否达标。

二、实验原理

细菌在牛乳中繁殖时产生还原酶，消耗氧，于是乳的氧化还原电势下降，因此在乳中加入氧化还原电势指示剂——美蓝，利用这种指示剂颜色的变化来判定微生物的活动情况，从而确定乳的质量等级或发酵制品中微生物的活力。

美蓝这种蓝色的指示剂被还原时变为无色，而美蓝颜色变化的程度与微生物的数目多少有直接关系。在牛乳中添加美蓝溶液，将此混合物在 37℃ 下培养，可通过褪色时间来判定牛乳中微生物数量。

三、实验材料与仪器设备

牛乳，美蓝溶液（硫氰酸根美蓝 75mg/L 或美蓝氰化物 70mg/L，用煮沸过的蒸馏水配制），10mL 试管及配套胶塞，37℃ 水浴锅，1mL、10mL 移液管，吸耳球。

四、实验内容

(1) 吸取 10mL 牛乳于试管中，加入 0.25mL 美蓝溶液，混匀。

(2) 塞上试管，移至 37℃ 水浴中加热，注意时间及温度。试管中液体须在 10min 内达到 37℃，用温度计测定检样溶液温度（可将温度计放在对照组试管中测得）。加热时试管中液面高度须低于水浴锅中水高度。

(3) 1h 内将试管转动两次，使受热均匀。

(4) 根据时间间隔（如 30min）观察乳样褪色情况。观察后拿去白色乳试管，再转动其他试管（不要转动正在褪色的试管）。观察褪色情况时不要观察试样最上部 5mm 和最底部 5mm 的乳样。

(5) 记录褪色所需时间，结果判断见表 1-3。

表 1-3　褪色所需时间与牛乳质量的关系

褪色所需时间	牛乳质量	褪色所需时间	牛乳质量
<30min	很坏	2~4.5h	合格
30min~1h	坏	>4.5h	优秀
1~2h	较差		

五、说明

试验所用试管需在 160℃ 保温 1h，干热灭菌。所用胶塞应在 1 000kPa 杀菌锅中保温杀菌 10min，或煮沸 30min。美蓝须溶解在煮沸过的热水中。每次水浴做两个对照试验，它们的组成为：

① 10mL 牛乳和 0.25mL 美蓝溶液的混合液。

② 10mL 牛乳和 0.25mL 水的混合液。

使用前将对照组试管在沸水中浸 3min，以破坏牛乳中固有酶活性。用①作对照可看出褪色开始时间，用②作对照可看出褪色完成时间。

Ⅱ　乳的常规检验

Ⅱ₁　牛乳密度测定

一、实验目的

使学生明确乳密度和相对密度的定义，掌握乳密度和相对密度测定的基本方法。

二、实验原理

牛乳密度 D_4^{20} 是指在 20℃ 时单位体积乳的质量与同体积水在 4℃ 时的质量之比，正常牛乳密度 D_4^{20} 为 1.030。牛乳的相对密度 d_{15}^{15} 是指在 15℃ 时，一定体积的牛乳与同体积水的质量之比，正常牛乳密度 d_{15}^{15} 为 1.032。因为水的密度在给定温度下是已知的，牛奶的密度可以通过它的比重计算出来。乳稠度（L）与密度之间的关系：$L/1\ 000+1=$ 密度。本方法测定乳在 20℃ 时的相对密度。

三、实验材料与仪器设备

乳稠计（有 20℃/4℃ 和 15℃/15℃ 两种，前者测定的结果低 2°，可作校正值。以 20℃/4℃ 为例，乳稠计刻度为 15°~40°，相当于密度为 1.015~1.040），温度计，量筒 200~250mL，水浴锅（40℃）。

四、实验内容

（1）将乳样在 40℃ 水浴锅中加热 5min，这样可使脂肪呈液态。仔细混匀乳样，避免起泡和脂肪分离现象，冷至室温。该步骤可以省略。

（2）沿筒壁小心将乳样注入 250mL 量筒中至容积的 3/4 处，如有泡沫形成，可用滤纸条吸去。小心将乳稠计插入乳样中，使其沉入到相当于乳稠计刻度 30°处，放手让其自由浮动，但不能与量筒内壁接触。

（3）待乳稠计静止 1~2min 后，读取刻度。以牛乳表面与乳稠计的接触点，即新月形表面的顶点为准（图1-1）。所读出的读数即为该牛乳的密度数。

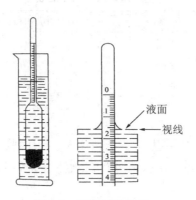

图 1-1 乳稠计的使用

（4）量取牛乳温度进行温度校正，温度应在 16~24℃，越接近 20℃越好，并用校正因子进行校正（表1-4）。例如，乳稠计读数为 30.5，温度为 23℃。$L = 30.5 + 0.7 = 31.2$，即牛乳密度为 1.0312。

表 1-4 牛乳温度校正表

温度/℃	16	17	18	19	20	21	22	23	24
校正因子	-1.0	-0.7	-0.5	-0.2	0	+0.2	+0.5	+0.7	+1.0

II_2 牛乳冰点及掺水量的测定

一、实验目的

通过牛乳冰点测定实验，使学生掌握影响牛乳冰点的因素，并可用于原料乳掺假检测。

二、实验原理

牛乳冰点一般在 -0.565~-0.525℃，平均为 -0.545℃。乳中的乳糖和盐类是导致冰点下降的主要因素，正常的牛乳中乳糖和盐类含量变化很少，冰点稳定。如果加水稀释后，其冰点会升高，加入不同的水量的牛乳其冰点不同。牛乳掺入1%水分时，冰点将上升 0.005 5℃。对于掺水量较少的牛乳，可利用冰点计算掺水量；掺水量较多时，则需测定其他理化指标。

三、实验材料与仪器设备

乙醚，无水乙醇，Hortvet 冰点测定器。

四、实验内容

（1）把煮沸后放冷到 10℃以下的水足量（30~35mL）注入 Hortvet 冰点测定器内管中备用。

（2）把冷却到 10℃以下的牛乳样品（30~35mL）注入另一 Hortvet 冰点测定器内管中备用。

（3）从乙醚加入口加入乙醚 400mL，经缓慢速度通入干燥空气，由于乙醚的不断蒸发，真空瓶内的温度将在 5~10min 内从室温降到 0℃，并继续下降。当降至 -2℃时，在外管中加入少量醇（只需充满外管与内管下部的空间，使传热更为均匀迅速），即将已盛有蒸馏水的内管纳入外管中，加塞（塞上已附有标准温度计的搅拌器），继续缓慢地吹入空气，保持搅拌器上下有规律地运动，并注视标准温度，一般情况下，内管温度应逐渐下降，直到 -1.5 ~ -1.2℃时，会突然上升，至一点停止不动，这一点就是冰点。

如果温度已下降至 -1.5℃以下，而温度仍继续下降时，即可用冰棒加入一小粒冰块，催促结冰，使温度上升至恒点。

（4）按照上述操作过程，测定被测牛乳的冰点。

（5）在测定冰点时，由于乙醚不断蒸发，所以应不断补充，以保持乙醚温度在 -3℃左右，加入乙醚时停止吹气。

（6）被测样品测出的冰点加上水测出的冰点，就是被测样品的真正冰点。

（7）根据正常乳和被测样品的冰点，即为计算出被测样品的掺水量。

$$掺水量（\%）= \frac{T - T_1}{T} \times 100\%$$

式中：T——正常牛乳的冰点（℃）；
T_1——被测牛乳的冰点（℃）。

Ⅱ₃ 抗生素残留检验（TTC 法）

在防治乳牛疾病时，经常使用抗生素，特别是治疗牛乳房炎，有时将抗生素直接注射到乳房内。因此，经抗生素治疗过的乳牛，其乳中在一段时期内会残存着抗生素，它会影响发酵乳品的生产，对某些人引起过敏反应，也会使某些菌株产生抗药性等，所以，对鲜乳进行抗生素残留检验，十分必要。

一、实验目的

通过实验使学生掌握抗生素检验的基本原理和方法。

二、实验原理

抗生素残留检验是通过 TTC 试验来判定的。往检样中先后加入菌液和 4% TTC 指示剂（2,3,5-氯化三苯四氮唑），如检样中有抗生素存在，则会抑制细菌的繁殖，TTC 指示剂不被还原、不显色；反之，则细菌大量繁殖，TTC 指示剂被还原而显红色，从而可以判定有无抗生素残留。

三、实验材料与仪器设备

（1）10mL 试管及配套胶塞，10mL、1mL 移液管，250mL 三角瓶，秒表，（36±1）℃水浴锅，80℃水浴锅。

（2）菌液制备 将嗜热乳酸链球菌接种入灭菌脱脂乳，置（36±1）℃水浴锅中保温 15h，然后再用灭菌脱脂乳以 1:1 比例稀释备用。

四、实验内容

取乳样 9mL 放入试管中，置 80℃水浴中保温 5min，冷却至 37℃以下，加入菌液

1mL，置（36±1）℃水浴锅中保温 2h，加入 4% TTC 指示剂水溶液 0.3mL，置（36±1）℃水浴中保温 30min，观察牛乳颜色的变化。如检样呈红色反应，说明无抗生素残留，即报告结果为阴性；如检样不显色，再继续保温 30min 作第二次观察，如仍不显色，则说明有抗生素残留，即报告结果为阳性，反之则为阴性。若为微红色则为可疑样品。

II_4 测定牛乳成分

从奶牛的科学饲养、原料乳的收购、牛乳加工过程质量控制到成品乳的合格检验整个过程，都需要对牛乳成分浓度进行准确、快速的分析。牛乳的常规成分检测方法为化学分析方法，因其操作复杂、技术要求高、消耗化学试剂、测试费时费力，实时性差，越来越不能满足实际需要。近年来，人们在牛乳成分分析领域里不断寻求新的测试方法，其中有超声波目前发展较快的是红外光谱分析方法。红外光谱分析法因样品无需预处理，且不被破坏，消耗量少，无化学试剂，不造成污染，分析速度快等而得到越来越广泛的使用。

下面介绍 FTIR 乳成分分析仪的具体操作。

一、实验目的

通过实验了解 FTIR 乳成分分析仪的实验原理，掌握仪器的使用。

二、实验原理

LactoScope™ F.T.I.R. 是目前世界上先进的用于快速检测牛奶和乳制品的化学组分的分析仪器，其作用原理基于傅立叶变换红外技术，利用物质在接收到红外线照射时产生能量峰值的变化，将这一变化过程通过光电传感器所实现光电信号间的转换，一个红外光光源发出一个单光束通过一个干涉仪，产生完整的红外辐射光谱，并以此对所有产品进行分析。然后此光束穿过一个盛有乳样的容器并被检测器接收。而相对特定波长的光的强度代表了被检测样品的组成。

LactoScope™ F.T.I.R. 可以精确地检测牛奶中的脂肪、蛋白质、乳糖、总固体含量、非脂乳固体、自由脂肪酸、柠檬酸、密度、蔗糖、电导率、酸度、总糖、尿素、酪蛋白、冰点等组分以及冰点的检测。适用于原料奶、发酵奶、酸奶、花色奶、各种液态奶、风味乳和各种乳饮料的检测。可以用做乳制品研究开发，生产过程中的半成品控制（降低原料成本）、成品质量控制及原奶按质论价等方面。

三、实验材料与仪器设备

备检牛乳样品、荷兰 DELTA LactoScope™ F.T.I.R. 乳成分分析仪。

四、仪器参数

(1) 检测速度　每小时 80~120 个样。

(2) 样品用量　典型量为 8mL。

(3) 样品温度　检测温度 40℃，进样温度 3~42℃。

(4) 样品传递误差　小于 0.5%（未经校正，相对于 8mL）。

(5) 对牛奶分析范围

①脂肪：0%~20%；

②总干物质：0%~50%；

③蛋白质：0%~15%；
④乳糖：0%~15%。
（6）重现性
①脂肪：0.01%；
②蛋白质：0.01%；
③乳糖：0.02%；
④总固体含量：0.05%；
⑤凝固点：0.001℃。
（7）准确度（标准误差）
①脂肪：<0.06%相对于"Rose Gottlieb"方法；
②蛋白质：<0.06%相对于"Kjeldahl"方法；
③乳糖：<0.06%相对于高效液相色谱；
④总固体含量：<0.1%相对于重量分析法；
⑤凝固点：0.005℃。

实验二　掺假乳的检验

Ⅰ　掺水乳的检测

Ⅰ₁　硝酸银法

一、实验目的

使学生了解使用硝酸银测定掺水量的原理和方法。

二、实验原理

正常乳中氯化物含量很低，一般不超过0.14%，但各种天然水中都含有很多的氯化物，故掺水乳中氯化物含量随掺水量增多而增高，利用硝酸银与氯化物反应可检测之，其反应式如下：

$$AgNO_3 + Cl^- \rightarrow AgCl\downarrow + NO_3^-$$

检验时，先在被检乳中加2滴10%重铬酸钾溶液，硝酸银与乳中氯化物反应完后，剩余的硝酸银便与重铬酸钾反应生成黄色的重铬酸银：

$$2AgNO_3 + K_2Cr_2O_7 \rightarrow Ag_2Cr_2O_7 + 2KNO_3$$

由于氯化物的含量不同，则反应后的颜色也有差异，据此鉴别乳中是否掺水。此法反应比较灵敏，在乳中掺水5%即可检出。

三、实验材料与仪器设备

10%重铬酸钾溶液，0.5%硝酸银溶液，吸管，试管。

四、实验内容

取2mL乳样放入试管中，加入2滴10%重铬酸钾溶液，摇匀，再加入4mL 0.5%硝酸银溶液，摇匀，观察颜色，同时用正常乳作对照。

五、结果判定

正常乳呈柠檬黄色；掺水乳呈不同程度的砖红色。

I_2 计算法

一、实验目的

使学生了解通过计算法测定掺水量的原理和方法。

二、实验原理

利用测得乳样的比重和含脂率，计算出总固体和非脂固体，再采牛舍乳样测得其比重和含脂率，计算出总固体和非脂固体，两者相比较，即可确定市售乳掺水情况。

三、结果判定

$$掺水量 = \frac{E - E_1}{E} \times 100\%$$

式中：E——牛舍乳样或标准规定的非脂固体含量；
　　　E_1——被测乳样中的非脂固体含量。

I_3 冰点测定法

见本章实验一原料乳的理化检验。

II 掺淀粉、豆浆乳的检验

掺水后牛乳变稀薄，为了增加乳的稠度，掺假者常向乳中加入淀粉、米汁或豆浆等胶体物质，从而达到掩盖掺水的目的。

II_1 掺淀粉和米汁乳的检测

一、实验目的

使学生了解乳中掺有淀粉的检测原理和方法。

二、实验原理

一般淀粉中都存在着直链淀粉与支链淀粉两种结构，其中直链淀粉可与碘生成稳定的络合物，呈现深蓝色，借此对乳中加入的淀粉或米汁进行检测。

三、实验材料与仪器设备

20%醋酸，碘溶液（将2g碘和4g碘化钾溶解并定容至100mL即可），试管，吸管。

四、实验内容

(1) 甲法　适用于加入淀粉或米汁较多的情况。取5mL乳样入试管中，稍煮沸，待冷却后，加入3～5滴碘溶液，观察试管内颜色变化。

(2) 乙法　适用于加入淀粉、米汁较少的情况。取5mL乳样注入试管中，再加入0.5mL 20%醋酸，充分混合后过滤于另一试管中，适当加热煮沸，以后操作同甲法。

五、结果判定

如果牛奶中掺有淀粉、米汁，则出现蓝色或蓝青色；如掺入糊精类，则为紫红色。

Ⅱ₂ 掺豆浆乳的检测

一、实验目的

使学生了解乳中掺有淀粉的检测原理和方法。

二、实验原理

豆浆中含有皂角素,可溶于热水或酒精中,然后可与氢氧化钠(或氢氧化钾)生成黄色化合物,据此进行检测。

三、实验材料与仪器设备

25%氢氧化钠(钾)溶液,醇醚混合液(乙醇和乙醚等量混合),试管,吸管。

四、实验内容

取2mL乳样于试管中,加入3mL醇醚混合液,充分混匀,加入5mL 25%氢氧化钾(钠)液,混匀,在5~10min内观察颜色变化。同时用纯牛乳做对照实验。

五、结果判定

如掺入10%以上豆浆,则试管中液体呈微黄色;纯牛乳呈乳白色。

Ⅲ 掺碱(碳酸钠)乳的检测

为了掩盖牛乳的酸败,降低牛乳的酸度,掺假者向生鲜牛乳中加入少量的碱,但加碱后的牛奶滋味变化,腐败菌继续生长,同时还会破坏乳中某些维生素。因此,对生鲜牛乳中掺碱的检测具有一定的卫生学意义。

这里介绍玫瑰红酸定性法。

一、实验目的

使学生了解玫瑰红酸定性法检测乳中掺碱的原理和方法。

二、实验原理

鲜牛乳中加碱后,氢离子浓度发生变化,可使酸碱指示剂变色,由颜色的不同判断加碱量的多少。

三、实验材料与仪器设备

0.05%玫瑰红酸乙醇溶液,试管,吸管。

四、实验内容

取5mL乳样于试管中,加入5滴玫瑰红乙醇溶液,用手指堵住管口,摇匀,观察结果,同时用已知未掺碱乳做空白对照实验。

五、结果判定

掺入碱时呈玫瑰红色,且掺入越多,玫瑰色越深;未掺碱者呈黄色。

Ⅳ 掺中性盐及弱碱性盐乳的检测

牛乳中掺入中性盐或弱碱性盐,是为了增加乳的密度或中和牛乳的酸度,以掩盖乳中掺水或酸败牛乳。常见掺入的有食盐、芒硝(硫酸钠)、碳酸铵等。

IV₁ 掺食盐乳的检测

一、实验目的
使学生了解检测乳中掺盐的检测原理和方法。

二、实验原理
乳样中的 Cl^- 含量较多时，可与硝酸银作用，生成氯化银沉淀，并与铬酸钾作用呈色。

三、实验材料与仪器设备
10%铬酸钾溶液，0.01mol/L 硝酸银溶液，试管，吸管。

四、实验内容
取 5mL 0.01mol/L 硝酸银溶液于试管中，加 2 滴 10%铬酸钾溶液，混匀，加被检乳 1mL，充分混匀，观察试管中颜色变化，同时做空白对照实验。

五、结果判定
如试管中溶液呈黄色，说明牛奶中 Cl^- 的含量大于 0.14%，正常乳中 Cl^- 含量为 0.09%~0.12%。

IV₂ 掺芒硝乳的检测

一、实验目的
使学生了解检测乳中掺芒硝（硫酸钠）的检测原理和方法。

二、实验原理
掺入芒硝的牛乳中含有较多的 SO_4^{2-} 离子，可与氯化钡作用，生成硫酸钡沉淀，并与玫瑰红酸钠作用呈色，本法的检出灵敏度为 100mg/L。

三、实验材料与仪器设备
20%醋酸溶液，1%氯化钡溶液，1%玫瑰红酸钠乙醇溶液，试管，吸管等。

四、实验内容
吸取被检乳 5mL 于试管中，加 1~2 滴 20%醋酸，4~5 滴 1%氯化钡溶液，2 滴 1%玫瑰红酸钠乙醇溶液，混匀，静置，观察试管中颜色变化，同时做空白对照实验。

五、结果判定
掺芒硝的牛乳呈玫瑰红色，而不含芒硝的牛乳为淡褐黄色。

IV₃ 掺碳酸铵乳的检测

一、实验目的
使学生了解检测乳中掺碳酸铵的检测原理和方法。

二、实验原理
牛乳中的 NH_4^+ 或 NH_3 与纳氏试剂在碱性条件下生成黄色至棕色的化合物，其色度与氨含量在线性范围内成正比。本法检测灵敏度为 600mg/L。

三、实验材料与仪器设备
纳氏试剂（称取 45.5g 碘化汞，34.9g 碘化钾溶于约 100mL 水中，在另一大烧瓶内加约 500mL 水，加 112g 氢氧化钾，混匀，使溶解，此液会发热，待冷至室温时将上述两液混合，并用水补足至 1 000mL，静置 2~3d 后，取上清液贮于聚乙烯塑料瓶中，备用），试管，吸管。

四、实验内容

取 5mL 被检测牛乳于试管中，加 6~7 滴纳氏试剂，摇匀，观察颜色及混浊情况，同时做空白对照实验。

五、结果判定

如牛奶中掺有碳酸铵，则试管中溶液呈黄色或淡橙色，正常乳颜色无变化。

V 掺尿素乳的检测

一、实验目的

使学生了解检测乳中掺尿素的检测原理和方法。

二、实验原理

在酸性条件下，乳样中的尿素与亚硝酸钠作用，生成黄色物质。而当乳样中无尿素时，亚硝酸钠与对氨基苯磺酸发生重氮反应，其产物与萘胺起偶氮作用，生成紫红色。

三、实验材料与仪器设备

1% 亚硝酸钠溶液，浓硫酸，格里斯试剂（称取 89g 酒石酸、10g 对氨基苯磺酸、1g 萘胺，混合研磨成粉末，贮存于棕色试剂瓶中，暗处保存），试管，吸管等。

四、实验内容

取 3mL 待检乳于试管中，加 1mL 1% 亚硝酸钠溶液，1mL 浓硫酸，摇匀放置 5min。待泡沫消失后，加 0.5g 格里斯试剂，摇匀，观察试管中液体颜色的变化，同时做空白对照实验。

五、结果判定

如牛乳中掺有尿素，则试管中颜色呈黄色，正常牛乳试管中颜色为紫红色。

VI 掺防腐剂乳的检测

我国规定，鲜牛乳中不得加入任何防腐剂。但有的人为了防止生鲜牛乳酸败，滥用化学防腐剂，尤其是食品卫生标准中没有列入的、对人体健康有危害的化学防腐剂。因此，检测牛乳中是否掺有防腐剂具有重要的卫生学意义。

VI_1 乳中水杨酸、苯甲酸的检测

一、实验目的

使学生了解检测乳中掺水杨酸、苯甲酸的检测原理和方法。

二、实验原理

三氯化铁与一定量的水杨酸作用生成深紫色沉淀，与苯甲酸作用生成肉色沉淀。

三、实验材料与仪器设备

10% 氢氧化钠溶液，盐酸，无水乙醚，无水硫酸钠，1∶1 氨水，1% 氯化铁溶液，10% 亚硝酸钾溶液，50% 醋酸，10% 硫酸铜溶液，水浴锅，200mL 锥形瓶，分液漏斗，

吸管，试管等。

四、实验内容

（1）取 100mL 乳样于锥形瓶中，加 5mL 10% 氢氧化钠溶液，搅匀，再加 10mL 硫酸铜溶液，搅匀。

（2）过滤，收集于分液漏斗中，加 5mL 盐酸，75mL 乙醚，用力振摇 2min，收集乙醚层于另一分液漏斗中，加 5mL 水洗涤乙醚层，反复几次，经无水硫酸钠脱水，微温除去乙醚。

（3）残渣加 1mL 1:1 氨水溶解，置水浴锅上蒸干，加 2mL 水溶解。

（4）取残留物溶解水溶液 1mL 于试管中，加数滴 1% 三氯化铁溶液，观察试管中液体颜色的变化。

五、结果判定

（1）初步判定　如试管中液体呈肉色沉淀，疑有苯甲酸；如产生深紫色，则疑有水杨酸。

（2）确证实验　取残渣溶于少量热水中，冷后加 4~5 滴 10% 亚硝酸钾溶液，4~5 滴 50% 醋酸，1 滴 10% 硫酸铜溶液，混匀，煮沸 30min，放置片刻，如有水杨酸时呈血红色，苯甲酸不显色。

VI_2　乳中甲醛的检测

一、实验目的

使学生了解检测乳中掺甲醛的检测原理和方法。

二、实验原理

在硫酸溶液中，乳中的甲醛与变色酸作用生成紫红色化合物，本法灵敏度为 0.1mg/L。

三、实验材料与仪器设备

浓硫酸，试管，滴管等。

四、实验内容

称取 2.5g 1,8 - 二羟基萘 - 3,6 - 二碘酸溶于水中，稀释至 25mL，如有沉淀，过滤除去。

取 1mL 乳样于试管中，加 0.5mL 变色酸液和 6mL 浓硫酸，充分混匀，于沸水浴上放置 30min，冷却，观察颜色变化，同时做空白对照实验。

五、结果判定

如牛乳中有甲醛，则显紫红色。

VII　掺水解蛋白粉乳的检测

乳制品企业以蛋白质含量计价，部分奶农为了掺水不使蛋白质降低，同时也能提高非脂干物质的含量而向原料乳中加水解蛋白粉。水解蛋白粉是用废草皮革、毛发等下脚料加工提炼而成，不可食用，而且其中的重金属含量以及亚硝酸盐等致癌物质含量较高。长期食用含有水解蛋白粉的牛乳及乳粉，会对人体造成极大的伤害。

一、实验目的
使学生了解检测乳中掺水解蛋白粉的原理和方法。

二、实验原理
用硝酸汞沉淀除去酪蛋白，但水解蛋白不会被除去，与饱和苦味酸产生沉淀反应。

三、实验试剂
除蛋白试剂：硝酸汞14g，加入100mL蒸馏水，加浓硝酸约2.5mL，加热助溶，待试剂全部溶解后加蒸馏水至500mL。

饱和苦味酸溶液：称取苦味酸3g，加蒸馏水至200mL。

四、实验内容
取100mL乳样，在水浴中加热浓缩到60mL，冷却至20℃时取5mL乳样，加除蛋白试剂5mL混合均匀，过滤，取滤液约1mL，沿试管壁慢慢加入饱和苦味酸溶液约0.5mL形成环状接触面。

五、结果判定
正常原乳，滤液清亮，加苦味酸试剂后接触面无变化；掺水解蛋白粉的原乳，滤液呈半透明，略带乳青色，加苦味酸试剂后接触面呈白色环状。掺水解蛋白粉越多，滤液越不透明，白色沉淀越明显。最低检出量0.1%。

Ⅷ 掺三聚氰胺乳的检测

一、实验目的
使学生了解检测乳中掺三聚氰胺的原理和方法。

二、实验原理
高效液相色谱法适用于原料乳、乳制品及含乳制品中三聚氰胺的定量测定，此法的定量限为2mg/kg，试样用三氯乙酸溶液-乙腈提取，经阳离子交换固相萃取柱净化后，用高效液相色谱测定，外标法定量。

三、实验材料与仪器设备

1. 实验材料
（1）材料 牛乳，液态乳，乳粉，酸乳，冰激凌，乳糖等。

（2）试剂

①甲醇、乙腈、辛烷磺酸钠（均为色谱纯）、三氯乙酸、柠檬酸、氨水（25%~28%）。

②甲醇水溶液：准确量取50mL甲醇和50mL水，混匀后备用。

③三氯乙酸溶液（1%）：准确称取10g三氯乙酸于1L容量瓶中，用水溶解并定容至刻度，混匀后备用。

④氨化甲醇溶液（5%）：准确量取5mL氨水和95mL甲醇，混匀后备用。

⑤离子对试剂缓冲：准确称取2.10g柠檬酸和2.16g辛烷磺酸钠，加入约980mL水溶解，调节pH至3.0后，定容至1L备用。

⑥三聚氰胺标准品：CAS 108-78-01，纯度大于99.0%。

⑦三聚氰胺标准储备液：准确称取100mg（精确到0.1mg）三聚氰胺标准品于100mL容量瓶中，用甲醇水溶液溶解并定容至刻度，配制成浓度为1mg/mL的标准储备

⑧阳离子交换固相萃取柱：混合型阳离子交换固相萃取柱，基质为苯磺酸化的聚苯乙烯-二乙烯基苯高聚物 60mg 3mL，或相当者。使用前依次用 3mL 甲醇、5mL 水活化。

⑨定性滤纸、微孔滤膜（0.2μm，有机相）、氮气（纯度≥99.999%）。

⑩海砂：化学纯，粒度0.65~0.85mm，二氧化硅（SiO_2）含量为99%。

2. 仪器设备

（1）高效液相色谱（HPLC）仪 配有紫外检测器或二极管阵列检测器。

（2）分析天平、离心机、超声波水浴、固相萃取装置（SPE）、氮气吹干仪、涡旋混合器、具塞塑料离心管（50mL）、研钵。

四、实验内容

（1）样品处理

①提取：对液态乳、乳粉、酸乳、冰激凌和乳糖等：称取2g（精确至0.01g）试样于50mL具塞塑料离心管中，加入15mL三氯乙酸溶液和5mL乙腈，超声提取10min，再振荡提取10min后，以不低于4 000r/min离心10min。上清液经三氯乙酸溶液润湿的滤纸过滤后，用三氯乙酸溶液定容至25mL，移取5mL滤液，加入5mL水混匀后做待净化液。

对乳酪、奶油和巧克力等：称取2g（精确至0.01g）试样于研钵中，加入适量海砂（试样质量的4~6倍）研磨成干粉状，转移至50mL具塞塑料离心管中，用15mL三氯乙酸溶液分数次清洗研钵，清洗液转入离心管中，再往离心管中加入5mL乙腈，余下操作同上（液态乳、乳粉、酸乳、冰激凌和乳糖等的提取）。

若样品中脂肪含量较高，可以用三氯乙酸溶液饱和的正己烷液-液分配除脂后再用SPE柱净化。

②净化：将待净化液转移至SPE柱中。一次用3mL水和3mL甲醇洗涤，抽至近干后，用6mL氨化甲醇溶液洗脱。整个固相萃取过程流速不超过1mL/min。洗脱液于50℃下用氮气吹干，残留物（相当于0.4g样品）用1mL流动相定容，涡旋混合1min，过微孔滤膜后，供HPLC测定。

（2）HPLC参考条件

①色谱柱：C8柱，250mm×4.6mm（i.d.），5μm，或相当者；C18柱，250mm×4.6mm（i.d.），5μm，或相当者。

②流动相：C8柱，离子对试剂缓冲液-乙腈（85:15，体积比），混匀；C18柱，离子对试剂缓冲液-乙腈（90:10，体积比），混匀。

③流速：1.0mL/min。

④柱温：40℃。

⑤波长：240nm。

⑥进样量：20μL。

（3）标准曲线的绘制 用流动相将三聚氰胺标准储备液逐级稀释得到浓度为0.8、2、20、40、80μg/mL的标准工作液，浓度由低到高进样检测，以峰面积-浓度作图，得到标准曲线回归方程。基质匹配加标三聚氰胺的样品HPLC色谱图参见图1-2。

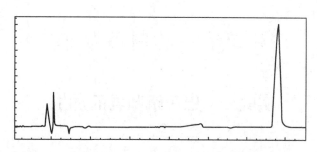

图 1-2 基质匹配加标三聚氰胺的样品 HPLC 色谱图

（检验波长 240nm，保留时间 13.6min，C8 色谱柱）

(4) 定量测定　待测样液中三聚氰胺的响应值应在标准曲线线性范围内，超过线性范围则应稀释后再进样分析。

(5) 结果计算　试样中三聚氰胺的含量由色谱数据处理软件或按式（1-1）计算获得：

$$X = \frac{A \times \rho \times V \times 1\,000}{A_s \times m \times 1\,000} \times f \tag{1-1}$$

式中：X——试样中三聚氰胺的含量（mg/kg）；

A——样液中三聚氰胺的峰面积；

ρ——标准溶液中三聚氰胺的质量体积浓度（μg/mL）；

V——样液最终定容体积（mL）；

A_s——标准溶液中三聚氰胺的峰面积；

m——试样的质量（g）；

f——稀释倍数。

(6) 空白实验　除不称取样品外，均按上述测定条件和步骤进行。

(7) 方法定量限　本方法的定量限为 2mg/kg。

(8) 回收率　在添加浓度 2~10mg/kg 浓度范围内，回收率在 80%~110%，相对标准偏差小于 10%。

(9) 允许差　在重复性条件下获得的两次独立测定结果的绝对差值不得超过算术平均值的 10%。

五、思考题

简述在乳中掺假的原因及其危害。

第二节 乳制品加工

实验一 巴氏杀菌乳的加工

一、实验目的
通过实验，使学生掌握普通巴氏杀菌乳的定义、种类和工艺过程，了解冷链对巴氏杀菌乳的作用。

二、实验原理
巴氏杀菌乳，也称消毒乳，是指以合格的新鲜牛乳（羊乳）为原料，经离心净乳、标准化、均质、巴氏杀菌、冷却和灌装后，直接供消费者饮用的商品乳。根据脂肪含量的不同，可分为全脂乳、高脂乳、低脂乳、脱脂乳和稀奶油；根据风味不同，可分为原味、果味等产品。经过巴氏杀菌不可能杀死乳中所有的致病菌，只是将致病菌数量降低到对消费者不会造成危害的水平。巴氏杀菌乳要求热杀菌后，及时冷却、及时包装，冷链贮藏销售。

三、实验材料与仪器设备
新鲜牛乳，纱布或离心净乳机，均质机，巴氏杀菌装置，冷却装置，冰箱等。

四、实验内容
1. 工艺流程

原料乳验收→预处理→标准化→预热（65℃）均质→巴氏杀菌→冷却→灌装→冷藏

2. 操作要点

（1）原料乳的验收　要生产优质的产品，必须选择优质的原料。需要检测生鲜乳的感官、理化、微生物指标。感官指标包括牛乳的滋味、气味、清洁度、色泽、组织状态等。理化指标包括酸度（酒精实验和滴定酸度）、相对密度、含脂率、冰点、抗生素残留等，其中前三项为必检项目，后两项可定期检验。微生物指标主要是细菌总数，其他的还包括嗜冷菌数、芽孢数、耐热芽孢数及体细胞数。

（2）预处理　原料乳的预处理包括净化、冷却、贮存和标准化。原料乳验收后必须经过净化。其目的是去除乳中的机械杂质并减少乳中的微生物数量。通常有过滤法或者离心净乳法两种。实验室中如没有离心净乳机，可使用四层纱布过滤。净化后的乳应立即冷却到 4~10℃，以抑制微生物繁殖，保证加工前原料乳的质量。标准化的主要目的是为了确定巴氏杀菌乳中的脂肪含量，以满足不同消费者的需要。低脂巴氏杀菌乳的脂肪含量为 1.5%，普通巴氏杀菌乳的脂肪含量为 3%。

（3）预热均质　为了防止脂肪上浮，需要用高压把脂肪球颗粒打小，平均直径从 3μm 减小到 1μm 左右，使得乳体系均匀一致。一般在 50~60℃ 时脂肪处于熔融状态，因此均质前需要把乳预热至该温度段。均质的条件一般为二段式，第一级均质压力为 17~21MPa，第二级均质压力为 3.5~5MPa。

（4）巴氏杀菌　常用的巴氏杀菌工艺见表 1-5。热处理后要立即进行磷酸酶试验，要求呈阴性。（磷酸酶试验：生牛乳中含有磷酸酶，它能分解有机磷酸化合物成为磷酸及原来与磷酸相结合的有机单体。牛乳经巴氏杀菌后,磷酸酶失去活性,在同样条件下就不能分解有机磷酸化合物,利用苯基磷酸双钠在碱性缓冲溶液中被磷酸分解产生苯酚,苯酚再与2,6-双溴醌氯酰胺起作用显蓝色,蓝色深浅与苯酚含量成正比,即与消毒的完善与否成反比。吸取0.5mL样品,置带塞试管中,加5mL缓冲溶,摇后置于36~44℃水浴或孵箱中10min,然后加6滴吉勃氏酚试剂,立即摇匀,静置5min,有蓝色出现表示消毒处理不够。为增加灵敏度,可加2mL中性丁醇,反复完全倒转移试管,每次倒转后稍停使气泡破裂,分解丁醇,然后观察结果,并同时做空白对照实验。中性丁醇(沸点115~118℃)、吉勃氏酚试剂:称取0.04g 2,6-双溴醌氯胺溶于10mL 95%乙醇中,置棕色瓶中于冰箱内保存,临用时现配;硼酸盐缓冲液:称28.472g 十水硼酸钠,溶于900mL水中,加3.27g 氢氧化钠或81.75mL 1mol/L氢氧化钠溶液,加水稀释至1000mL,临用时配制。)

表 1-5　巴氏杀菌乳的主要热处理分类

工艺名称	温度/℃	时间	方式
初次杀菌	63~65	15s	工业生产预处理使用
低温长时巴氏杀菌（LTLT）	62.8~65.6	30min	间歇式
高温短时巴氏杀菌（HTST）	72~75	15~20s	连续式

(5)冷却　杀菌后的牛乳应尽快冷却至4℃,冷却速度越快越好。

(6)灌装　灌装目的是为了便于保存、分送和销售。选择的包装材料、包装形式都直接决定了产品的贮存时间。同时在包装过程中要注意避免二次污染。

(7)冷藏　巴氏杀菌乳在贮存销售过程中必须保证冷链的连续性。

五、产品评定

参照 GB 5408.1—1999,成品巴氏杀菌乳的感官指标、理化指标和微生物指标分别见表1-6,表1-7和表1-8。

表 1-6　巴氏杀菌乳的感官指标

项目	指标
色泽	呈均匀一致的乳白色或微黄色
滋味和气味	具有乳固有的滋味和气味,无异味
组织状态	均匀的液体,无沉淀,无凝块,无黏稠现象

表 1-7　巴氏杀菌乳的理化指标

项目		全脂巴氏杀菌乳	部分脱脂巴氏杀菌乳	脱脂巴氏杀菌乳
脂肪/%		≥3.1	1.0~2.0	≤0.5
蛋白质/%	≥	2.9	2.9	2.9
非脂乳蛋白/%	≥	8.1	8.1	8.1
酸度/°T	≤	18.0	18.0	18.0
杂质度/(mg/kg)	≤	2	2	2
硝酸盐（以$NaNO_3$计）/(mg/kg)	≤	11.0	11.0	11.0
亚硝酸盐（以$NaNO_2$计）/(mg/kg)	≤	0.2	0.2	0.2
黄曲霉素M_1/(μg/kg)	≤	0.5	0.5	0.5

表1-8 巴氏杀菌乳的微生物指标

项　目		全脂巴氏杀菌乳	部分脱脂巴氏杀菌乳	脱脂巴氏杀菌乳
菌落总数/（cfu/mL）	≤	30 000	30 000	30 000
大肠菌群数/（MPN/100mL）	≤	90	90	90
致病菌（指肠道致病菌和致病性球菌）		不得检出	不得检出	不得检出

六、思考题

综合操作工艺，分析影响普通巴氏消毒乳保质期的因素有哪些？

实验二　超高温灭菌（UHT）乳的加工

一、实验目的

通过实验，使学生掌握超高温灭菌乳的定义、种类和工艺过程，理解灭菌乳与巴氏杀菌乳的区别。

二、实验原理

超高温灭菌乳，英文名称 ultrua high temperature milk，简称 UHT 乳，是指乳在连续流动的状态下，经 135～150℃ 不少于 1s 的超高温瞬时灭菌，以破坏其中可以生长的微生物和芽孢，然后在无菌状态下包装，保护产品不接触光线和氧气，以最大限度地减少产品在物理、化学及感官上的变化，最终产品在环境温度下贮存销售。

三、实验材料与仪器设备

新鲜牛乳，纱布或离心净乳机，均质机，超高温灭菌装置，无菌包装装置等。

四、实验内容

1. 工艺流程

原料乳验收→预处理→标准化→预热均质→超高温灭菌→无菌平衡贮槽→无菌灌装→灭菌乳

2. 操作要点

（1）原料乳的验收、预处理和标准化步骤与巴氏消毒乳基本相同，但是对原料乳要求更高。要求至少通过 75% 酒精实验，一些异常乳，如乳房炎乳不可使用；一般采用细菌总数小于 1×10^5 cfu/mL，嗜冷菌小于等于 1 000cfu/mL 的牛乳为原料。表1-9 是对原料乳的一般要求。

表1-9 灭菌乳原料的一般要求

项　目			指　标
理化特性	脂肪含量/%	≥	3.10
	蛋白质含量/%	≥	2.95
	相对密度（20℃/4℃）	≥	1.028
	酸度（以乳酸计）/%	≤	0.144
	滴定酸度/°T	≤	16
	pH 值		6.6～6.8
	杂质含量/（mg/kg）	≤	4
	汞含量/（mg/kg）	≤	0.01
	农药含量/（mg/kg）	≤	0.1
	蛋白质稳定性		通过75%中性酒精实验

（续）

	项　目		指　标
理化特性	冰点/℃		-0.59～-0.54℃
	抗生素含量/（μg/mL）		
	青霉素	<	0.004
	其他		不得检出
	体细胞个数/（个/mL）	≤	500 000
	细菌总数/（cfu/mL）	≤	100 000
	芽孢总数/（cfu/mL）	≤	100
	耐热芽孢数/（cfu/mL）	≤	10
	嗜冷菌数/（cfu/mL）	≤	1 000

（2）UHT灭菌　主要是利用蒸汽或热水加热，分为直接蒸汽加热和间接加热两种。直接蒸汽加热又可分为直接喷射式和直接混注式两种；间接加热有板式加热、管式加热和刮板式加热3种。

不同的UHT灭菌系统，操作工艺和具体参数不同。典型的管式超高温系统中，UHT乳加工有时包括巴氏杀菌过程，因为巴氏杀菌可有效提高生产的灵活性，及时杀灭嗜冷菌。灭菌过程中乳温变化大致如下：原料乳经巴氏杀菌后冷至4℃→预热至75℃→75℃均质→加热至137℃→137℃保温→盐水冷却至6℃→（无菌贮罐6℃）→无菌包装6℃。

超高温灭菌为高度自动化操作，总操作由控制柜指挥，包括流程控制、流量控制、灭菌温度控制和冷却温度控制。

（3）无菌包装　经超高温灭菌及冷却后的灭菌乳，应立即进行无菌包装。无菌包装必须符合以下要求：

①包装容器和封合方法必须适合无菌灌装，并且封合后的容器在贮存和分销期间必须能够阻挡微生物透过，同时包装容器应能阻止产品发生化学变化；

②容器和产品接触的表面在灌装前必须经过灭菌，灭菌效果与灭菌前容器的污染程度有关；

③灌装过程中，产品不能受到任何设备表面或周围环境的污染；

④若采用盖子封合，封合前必须及时灭菌；

⑤封合必须在无菌区域内进行，以防止微生物污染。

无菌包装过程：包装容器灭菌→无菌条件下罐装、封合→产品。

包装容器的灭菌方法包括饱和蒸汽灭菌法，双氧水（H_2O_2）灭菌法，紫外辐射灭菌法，H_2O_2和紫外联合灭菌和超声波灭菌等。

五、产品评定

参照GB 25190—2010，灭菌乳应符合以下标准：

（1）原料　应符合相应的国家标准或行业标准的规定。

（2）食品添加剂和营养强化剂　应选用GB 2760—2011和GB 14880—2009中允许使用的品种，并应符合国家标准或行业标准的规定，不得添加防腐剂。

（3）感官特性

①灭菌纯牛乳色泽：呈均匀一致的乳白色或微黄色；

②滋味和气味：具有牛乳固有的滋味和气味，无异味；
③组织状态：均匀的液体、无凝块、无黏稠现象，允许有少量沉淀。

(4) 理化指标　对于全脂灭菌乳，脂肪含量≥3.1%；蛋白质含量≥2.9%；非脂乳固体含量≥8.1%；酸度 12~18°T。硝酸盐（以 $NaNO_3$ 计）≤11.0mg/kg；亚硝酸盐（以 $NaNO_2$ 计）≤0.2mg/kg。

(5) 微生物　应符合表 1-10 要求。

表 1-10　灭菌乳的微生物指标

项目		指标
黄曲霉素 M_1/（μg/kg）	≤	0.5
菌落总数/（cfu/mL）		商业无菌

六、思考题

综合操作工艺，分析影响超高温灭菌乳保质期的因素有哪些？

实验三　中性花色牛乳饮料的加工

一、实验目的

通过实验，让学生掌握中性花色牛乳饮料的定义、种类、制作的基本原理和工艺过程。

二、实验原理

中性花色牛乳是指以新鲜牛乳或乳粉为原料，加入水与适量辅料（如可可、咖啡、非酸性果汁、白糖等），经有效杀菌后制成的具有相应风味的，pH 值近似于中性的含乳饮料，最终产品中乳成分至少应在 30% 以上。常见的中性花色牛乳饮料有巧克力乳、咖啡乳、奶茶等。

三、实验材料与仪器设备

鲜乳或乳粉，糖，乳化剂，稳定剂，香精，色素，均质机。

四、实验内容

1. 中性牛乳饮料的常用原料

(1) 牛乳或乳粉　一般对中性牛乳饮料的牛乳和乳粉质量要求见表 1-11 和表 1-12。

表 1-11　一般中性牛乳饮料所需牛乳的质量标准

项目		指标
脂肪/%	≥	3.10
蛋白质/%	≥	2.95
相对密度（20℃/4℃）	≥	1.028
酸度（以乳酸计）/%	≤	0.144
酸度/°T	≥	16
杂质/（mg/L）	≤	4
蛋白质稳定性		通过 75% 酒精实验
冰点/℃		-0.59~-0.54
体细胞数/（个/mL）	≤	500 000
汞/（mg/L）	≤	0.01

表1-12 一般中性牛乳饮料所需乳粉的质量标准

项目		指标
脂肪/%		26.0~27.0
蛋白质/%		28.0
乳糖/%		36.8
矿物质/%		5.9
游离脂肪/%	≤	2.5
水分/%	≤	3.0
溶解度指数/mL	≤	0.5
乳清蛋白氮指数（WPNI）/（mg/g）	≤	4.0
抗生素/（IU/mL）	≤	0.005
细菌总数/（cfu/L）	<	10 000
霉菌和酵母数/（cfu/L）	<	10
大肠菌群		阴性
嗜热芽孢总数/（cfu/L）	<	200
嗜温芽孢总数/（cfu/L）	<	500

（2）稳定剂及乳化剂　中性牛乳饮料（尤其是巧克力乳）中常用的稳定剂为卡拉胶，常用的乳化剂为蔗糖酯和单甘酯，也可以选用复合好的稳定乳化剂。

（3）香精及色素　一般采用水溶性的香精和色素。如果生产超高温产品，则应选用可耐受高温的香精和色素。

2. 工艺流程

香精、色素等
↓
原料乳或乳粉→验收或还原→巴氏杀菌→冷却、贮存→配料→均质→巴氏杀菌→灌装→产品→冷藏
↑
溶解
↑
糖及稳定剂等

3. 典型中性花色牛乳饮料配方

（1）巧克力牛乳　原料乳（乳粉）80%~90%（9%~11%），白糖10%~12%，可可粉1%~3%，稳定剂0.2%~0.3%，香兰素适量，香精适量，色素适量，少量水，总量为100%。

（2）咖啡牛乳　原料乳40%~60%，白糖4%~5%，水30%~55%，咖啡粉1%~3%，稳定剂0.2%~0.3%，碳酸氢钠0.01%~0.02%，香精适量，色素适量，总量为100%。

（3）麦芽奶　原料乳40%~60%，白糖3%~5%，水30%~55%，麦芽粉1%~2%，稳定剂0.2%~0.3%，香精适量，色素适量，总量为100%。

（4）花生牛乳 原料乳 30%～40%，白糖 4%～5%，水 44%～46%，花生原浆 10%～20%，稳定剂 0.02%～0.03%，乳化剂 0.4%～0.5%，香精适量，色素适量，总量为 100%。

花生原浆制作：花生（新鲜、无霉变）→清洗→以 0.5%碳酸氢钠溶液（10℃）浸泡 16h→漂洗去皮→打浆（用 10 倍于花生的 0.1%碳酸氢钠溶液，90～95℃）→胶体磨→200 目过滤→原浆→冷藏待用或直接使用。

（5）杏仁乳 原料乳 30%～40%，白糖 4%～5%，水 44%～46%，杏仁原浆 10%～20%，稳定剂 0.2%～0.3%，乳化剂 0.4%～0.5%，香精适量，色素适量，总量为 100%。

杏仁原浆制作：一般不能选用苦杏仁。如果选用了苦杏仁，必须进行脱苦处理。应保证杏仁新鲜、无霉变、无杂质。杏仁原浆的制作方法与花生原浆制作相同。

（6）奶茶 原料乳 40%，白糖 4%～5%，水 56%～58%，红茶粉 2%～3%，乳化剂（蔗糖酯）0.1%，香精适量，总量为 100%。

（7）蛋奶 原料乳 60%，白糖 3.5%，水 36%，蛋黄粉 0.2%～0.4%，蔗糖酯 0.05%，糊精 0.15%，蛋白香精适量，色素适量，总量为 100%。

（8）调味甜奶 根据市场需求，可生产出各种不同口味的调味奶，即牛乳为主要原料，添加 3%～5%的白糖，以香精调节产品的风味，如哈密瓜风味、香蕉味、椰味等，也可根据原料乳用量，适当添加增稠剂和乳化剂。

4. 操作要点

（1）原料乳及乳粉验收 应按照生产中性花色乳的原料乳及乳粉标准进行验收。

（2）乳粉还原 将乳粉用 45～50℃的温水，慢慢搅拌，待乳粉完全溶解后，停止搅拌，让乳粉在 45～50℃下水合 20～25min。

（3）杀菌、冷却 待原料乳验收或乳粉还原后，先进行巴氏杀菌（63～65℃，15s），迅速冷却至 4℃待用。

（4）糖、稳定剂等物质处理 一般情况下，稳定剂的溶解度较差，可用 5～10 倍的糖与稳定剂混合均匀后，在温水中边搅拌边加入物料，慢慢溶解。

五、产品评定

成品中性花色牛乳饮料，应当体系稳定，底部无沉淀析出，口味适中，有产品特殊风味。

六、思考题

综合操作工艺，影响中性花色牛乳质量的因素有哪些？

实验四 调酸型花色乳饮料的加工

一、实验目的

通过实验让学生掌握调酸型花色乳饮料的种类、制作的基本原理和工艺过程。

二、实验原理

调酸型花色乳饮料是指用乳酸、柠檬酸或/和果汁将乳的 pH 值调到酪蛋白等电点

（pI=4.6）以下而制成的一种乳饮料。主要原料有鲜乳、白糖、水、稳定剂、果汁、乳酸或柠檬酸等。根据国家标准，这类产品的蛋白含量应大于1.0%。

三、实验材料与仪器设备

鲜乳或乳粉，白糖，稳定剂，酸味剂，香精，色素，胶体磨，均质机。

四、实验内容

1. 工艺流程

$$糖 + 稳定剂 + 水 \rightarrow 溶解$$
$$\downarrow$$

原料乳（或乳粉还原）→预处理→预热均质→杀菌→混合→冷却至20℃以下→酸化→加入香精、色素→均质→杀菌→灌装→贮存

2. 典型调酸型（花色）乳饮料配方

（1）以鲜乳为原料　鲜乳30%~50%，白糖11%，柠檬酸钠0.3%~0.6%，稳定剂0.35%~0.6%，乳酸2.0%~2.5%，柠檬酸2.5%~3.0%，水35%~60%，果汁或香精适量，色素适量，总量100%。

（2）以乳粉为原料　乳粉3%~6%，白糖8%~11%，柠檬酸钠0.3%~0.6%，稳定剂0.35%~0.6%，乳酸2.0%~2.5%，柠檬酸2.5%~3.0%，水75%~82%，果汁或香精适量，色素适量，总量100%。

3. 操作要点

（1）原料乳及乳粉验收　应按照生产中性花色乳的原料乳及乳粉标准进行验收。

（2）乳粉还原　将乳粉用45~50℃的温水，慢慢搅拌，待乳粉完全溶解后，停止搅拌，让乳粉在45~50℃下水合20~25min。

（3）稳定剂　可用于调酸型花色乳饮料的稳定剂种类很多，如果胶、海藻酸丙二醇酯（PGA）、羧甲基纤维素钠（CMC）等，也可以选用复配的稳定剂。在选择时，应根据产品黏度、口感和稳定剂的溶解性能等进行选择。

（4）糖、稳定剂等物质处理　一般情况下，稳定剂的溶解度较差，可用5~10倍的糖与稳定剂混合均匀后，在50℃温水中边搅拌边加入物料，慢慢溶解。如果可能，稳定剂溶解后经过胶体磨处理。

（5）混合　将已经完全溶解的稳定剂和糖溶液加入到预处理的巴氏杀菌乳中，混合均匀后，再冷却到20℃以下。

（6）酸味剂　酸味剂多选择乳酸、柠檬酸、苹果酸或者几种酸的复配。使用前应用水溶解。也可以和缓冲盐类乳柠檬酸钠一起使用，这样可以防止局部酸度偏差过大，也可以使产品酸味柔和。

（7）酸化　酸化前必须将稳定剂与乳充分混合，使得稳定剂真正能够起到保护酪蛋白的作用。乳酸或柠檬酸等酸味剂应该先溶解配制为20%~25%的冷溶液，在强烈搅拌下缓慢把酸液加入混有稳定剂的乳中。最终产品pH值在4.0左右（一般为3.8~4.2）。

（8）香精、色素添加　加入香精，可有效改善产品风味。具体添加种类和数量可以根据喜好合理改善。如果是固体粉原料，则应先用少量水溶解后添加，注意不同色素

在不同pH值范围显色不同。

（9）均质、杀菌　配好料的酸乳饮料预热均质。多采用60～65℃、25MPa和5MPa二段式均质。因产品是高酸性，故采用高温巴氏杀菌即可达到商业无菌。

（10）果汁　可以根据产品需要掺入果汁。不同的果汁，需要选择相应的香精色素，因此决定了调酸性乳饮料的"花色"。果汁可在加入酸味剂时添加。

五、产品评定

成品调酸型花色乳饮料应体系稳定，底部无沉淀析出，口味适中，有产品特殊风味。

六、思考题

综合操作工艺，影响调酸型花色乳饮料质量的因素有哪些？

实验五　酸奶发酵剂制备

一、实验目的

通过实验，让学生掌握酸奶发酵剂制备基本原理和一般步骤。

二、实验原理

发酵剂制备分3个阶段：①乳酸菌纯培养物的制备；②母发酵剂的制备；③生产（工作）发酵剂的制备。

三、实验材料与仪器设备

乳酸菌纯培养物，试管，三角瓶，接种环，灭菌锅，无菌操作台，培养箱。

四、实验内容

1. 乳酸菌纯培养物的制备

乳酸菌纯培养物一般为粉末状的干燥菌密封于小玻璃瓶内。具体方法为：取新鲜不含抗生素和防腐剂的奶经过滤、脱脂，分装于20mL的试管中，经120℃、15～20min灭菌处理后，在无菌条件下接种，放在菌种适宜温度下培养12～14h，取出再接种于新的试管中培养，如此继续3～4代之后，即可使用。

2. 母发酵剂的制备

取200～300mL的脱脂乳装于300～500mL的三角瓶中，在120℃、15～20min条件下灭菌，然后取相当于脱脂乳量3%的已活化的乳酸菌纯培养物在三角瓶内接种培养12～14h，待凝块状态均匀稠密，在微量乳清或无乳清分离时即可用于制造生产发酵剂。

3. 生产（工作）发酵剂的制备

基本方法与母发酵剂制备相同，只是生产（工作）发酵剂量较大，一般采用500～1 000mL三角瓶或不锈钢制的发酵罐进行培养，并且培养基宜采用90℃、30～60min的杀菌参数。通常制备好的生产（工作）发酵剂应尽快使用，也可保存于0～5℃的冰箱中待用。

五、思考题

影响酸奶发酵剂质量的因素有哪些？

实验六 凝固型发酵酸奶的加工

一、实验目的
通过实验，让学生掌握凝固型酸奶制作的基本原理和工艺过程。

二、实验原理
乳中酪蛋白的等电点为4.6，乳酸菌可以把乳中的乳糖发酵转化为乳酸，使乳pH值降低，当降到酪蛋白等电点附近时，酪蛋白发生凝固变性，形成凝固型酸奶特殊质地和风味。

三、实验材料与仪器设备
新鲜牛乳，蔗糖，发酵剂（一般为保加利亚乳杆菌:嗜热链球菌=1:1），纱布，台秤，均质机培养箱，盛乳容器，水浴锅或加热热源，冰箱，酸奶成品容器。

四、实验内容

1. 工艺流程

原料乳验收→预处理→加入蔗糖→过滤→预热均质→杀菌→冷却→添加发酵剂→装瓶→发酵→冷藏→成品

2. 操作要点

（1）原料乳验收与处理 生产酸奶所需要的原料乳要求酸度在18°T以下，脂肪大于3.0%，非脂乳干物质大于8.5%，并且乳中不得含有抗生素和防腐剂，并经过滤。

（2）加蔗糖 蔗糖添加剂量一般为6%~8%，最多不能超过10%。具体办法是在少量的原料乳中加入糖加热溶解，过滤后倒入原料奶中混匀即可。

（3）预热均质 将原料乳加热到65℃，在16~18MPa下进行均质（如果没有均质机，该步骤可以不进行）。

（4）杀菌冷却 均质后的乳，置于90~95℃的水浴中或直接在热源上加热。当乳温上升到90℃时，开始计时，保持10min。这一步骤的主要目的是使乳中的热敏性蛋白——乳清蛋白受热充分变性后吸收大量水分，从而使得凝固型酸奶质地紧密。之后立即冷却到40~45℃。

（5）添加发酵剂 将制备好的生产发酵剂搅拌均匀，用纱布过滤徐徐加入杀菌冷却后的乳中，搅拌均匀。一般添加量为原料乳的3%~5%。

（6）装瓶 将酸奶瓶用水浴煮沸消毒20min，然后将添加发酵剂的奶分装于酸奶瓶中，每次不能超过容器的4/5。装瓶封口后，即可进行发酵。

（7）发酵 将装瓶的乳置于恒温箱中，在42℃条件下保持4h左右至乳基本凝固为止。

（8）冷藏 发酵完全后，置于0~4℃冰箱中冷藏4h以上，进一步产香且有利于乳清吸收。

五、产品评定

1. 参照 GB 2746—1999，酸奶的加工应符合标准

（1）原料 应符合相应国家标准及行业标准规定。

(2) 食品添加剂和营养强化剂　选用 GB 2760—2011 和 GB 14880—2009 中允许使用的品种，并应符合相应国家标准和行业标准规定；不得添加防腐剂。

(3) 感官指标　符合表1-13规定。

(4) 理化指标　符合表1-14规定。

(5) 卫生指标　符合表1-15规定。

(6) 产品中乳酸菌数　不得低于 1×10^6 cfu/mL。

(7) 食品营养强化剂添加量　应符合 GB 2760—2011 和 GB 14880—2009 的规定。

表1-13　酸牛乳的感官指标

项目	纯酸牛乳	调味（果料）酸牛乳
色泽	呈均匀一致的乳白色或微黄色	呈均匀一致的乳白色，或调味乳、果乳应有的色泽
滋味和气味	具有酸牛乳固有的滋味和气味	具有调味酸牛乳或果料酸牛乳固有的滋味和气味
组织状态	组织细腻、均匀，允许有少量乳清析出	成品均匀一致，保质期内无沉淀；果粒酸牛乳允许有果块或果粒

表1-14　酸牛乳的理化指标

项目		纯酸牛乳			调味（果料）酸牛乳		
		全脂	部分脱脂	脱脂	全脂	部分脱脂	脱脂
脂肪/%		≥3.0%	1.0~2.0	≤0.5	≥2.5	0.8~1.6	≤0.4
蛋白质/%		2.9	2.9	2.9	2.3	2.3	2.3
非脂乳固体/%	≥	8.1	8.1	8.1	6.5	6.5	6.5
酸度/°T	≥	70.0	70.0	70.0	70.0	70.0	70.0

表1-15　酸牛乳的卫生指标

项目		纯酸牛乳	调味酸牛乳	果料酸牛乳
苯甲酸/（g/kg）	≤	0.03	0.03	0.23
山梨酸/（g/kg）	≤	不得检出	不得检出	0.23
硝酸盐（以 $NaNO_3$ 计）/（mg/kg）	≤	11.0	11.0	11.0
亚硝酸盐（以 $NaNO_2$ 计）/（mg/kg）	≤	0.2	0.2	0.2
黄曲霉毒素 M_1/（μg/kg）	≤	0.5	0.5	0.5
大肠菌群/（MPN/100mL）	≤	90	90	90
致病菌（指肠道致病菌和致病性球菌）		不得检出	不得检出	不得检出

2. 酸牛奶（纯酸牛乳、调味酸牛乳、果料酸牛乳）质量检测

(1) 感官评定（表1-16）

表 1-16　酸牛乳的感官评分

项　目	特　征	扣分	得分
滋味和气味（65 分）	有醇正的酸牛乳味，酸甜适口，有清香、醇正的酸乳味（果肉味）	0	65
	酸味过度或有其他不良滋味，酸牛乳香气平淡或有轻微异味	5~8	60~57
	有苦味、涩味或其他不良气味，有腐败味、霉变味、酒精发酵及其他不良异味	8~12	53~57
组织状态（25 分）	组织细腻、均匀，允许有少量乳清析出（果粒或果块）	0	25
	凝乳不均匀也不结实，有乳清析出	2~5	20~23
	凝乳不良，有气泡，乳清析出严重或乳清分离，瓶口及酸乳表面有霉斑	5~8	17~20
色泽（5 分）	呈均匀一致的乳白色或微黄色（果料色泽）	0	5
	色泽不均，成微黄色或浅灰色	1~3	2~4
	色泽灰暗或出现其他异常颜色	1~3	2~4

具体评定方法参照乳与乳制品感官评定方法操作。

（2）风味物质测定　发酵型酸乳的特征香气和风味来源于羰基化合物——乙醛和丁二酮（双乙酰）。这两种物质的测定方法如下：

①乙醛测定：乙醛在酸性条件下与亚硫酸氢钠发生加成反应，生成乙醛亚硫酸氢钠。在碱性条件下，乙醛亚硫酸氢钠与碘发生定量反应，根据当量关系计算出乙醛含量。

$$CH_3CHO + NaHSO_3 \rightarrow CH_3CHOHSO_3Na$$

$$CH_3CHOHSO_3Na + I_2 + H_2O \rightarrow CH_3CHO + NaHSO_4 + 2HI$$

②丁二酮测定：采用紫外分光光度计法。邻苯二胺和丁二酮反应生成 2，3-二甲基并吡嗪，利用生成物的盐酸盐在 355nm 波长下有最大吸收值可对样品中丁二酮进行定量检测。

（3）理化指标检测　蛋白质、脂肪、总固形物含量检验与原料乳的理化检验方法相同。

六、思考题

综合操作工艺，影响发酵型酸奶质量的因素有哪些？

实验七　乳酸菌饮料的加工

一、实验目的

通过实验，让学生掌握乳酸菌饮料制作的基本原理和工艺过程。

二、实验原理

与发酵性酸奶类似，乳酸菌饮料制作中，乳酸菌大量繁殖，产生乳酸，但是由于体系稀薄（蛋白含量仅为 1% 左右），需要加入稳定剂以防止酪蛋白遇酸凝固产生沉淀，从而维持体系稳定。适量添加甜味剂或糖、酸味剂、香精等添加剂调节产品口味。

三、实验材料与仪器设备

鲜乳，白糖，稳定剂，酸味剂，香精，发酵剂，培养箱，均质机。

四、实验内容

1. 工艺流程

```
                        发酵剂      经过杀菌的白糖、稳定剂、水
                          ↓                  ↓
原料乳→预处理→预热均质→杀菌→冷却→接种→发酵→凝乳破碎→混合→均质→冷却→灌装→产品
                                                    ↑
                                                  酸味剂
```

2. 典型的乳酸菌饮料配方

无糖发酵酸乳 30%~40%，白糖 11%，果胶 0.4%，20% 乳酸 0.23%，酸奶香精 0.05%，水添至 100%。

3. 操作要点

（1）原料乳验收与处理 生产酸奶所需要的原料乳要求酸度在 18°T 以下，脂肪大于 3.0%，非脂乳干物大于 8.5%，并且乳中不得含有抗生素和防腐剂，并经过滤。

（2）预热均质 将原料乳加热到 65℃ 作用，在 16~18MPa 下进行均质（该步骤也可以不进行，到混料后进行）。

（3）杀菌、冷却 加热到 90~95℃，维持 10min 后，迅速冷却至 40~45℃。

（4）接种、发酵 将发酵剂与原料奶混合均匀，在 42℃ 下发酵 2~3h，当发酵产酸达到 pH 4.6~4.7 牛乳开始凝结，停止发酵（参考本章凝固型发酵酸奶的加工方法进行）。

（5）冷却 发酵后所得发酵乳冷却到 30℃ 以下。

（6）稳定剂加入 把白糖和稳定剂（果胶）混合后，慢慢加入 50℃ 温水中溶解。稳定剂溶解性差，与糖混合后可以促溶。加热至 90℃ 灭菌，再冷却至 30℃ 以下，然后将其加入到发酵后所得发酵乳中搅拌均匀。

（7）调酸 适合的糖酸比对酸性乳饮料非常关键。在强烈搅拌下缓慢把酸液加入混有稳定剂的酸奶中，调酸后 pH 值为 4.0 左右。

（8）均质 配好料的酸乳饮料预热均质，与前述条件一致。为保证产品中微生物活性，可以降低预热温度或直接选用胶体磨，使各物料混合均匀，体系稳定。

（9）调香 加入香精，可有效改善产品风味。具体添加种类和数量可以根据喜好合理改善。

（10）冷藏 因含有活性乳酸菌，成品需要置于 0~4℃ 环境中贮存。

五、产品评定

成品乳酸菌饮料应体系稳定，底部无沉淀析出，口味酸甜适中，有芳香味道。

六、思考题

综合操作工艺，分析影响活性乳酸菌饮料质量的因素有哪些？

实验八 冰激凌的加工

一、实验目的

通过实验，使学生掌握冰激凌制作的基本原理，学会并掌握冰激凌产品配方的计算方法，掌握普通冰激凌制作的基本工艺。

二、实验原理

冰激凌是饮用水、乳品（蛋白含量为原料的2%以上）、蛋品、甜味剂、香味料、食用油脂等为主要原料，加入适量的香料、稳定剂、着色剂、乳化剂等食品添加剂，经混合、灭菌、均质、老化、凝冻等工艺或再经成形、硬化等工艺制成的体积膨胀的冷冻饮料。

三、实验材料与仪器设备

1. 实验材料

鲜牛乳或全脂奶粉，稀奶油，炼乳，鸡蛋，白糖，冰激凌复合稳定乳化剂，香精，色素。

2. 仪器设备

电子天平，煤气灶，均质机，高剪切机，连续凝冻机，低温冰柜，温度计，低温温度计，旋转黏度计，热水器，不锈钢桶，盛冰激凌塑料杯及盖，量筒，移液管，烧杯，80目和100目不锈钢筛，玻璃搅拌棒，搅拌器。

四、实验内容

1. 工艺流程

原料称量→混合→过滤→杀菌→冷却→均质→冷却→老化→凝冻→灌装→速冻硬化→低温贮藏

2. 产品配方

冰激凌的配方可根据表1-17制订，表1-18和表1-19为两个参考配方。

表1-17 冰激凌的化学组成　　　　　　　　　　　　　　　　%

成 分	最低	最高	平均
乳脂肪	3	16	8~14
非脂乳干物	7	14	8~11
白糖	12	18	13~16
稳定剂	0	0.5	0.2~0.3
乳化剂	0.1	0.4	0.2~0.3
总固形物	31	41	33~39

表1-18 冰激凌的配方(1)   %

原料名称	配料比	脂肪	非脂乳干物	总固形物
脱脂乳	58.70		5.28	5.28
稀奶油（含脂率40%）	20.00	8.00	1.08	9.08
脱脂奶粉	5.80		5.62	5.62
白糖	15.00			15.00
稳定剂	0.50			0.50
合计	100.00	8.00	11.98	35.48

表1-19 冰激凌的配方(2)   %

原料名称	配料比	脂肪	非脂乳干物	总固形物
牛乳（含脂率3.5%）	43.72	1.53	3.84	5.38
稀奶油（含脂率43%）	10.10	4.24	0.54	4.78
炼乳	28.00	2.24	5.60	7.84
鸡蛋	2.68		5.60	0.67
白糖	15.00			15.00
稳定剂	0.50			0.50
合计	100.00	8.01	9.98	34.17

3. 操作要点

（1）根据各种原材料的成分按照表1-18或表1-19提供的配方，计算各原料的添加量。

（2）复核过的各种原材料，在配制混合原料前必须经过处理，现将各种原料的处理方法介绍如下：

①鲜乳可先用100目不锈钢筛进行过滤，以除去杂质。

②脱脂乳粉在配制前应先加水溶解，然后采用高剪切机充分搅拌一次，使乳粉充分混合以提高配制混合原料的质量。

③白糖应加入适量的水，加热溶解成糖浆并经100目筛过滤。

④鲜蛋在配制时，可与鲜乳一起混合、过滤。

⑤奶油或人造奶油在配制前，应先检查其表面是否有杂质存在。如有杂质，则应预先处理后用小刀切成小块。

（3）原料混合的顺序宜从浓度低的水、牛乳等液体原料，次而黏度高的炼乳等液体原料，再而白糖、乳粉、乳化剂、稳定剂等固体原料，最后以水做容量调整。混合溶解时的温度通常40~50℃。

（4）巴氏杀菌 混合料杀菌时必须控制温度逐渐由低而高，不宜突然升高，时间不宜过长，否则蛋白质会变性，稳定剂也可能失去作用。杀菌温度应控制在75~78℃，时间15min。

（5）杀菌的混合料通过80目筛过滤后进行均质。均质压力为12~15MPa，均质温度控制在65~70℃。

（6）冷却、老化　将均质后的混合料冷却至8~10℃。放入老化桶，用冷却盐水快速降温至2~4℃进行老化，老化时间4~6h。在凝冻前30min将微量香精、色素根据个人喜好，加入老化桶并搅匀，也可以不添加。

（7）凝冻　在连续式冰激凌凝冻机中，混合料温度降低，附着在内壁的浆料立即冻结成冰激凌霜层，在紧贴凝冻筒内壁并经快速飞转的两把刮刀刮削，在偏心棒的强烈搅拌和外界空气的混合等作用下，使乳化了的脂肪凝聚，混合料逐渐变厚，体积膨大成为轻质冰激凌。

（8）灌注、装盘、速冻、硬化　速冻室温度控制在-35~-30℃，硬化至冰激凌中心温度-18℃，即可装入冰柜。

五、产品评定

1. 参照冷冻饮品冰激凌SB/T 10013—2008，冰激凌的质量标准

（1）饮用水　应符合GB 5749—2006的规定。

（2）白糖　应符合GB 317—2006的规定。

（3）乳制品　应符合相关乳制品国家标准的规定。

（4）蛋制品　应符合GB 2749—2003的规定。

（5）食用植物油　应符合GB 2716—2005的规定。

（6）食品添加剂和食品营养强化剂　应选用GB 2760—2011和GB 14880—2012中允许使用的食品添加剂和营养强化剂，还应符合相应的食品添加剂产品标准。

（7）其他原辅料　应符合国家有关标准的规定。

2. 冰激凌标准

冰激凌的感官、理化、微生物指标见表1-20、表1-21、表1-22。

表1-20　冰激凌的感官要求

项目	调味（果料）酸牛乳
色泽	色泽均匀，符合品种应有的色泽
形态	形态完整，大小一致，无变形，无塌软，无收缩，涂层无破损
组织	细腻润滑，无凝粒及明显粗糙的冰晶，无空洞
滋味、气味	滋味和顺，香气醇正，符合品种应有的滋味、气味，无异味、无异臭
杂质	无肉眼可见杂质

表1-21　冰激凌的理化指标

项目		指标		
		高脂型	中脂型	低脂型
脂肪/%	≥	10.0	8.0	6.0
总固形物/%	≥	35.0	32.0	30.0
总糖（以蔗糖计）/%	≥	15.0	15.0	15.0
膨胀率/%	≥	95.0	90.0	80.0

表 1-22 冰激凌的微生物指标（含乳蛋 10% 以上的冷冻食品）

		指　标
菌落总数/（cfu/kg）	≤	30 000
大肠菌群/（MPN/100mL）	≤	450
致病菌（指肠道致病菌和致病性球菌）		不得检出

3. 冰激凌质量检测

（1）冰激凌感官评价（表 1-23）。

表 1-23 冰激凌感官评分表

项目	要求	分值	扣分内容	扣分	得分
色泽	完全符合品种要求并均匀一致	10	太深或太浅	6	4
			单色冰激凌色泽不一致	2	8
			双色冰激凌切开后层次不明	2	8
			三色冰激凌切开后层次不明	3	7
			双色或三色冰激凌中某一种色泽不符合品质要求	4	6
			双色或三色冰激凌中某一种色泽太深或太浅	1	9
			双色或三色冰激凌中两种色泽太深或太浅	4	6
			涂巧克力外衣双色冰激凌中一种色泽太深或太浅	1	9
			冰激凌色泽不符合要求	4	6
香味	香味迷人，浓淡适宜	20	香味太浓，浓得刺鼻、刺眼	5	15
			香味较浓	2	18
			香味太淡，淡得缺乏香味	5	15
			香味较淡	2	18
			香味不纯，有异味	10	10
			香味不纯净	6	14
			香味与品种要求不符合	10	10
滋味	滋味、甜度适中，并完全符合品种要求	40	甜度太高，口味过于浓甜	5	35
			甜味太低，吃在嘴里缺乏甜味	10	30
			甜味不足或甜味过浓	8	32
			有咸味且咸味过浓	5	35
			巧克力外衣有异味	10	30
			夹心冰激凌或蛋卷中的果酱有异味	10	30
			蛋卷有焦味	5	35
			用于八珍或八宝冰激凌的某一种辅料有异味	10	30
			有不属于冰激凌的外来怪味	30	10
形体	体积和容积符合品种质量要求	15	有软塌现象	3	12
			有收缩现象	4	11
			有变形现象	5	10
			呈软塌、收缩或变形状态	8	7
			涂层的冰激凌表面有破损现象	4	11
			应涂层的地方未涂好	4	11

（续）

项目	要求	分值	扣分内容	扣分	得分
组织	组织细腻、滑润，无颗粒及明显冰晶	15	有较大的油粒出现，有较大的冰晶出现	6	9
			组织状态不松软	3	12
			组织过于坚实	5	10
			有肉眼可见杂质	12	3
			质地过黏，吃在嘴里难以融化	6	9

注：表中感官评价分为100分，其中色泽10分，香味20分，滋味40分，形态15分，组织15分。90分以上为特级品，80~90分为一级品，70分以下为不合格品，卫生指标达不到标准为不合格品。

（2）膨胀率测定 冰激凌膨胀率是指容积增加的百分率。膨胀后的冰激凌内部有大量微小的气泡，从而获得良好的组织和形体。

①常规检测

体积法

$$B = V_2 - V_1/V_1 \times 100\%$$

式中：B——冰激凌的膨胀率（%）；
V_1——1kg 冰激凌的体积（L）；
V_2——1kg 混合料的体积（L）。

重量法

$$B = M_2 - M_1/M_1 \times 100\%$$

式中：B——冰激凌的膨胀率（%）；
M_1——1L 冰激凌的质量（kg）；
M_2——1L 混合料的质量（kg）。

②冰激凌膨胀率测定仪进行测定。

（3）理化指标检测 蛋白质、脂肪、总固形物含量检验与原料乳的理化检验方法相同。

六、思考题

影响冰激凌膨胀率的因素有哪些？

实验九　凝乳酶活性检测

一、实验目的

理解凝乳酶的活力测定机理；掌握凝乳酶活性检测的方法。

二、实验原理

凝乳酶是生产干酪不可缺少的制剂，主要作用是促使原料奶凝结，为排出乳清提供条件。凝乳酶的活性强弱，直接影响着干酪的加工及制品品质，因此，对凝乳酶的活性进行检测，是干酪加工的一个必要步骤。凝乳酶的活力是指 1mL 凝乳酶溶液或 1g 干粉在 35℃ 条件下，40min 内能凝结原奶的毫升数。

三、实验材料与仪器设备

1. 实验材料

液态、粉状和片剂动物性或微生物性的凝乳酶，脱脂奶粉，食盐，0.1mol/L 的盐酸。

2. 仪器设备

恒温水浴锅，加热锅（夹层锅），电子天平，计时器（精确到秒）。

四、实验内容

1. 凝乳酶（1%浓度）食盐水溶液制备

首先称取凝乳酶和食盐各1g溶于100mL蒸馏水中，配成1%的凝乳酶食盐水溶液，于4℃下保藏，备用。

2. 脱脂乳制备

取脱脂乳粉9g，加入100mL蒸馏水，搅拌后使其充分溶解。

3. 凝乳时间测定

将100mL脱脂乳，调整酸度为0.18%，用水浴加温至35℃后，添加10mL 1%的凝乳酶食盐水溶液，迅速搅拌均匀，准确记录开始加入酶液直到凝乳时所需的时间（s），此时间也称凝乳酶的绝对强度。

4. 活力计算

$$凝乳酶活力 = \frac{供试乳数量}{凝乳酶} \times \frac{2\,400}{凝乳时间}$$

式中：2 400——测定凝乳酶活力时所规定的时间（40min），s。

活力确定以后可根据活力计算凝乳酶的用量。

五、思考题

今有原料乳80kg，用活力为100 000 单位的凝乳酶进行凝固，需加凝乳酶多少？

实验十　切达干酪的制作

一、实验目的

掌握干酪酶凝的原理和切达干酪加工操作要点；熟悉制作干酪的设备；了解干酪的评价方法。

二、实验原理

干酪是以乳、稀奶油、脱脂乳、酪乳或这些原料的混合物为原料，经凝乳并排除部分乳清而制成的新鲜或经成熟的产品。切达干酪（cheddar cheese）是酶凝、成熟的半硬质干酪，在加工中，其凝乳团块经过反复堆叠，使产品形成类似于鸡胸肉纤维状的质构。该堆叠操作称为 cheddarring。

三、实验材料与仪器设备

1. 实验材料

牛乳，发酵剂，凝乳酶，氯化钙，食盐，胭脂树橙，真空塑料袋等。

2. 仪器设备

全自动乳成分分析仪，离心除菌机，小型牛奶分离机，干酪槽，干酪刀，干酪铲，压榨器，干酪模具，pH计，量筒，烧杯，包装机，冷藏柜，不锈钢锅等。

四、实验内容

1. 工艺流程

原料乳的预处理→标准化→杀菌→冷却→添加发酵剂→调整酸度→添加氯化钙→（添加色素）→凝乳→凝块切割→搅拌→加温→排出乳清→堆叠→成型压榨→盐渍→真空包装→成熟→成品

2. 操作要点

（1）原料乳的预处理与标准化　生产干酪的原料乳必须经过严格的检验，要求抗生素检验阴性。先用双层纱布过滤乳，然后采用离心除菌机进行净乳处理（可用牛乳分离机经调整后实现），可以除去乳中大量杂质，并可以将乳中90%的细菌除去。

如要对原料乳进行标准化，需先测定牛乳中脂肪和蛋白质含量，计算出牛乳中酪蛋白的含量，使酪蛋白与脂肪的比例（C/F）达到0.7。

$$原料乳酪蛋白含量（\%）=0.4×原料乳含脂率百分值+0.9$$

（2）杀菌　采用63～65℃、30min的保温杀菌。

（3）添加发酵剂　取原料乳量1%～2%工作发酵剂（或相当的直投式发酵剂），边搅拌边加入，并在30～32℃条件下充分搅拌3～5min。加入发酵剂后短期发酵30～60min，取样测定酸度，使最后酸度控制在20～22°T。

（4）调整酸度　依靠乳酸菌发酵很难控制到要求的酸度，故可用1mol/L的盐酸将牛乳的酸度调整为22°T或0.21%。

（5）添加氯化钙和色素　可以加入氯化钙来调节盐类平衡，促进凝块形成，添加胭脂树橙色素以改善和调和颜色。通常每1 000kg原料乳中加30～60g氯化钙，色素以水稀释约6倍，充分混匀后加入。

（6）凝乳　首先确定凝乳酶需要量。取100mL原料乳于烧杯中，加热到35℃后，加入1%凝乳酶食盐溶液10mL，搅拌均匀，并加少许炭粒为标记，准确记录开始加入酶到乳凝固所需的时间（s），此时间称为酶的绝对强度。根据下式计算活力：

$$活力 = \frac{供试乳数量}{凝乳酶} \times \frac{2\,400}{凝乳时间}$$

$$凝乳酶需要量 = 原料乳量/凝乳酶活力$$

在达到酸度要求的牛乳中，加入凝乳酶溶液，迅速搅拌均匀后静置。

（7）凝块切割　刀在凝乳表面切深为2cm、长5cm的切口，再用食指斜向从切口的一端插入凝块中3cm。当手指向上挑起时，如果切面整齐平滑，指上无小片凝块残留，且渗出的乳清透明时，即可开始切割，一般切割成10mm×10mm×10mm的立方体。

（8）搅拌及加温　升温的速度应严格控制，初始时每3～5min升高1℃，当温度升至35℃时，则每隔3min升高1℃。当温度达到38℃时，停止加热并维持此时的温度。

（9）排出乳清　维持38℃，用干酪铲将凝块收拢于干酪槽的一端，插入滤网，打开排水口，放出乳清。

（10）堆叠　将干酪凝块重叠堆积在干酪槽一端，每隔15min翻转一次，保持在

39℃，当乳清的 pH 值为 5.2~5.3 时停止。

（11）成型压榨　将干酪凝块装入干酪模具中，先进行预压榨，一般压力为 0.2~0.3MPa，时间为 20~30min；或直接正式压榨，压力为 0.4~0.5MPa，时间为 12~24h。压榨结束后，从成型器中取出的干酪称为生干酪。

（12）盐渍　将压榨后的生干酪浸于盐水容器内浸渍，盐水为 18%~20%，盐水温度为 8℃左右，浸泡时间随干酪大小而变化，一般盐渍 68h。

（13）真空包装　采用塑料膜或金属膜真空包装。

（14）成熟　将生干酪置于 10~12℃下，在乳酸菌等有益微生物和残留凝乳酶的作用下，经 3~6 个月的成熟，形成干酪的质构和风味。

五、产品评定

1. 感官指标

具有该种干酪特有的良好滋味和气味，香味浓郁；质地均匀，软硬适度，组织细腻，可塑性较好；具有该种干酪正常的纹理图案；淡黄色，有光泽；外形正常，均匀细致无损伤；包装良好。

2. 理化指标

非脂物质水分含量为 49.0%~56.0%，干物质脂肪含量为 45.0%~59.9%。

3. 评价方法

按照 GB/T 21375—2008 干酪（奶酪）国家标准进行评价。

六、思考题

1. 干酪原料乳的质量有何重要性？干酪乳的标准化对产品的质量有何影响？
2. 干酪制作过程中的预发酵有何作用？
3. 干酪的凝乳机理与酸奶有何不同？如何控制凝乳过程？
4. 切达干酪制作过程中堆叠工序有何作用？

实验十一　稀奶油干酪的制作

一、实验目的

熟悉和掌握稀奶油干酪的加工原理和制作技术。

二、实验原理

稀奶油干酪（cream cheese）是采用稀奶油或者牛奶和稀奶油的混合物来制作的奶酪，产品成分必须满足以下规格：脂肪含量不低于 30%，水分不高于 55%，增稠剂不高于 0.5%。因不需要成熟的过程，属于"新鲜奶酪"，质地细腻、口味柔和。

三、实验材料与仪器设备

1. 实验材料

奶油，牛乳，发酵剂，凝乳酶，食盐。

2. 仪器设备

干酪槽，干酪刀，干酪模具，均质机，干酪布，pH 计，天平，冰箱。

四、实验内容

1. 工艺流程

原料→检验→标准化→杀菌和冷却→均质→添加发酵剂和凝乳酶→凝乳→切割→搅拌→加热→排出乳清→拌盐→成型压榨→包装→成品

2. 操作要点

（1）检验　对生产干酪的原料乳进行感官检查，酒精实验或酸度测定，必要时进行抗生素实验。

（2）标准化　称量原料乳；测定原料乳的脂肪含量；把奶油加入到原料乳中，使其脂肪含量为11%~20%。

（3）杀菌和冷却　利用水浴杀菌，公式为30min/70℃。

（4）均质　对稀奶油进行均质化，然后冷却到30℃。

（5）添加发酵剂和凝乳酶　在干酪乳中加入由乳酸链球菌和乳脂链球菌组成的发酵剂及凝乳酶。生产干酪所用的凝乳酶以小牛皱胃酶为主；也可以使用胃蛋白酶和微生物蛋白酶代替，或使用皱胃酶、胃蛋白酶和微生物蛋白酶的混合物。

（6）搅拌、加热　当酸度增加到0.6%~0.75%时，即pH值降低到4.6时充分搅拌凝乳块，以使其质地均匀。直接向凝乳块中注入76℃的热水，直到凝乳块温度增加到51℃。这时凝乳块应当质地柔滑。如果脂肪含量过低或者酸度过低，质地则比较粗糙。

（7）排出乳清　用干酪布沥干凝乳块。

（8）成型压榨　把凝乳块放入相应的模具里，轻轻地压榨20min，然后冷却到2℃。

（9）包装　使用铝箔包装样品。

五、产品评定

1. 感官指标

外观呈均匀一致的乳白色；具有乳的滋味和气味，或奶油味，无异味；质地均匀细腻、柔软、有可塑性，允许有少量气泡。

2. 理化指标

水分≤62.0%；脂肪≥24.0%；全乳固体≥38.0%。

3. 评价方法

按照 NY 478—2002《软质干酪》进行评价。

六、思考题

1. 简述稀奶油干酪的制作原理。
2. 干酪制作的原料乳的质量有何重要性？干酪乳的标准化对产品的质量有何影响？

实验十二　卡门贝尔干酪的制作

一、实验目的

熟悉卡门贝尔干酪的制作工艺条件；认识霉菌在干酪成熟过程中的作用。

二、实验原理

卡门贝尔干酪（camembert cheese）原产于法国诺曼底，是一种表面干燥覆盖白色的卡门贝尔青霉（Penicillium camemberti）或白青霉（Penicillium candidum）的霉菌干酪。卡门贝尔干酪现在使用牛奶制成，直径 10~11cm，质量小于 350g，脂肪含量不少于 38%。卡门贝尔干酪属于软质干酪，乳酸发酵在凝乳形成中发挥比较重要的作用，凝乳 pH 值较低而酶的加入量少于硬质干酪，凝乳含有较多的水分。在制作中没有压制和揉捏凝乳过程，凝乳依靠自重压缩和翻转成型。由于霉菌水解蛋白质和脂肪的作用，干酪质地柔软细腻，香气浓郁。

三、实验材料与仪器设备

1. 实验材料

无抗生素鲜牛奶，嗜温型乳酸菌发酵剂，卡门贝尔干酪青霉和白青霉发酵剂或其孢子悬浮液，凝乳酶，食品级氯化钙，粗盐。

2. 仪器设备

干酪槽，干酪切刀（刀刃间距 2cm），干酪勺铲，干酪模子，pH 计，温度计，恒温恒湿箱（库）。

四、实验内容

1. 工艺流程

牛奶→杀菌→加入发酵剂和霉菌孢子悬浮液→加入凝乳酶凝乳→装模排乳清→翻转→腌制、干燥→成熟→冷藏

2. 操作要点

（1）在干酪槽中进行牛奶的巴氏杀菌，65℃、30min，冷却到 32℃。

（2）加入 0.01% 嗜温型乳酸菌发酵剂或 2% 活化的发酵剂，发酵 15~25min，可以在此时加入霉菌发酵剂或霉菌孢子悬浮液。

（3）当 pH 值降低到 5.6 时加入 20mL/100kg 牛乳的凝乳酶。

（4）32℃下，45~60min 形成结实的凝乳。

（5）使用干酪切刀，切割凝乳，不搅拌。

（6）15min 后，使用干酪勺铲将凝乳和乳清一起像移动豆腐脑一样移入模具，利用凝乳的自重压缩、排乳清。静止放置 3h，翻转模具，其后 2h 再翻转模具一次，然后每隔 30min 翻转一次，翻转 3~4 次，促进排除乳清和形成均匀的质地。

（7）喷入霉菌孢子悬浮液，隔 30min 翻转一次，静置 30min。

（8）脱模后的生干酪放在乳清排出台上 5~6h。

（9）反复正反两面在粗盐中腌渍生干酪 1d 后，移入 4℃，相对湿度 95%~98% 的恒温恒湿箱成熟，放置 5~7d，翻转一次。

（10）14d 后取出，使用铝箔包装。

五、产品评定

1. 感官指标

滋味和气味具有本品种的特征；外皮均匀覆盖白色的霉菌，偶尔也有少数橘黄色的亚麻杆菌的色斑；质地软但不易碎；内部白色或稀奶油黄色；没有孔洞。感官评价 14d

后的样品的风味、色泽和质地。

2. 理化指标

干物质脂肪含量30%~50%，水分含量50%~60%。

3. 评价方法

按照 Codex Stan C-33—1973 的相关内容进行操作。

六、思考题

1. 讨论在卡门贝尔干酪凝乳及成熟过程中，酪蛋白所发生的变化。
2. 简述在卡门贝尔干酪加工中霉菌的作用原理。

实验十三　莫兹瑞拉干酪的制作

一、实验目的

熟悉并掌握莫兹瑞拉干酪加工的工艺流程和操作要点。

二、实验原理

莫兹瑞拉干酪（mozzarella cheese）具有良好的拉伸性、熔化性和切削性能，用做比萨饼的馅料。莫兹瑞拉干酪成品中脂肪占干物质质量的45%，水分占干重的52%~60%。莫兹瑞拉干酪凝乳加工的条件与切达干酪相近。不同的是，在凝块加热、拉伸、揉捏的过程中，使凝乳由三维结构转化为线性结构，从而形成了莫兹瑞拉干酪特有的可以拉丝的特性。热拉伸是莫兹瑞拉干酪特有的单元操作，凝块的pH值、加热温度和拉伸机的转数是拉伸操作需要选择的参数。

三、实验材料与仪器设备

1. 实验材料

无抗生素鲜奶，发酵剂（嗜热型、嗜温型均可），凝乳酶，食品级氯化钙，食盐，尼龙聚乙烯复合薄膜。

2. 仪器设备

干酪槽，干酪切刀，干酪模子，加热拉伸机，pH计，温度计，真空包装机，冰箱或冷库。

四、实验内容

1. 工艺流程

牛奶→杀菌→加入发酵剂和氯化钙→加入凝乳酶→切割→升温→排乳清→堆积、折叠凝乳→热烫拉伸→装模→冷却→腌渍→包装→冷藏

2. 操作要点

（1）从牛乳杀菌到切割凝乳块，均可参照切达干酪工艺参数执行。

（2）在堆积、折叠凝乳时，需要每15min测定一次pH值，分别从每一测定样品取大约50g样品，搓成大约1cm的条，进行热烫和拉伸。

（3）在70~90℃的水浴中热烫凝乳条，分别进行纵向和横向拉伸。纵向拉伸超过80cm，横向拉伸形成薄膜，凝乳即可以进行正式拉伸，水浴温度可以设为机器拉伸或机械拉伸的热水温度。

(4) 热水与物料的比为 (2~3):1,加热拉伸机的转速设为 20~30r/min,设定加热水温度,使用 pH 值适宜的凝乳块进行拉伸和揉捏至塑性凝块。

(5) 如果没有拉伸机,可以把热烫后的凝块放在不锈钢容器中,使用不锈钢工具进行搅拌,直至成为均匀的塑性凝块。

(6) 塑性凝块入模后于 0~4℃冷盐水中成型,中心温度至 20℃时脱模、腌渍,腌渍条件与切达干酪相同。

(7) 真空包装后冷藏。

五、产品评定

1. 感官指标

呈乳白色,均匀,有光泽;具有奶油味,具有该种干酪特有的滋味和气味;质地紧密,光滑,硬度适中;遇热具有良好的拉丝特性。

2. 理化指标

干物质≥45%;干物质中脂肪≥45%。

3. 评价方法

按照 Codex Stan 262—2007 的相关内容进行评价。

4. 焙烤性能评价

美国农业部莫兹瑞拉干酪的标准中关于拉伸性的要求,烘烤比萨饼上,熔化干酪被叉尖的挑起高度不少于 7.62cm,呈咀嚼感,但不能呈橡胶感。切分样品呈截面为 0.5cm×0.5cm 的条,放于面包片上,在 210℃烤炉中烘烤 10min 至完全熔化,试验拉伸性,感官评价样品的口感。

六、思考题

1. 如果选择嗜热型菌种,加工参数需要作何调整?
2. 说明干酪拉伸中选择工艺参数的原因。
3. 讨论在莫兹瑞拉干酪制作过程中酪蛋白所发生的变化。
4. 简述莫兹瑞拉干酪的生产流程和设备。

实验十四 农家干酪的制作

一、实验目的

掌握农家干酪的凝乳原理及其加工方法;了解农家干酪的制作技术。

二、实验原理

农家干酪(cottage cheese)属典型的非成熟软质干酪,在世界各国较为普及,是一种拌有稀奶油的新鲜凝块,由于在生产过程中彻底地清洗而酸度较低。农家干酪是以脱脂乳或浓缩脱脂乳为原料,在巴氏杀菌后的标准化原料乳中添加由乳酸链球菌和乳脂链球菌组成的发酵剂及凝乳酶,凝乳后切割加热并水洗,水洗凝块是农家干酪的特点。传统的农家干酪含有约 79% 的水分、16% 的非脂乳固体、4% 的脂肪和 1% 的盐。

三、实验材料与仪器设备

1. 实验材料

牛乳，脱脂乳粉，发酵剂，凝乳酶，奶油，食盐。

2. 仪器设备

乳脂分离机，干酪槽，干酪切刀，pH计，天平。

四、实验内容

1. 工艺流程

原料乳→检验→脱脂→标准化→杀菌冷却→添加发酵剂→添加凝乳酶→凝乳→切割→搅拌和加热→排出乳清→水洗→沥干→拌盐→加稀奶油→成品

2. 操作要点

（1）检验　对生产干酪的原料乳进行感官检查，酒精实验或酸度测定，必要时进行抗生素实验。

（2）标准化　称量脱脂原料乳，测定脱脂原料乳的固形物含量，把脱脂乳粉加入到原料乳中，使干酪乳的乳固体为11%。

（3）杀菌冷却　利用水浴杀菌，公式为30min/63℃，冷却至32℃。

（4）添加发酵剂　在干酪乳中加入由乳酸链球菌和乳脂链球菌组成的发酵剂，加入量为3%~5%。发酵温度为30~32℃。

（5）添加凝乳酶、凝乳　加入发酵剂1h后添加凝乳酶。生产干酪所用的凝乳酶以小牛皱胃酶为主，也可以使用胃蛋白酶和微生物蛋白酶代替，或使用皱胃酶、胃蛋白酶和微生物蛋白酶的混合物。

①凝乳酶活力的测定参照本章实验九凝乳酶活性检测。

②凝乳：用1%食盐水将酶稀释成2%的溶液，在30℃保温30min，然后沿干酪槽边缓缓加入到干酪乳中，经缓慢搅拌均匀后加盖，使干酪乳静置凝固。

（6）切割　凝乳形成后，用刃间隔为12mm的干酪切刀，把凝块切割成边长10mm左右的立方体。切割后先让凝乳颗粒静置15~20min，准备进行热缩。

（7）搅拌和加热　初期要缓慢地加热，前30min每5min升高0.5℃，然后可以加快升温的速度，提高到一开始的2~3倍，直到大约2h后温度增加到54~57℃。搅拌要缓慢，以免产生碎屑，同时又必须经常搅拌，以避免凝乳颗粒板结。

（8）水洗　热缩之后，排出凝乳块上面的乳清，加入凉水来浸洗凝乳块。水洗的方法为添加两次水，水温依次为15℃、1.5~5℃。每一次加水后，都应当浸泡15~20min，并充分搅拌。

（9）沥干　排出凉水，在凝乳块中挖沟，以使水分排出，沥干要持续30~60min。

（10）拌盐　添加凝乳块质量1%的食盐，可以直接添加到凝乳块中，也可以添加到调味的稀奶油里。

（11）加稀奶油　加入脂肪含量18%的均质的稀奶油，使得干酪的脂肪含量达到4%，可根据需要添加增稠剂，避免乳脂肪从凝乳块中分离出来。

五、产品评定

1. 感官指标

外观呈均匀一致的乳白色,含有或大或小的软凝乳块;具有乳的滋味和气味,或奶油味,无异味;质地均匀细腻、柔软,有可塑性,允许有少量气泡。

2. 理化指标

水分≤80%;食盐≤2.5%;脂肪≥4%;全乳固体≥20%。

3. 评价方法

按照 NY 478—2002《软质干酪》进行评价。

六、思考题

1. 干酪制造中的前发酵有何作用?在本实验中如何控制农家奶酪的发酵过程?
2. 农家干酪的凝乳机制与切达干酪有何不同?
3. 凝乳切割时机对终产品品质有何影响?
4. 水洗凝块有何作用?

实验十五 奶酪的品质评定及质量检测

一、实验目的

了解奶酪品质评定及质量检测的方法及其原理;掌握奶酪品质评定及质量检测的常见方法。

二、实验材料与仪器设备

1. 实验材料

干酪样品(自制或购买的干酪制品),乙醚(分析纯),石油醚(分析纯),95%酒精,0.1mol/L 氢氧化钠,1.0%酚酞酒精溶液,0.1mol/L 硝酸银溶液,10%铬酸钾,浓硫酸(分析纯,密度 $d_{20}=1.82g/mL$),戊醇(要求纯度很高的试剂,否则结果很难显示,$d_{20}=0.81g/mL$),催化剂 $CuSO_4-K_2SO_4$(分析纯),混合指示剂(0.1%溴甲酚绿与 0.1%甲基红以 95%的乙醇分别配好后按 5:1 混合),4%硼酸溶液,40%氢氧化钠溶液,0.1mol/L 盐酸标准溶液,30%过氧化氢溶液,浓氨水,海砂等。

2. 仪器设备

凯氏定氮装置(包括凯氏消化管、蒸汽发生器、冷凝蒸汽收集器、定氮蒸馏瓶、冷凝管、50mL 滴定管、250mL 三角烧瓶等),盖玻氏离心器(1 100r/min),分析天平(精确到 1/10 000),水浴锅(保持温度在 65℃),125mL 的圆形矮胖广口瓶,100mL 脂肪烧瓶,烧杯,吸管,三角烧瓶,烘箱,干燥器,水浴锅,样品混合瓶,带盖玻璃皿,抽脂瓶(盖玻氏管),玻棒,小烧杯,带橡皮头玻棒,棕色滴定管,研钵,漏斗,分液漏斗,电炉子,滤纸等。

三、实验内容

1. 样品采集

将采样管从干酪的顶端,以稍偏于某侧向的位置斜插入干酪的中心,然后从采样管的下部切取 4~5cm 的干酪样品,剩下的一段(表层)取下后放回原位置,堵塞样孔;

如果从切开的干酪取样时,则应从切面切取扇形块作为分析样品。样品采得后,用研钵或搅碎机进行粉碎,并混合均匀,装入样品瓶中备用。

2. 感官评定

采用评分法进行感官评定。参考美国乳品协会(ADSA)制定的软质干酪感官评分方法,主要分滋味、气味、组织状态、质地4个方面对干酪感官品质进行评分,各5分,总分20分。评分小组由10位有经验的工作人员组成。

按照表1-24感官评分标准,进行评分。

表1-24 干酪感官评分表

项 目	特 征	得 分
滋味(5分)	具有该种干酪特有的滋味	4~5
	滋味良好但不是很突出	2~3
	具有明显的异味:如苦味、霉味、饲料味	1
气味(5分)	香味浓郁	4~5
	香味良好	2~3
	香味不明显且有异味	1
组织状态(5分)	组织极其细腻有弹性	4~5
	组织较细腻,弹性较好	2~3
	组织状态疏松,易碎	1
质地(5分)	质地均匀,软硬适度	4~5
	质地基本均匀,较软或较硬	2~3
	出现碎粒状	1

3. 水分含量测定

按照GB 5009.3—2010采用直接干燥法,测定各组样品的水分含量。

4. 蛋白质含量的测定

按照GB 5009.5—2010采用凯氏定氮法,并根据实验室的实际情况进行改良测定各组样品的蛋白质含量。

5. 脂肪含量的测定

按照GB 5413.3—2010采用酸水解法,测定各组样品的脂肪含量。

6. 酸度的测定

按照GB 5413.34—2010采用滴定法,测定各组样品的酸度。具体步骤如下:

(1)称5g样品置于研钵中,加入少量蒸馏水研磨至糊状。用蒸馏水移入250mL容量瓶中,充分振荡、过滤。

(2)准确吸取滤液50mL,加入1%的酚酞指示剂2~3滴,用0.1mol/L的氢氧化钠标准溶液滴定,不断轻微摇动,直至出现微红色且在30s内不褪色为止。滴定时所消耗0.1mol/L的氢氧化钠标准溶液的毫升数代入公式,即为100mL发酵乳的酸度,以吉尔涅尔度(°T)表示。

按照如下公式计算样品的酸度:

$$X_2 = \frac{c_2 \times V_2 \times 100}{m_2 \times 0.1}$$

式中：X_2——试样的酸度（°T）；
c_2——氢氧化钠标准溶液的摩尔浓度（mol/L）；
V_2——滴定时消耗氢氧化钠标准溶液体积（mL）；
m_2——试样的质量（g）；
0.1——酸度理论定义氢氧化钠的摩尔浓度（mol/L）。

7. 产率的测定

以每100kg脱脂奶所能生产出的水分含量为80%的凝块质量来计算。
按照如下公式计算样品中的产率：

$$实际产率 = \frac{干酪质量}{原料乳的重量} \times 100\% \qquad 矫正产率 = \frac{实际产率}{水分含量} \times 80\%$$

8. 盐含量测定

称取5g（准确至0.01mg）硬质干酪样品于小烧杯内，加入50mL 90℃蒸馏水，用带橡皮头玻璃棒充分研碎，然后全部无损地移入100mL容量瓶，并用水将小烧杯内残渣洗入容量瓶中，冷却至20℃后加水至刻度线并充分混匀。过滤后吸取50mL滤液，加0.5mL 10%的铬酸钾溶液，用0.1mol/L硝酸银滴定至砖红色。

按照如下公式计算样品中食盐的含量：

$$X = \frac{(V_2 - V_1) \times N \times 0.058\,5}{m \times \frac{V_4}{V_3}} \times 100$$

式中：X——样品中食盐的含量（%）；
N——硝酸银标准溶液的摩尔溶液（mol/L）；
V_1——空白消耗硝酸银溶液的体积（mL）；
V_2——样品消耗硝酸银溶液的体积（mL）；
V_3——洗涤液总体积（mL）；
V_4——滴定用洗涤液的体积（mL）；
m——样品质量（g）；
0.058 5——1mL 1mol/L 硝酸银标准溶液相当氯化钠的克数（g）。

9. 成熟度测定

称取5g硬质干酪样品放入研钵内，加45mL 40~45℃蒸馏水，研磨成稀薄的混浊液态，静止数分钟后过滤（不使脂肪及未溶解的蛋白质进入滤液中）。于两个三角烧瓶中各加10mL滤液，然后于第一个烧瓶内加3滴1%酚酞指示剂，用0.1mol/L氢氧化钠滴定到粉红色。消耗0.1mol/L氢氧化钠的毫升数为A。向第二个烧瓶内加10~15滴0.1%麝香草酚蓝，用0.1mol/L氢氧化钠滴定至蓝色。消耗0.1mol/L氢氧化钠的毫升数为B。

按照如下公式计算样品中的成熟度：

$$干酪成熟度 = (A - B) \times 100$$

此法的原理是以成熟干酪对碱的缓冲度作为干酪成熟的标志。干酪在成熟过程中，随成熟度的增加，可溶于水的干酪部分对酸碱的缓冲性也增加。在用碱滴定时，缓冲性增加较明显，尤其在 pH8~10 范围内，因为 pH 值超过 8 时，被滴定的蛋白质分解产物的数量随干酪的成熟度而增加。

四、思考题
1. 分析上述各种干酪品质测定方法的适用性。
2. 蛋白质含量测定的原理是什么？测定时应注意什么？

实验十六　普通全脂甜奶粉、婴儿奶粉的加工

一、实验目的
了解普通全脂甜奶粉、婴儿奶粉的加工工艺及其原理；掌握普通全脂甜奶粉、婴儿奶粉的加工的操作要点。

二、实验原理
利用加热或冷冻干燥的方法除去乳中几乎全部的水分而制成粉末状乳制品，即将浓缩过的乳借用机械力量（压力或高速离心），经过喷嘴雾化成微细的雾状液滴，在干燥塔内与热介质接触，被干燥成为粉料的热力过程。

全脂加糖乳粉通过在原料乳中加糖后，除去乳中几乎全部的水分而制成粉末状乳制品，保持了牛乳香味并带适口甜味。

婴儿配方乳粉是指通过改变牛乳营养成分的含量及比率，使与人乳成分相近似，再除去乳中几乎全部的水分而制成粉末状乳制品，是婴儿较理想的代母乳食品。

三、实验材料与仪器设备

1. 实验材料

新鲜牛乳：不混有异常乳，酸度不超过 20°T，70% 酒精实验阴性，含脂率不低于 3.1%，乳固体不低于 11.5%；0.100 0mol/氢氧化钠，70% 酒精。

2. 仪器设备

恒温水浴锅，真空浓缩器，均质机，喷雾干燥器，加热锅，pH 计，电子天平。

四、实验内容

（一）全脂加糖普通奶粉加工

1. 工艺流程

原料乳验收→标准化→杀菌→真空浓缩→喷雾干燥→出粉→冷却→筛粉→包装→成品

2. 操作要点

（1）原料乳验收、标准化　测定原料乳的温度、酸度、比重，进行酒精实验。采用验收合格的新鲜牛乳为原料，制作奶粉。

（2）标准化　成品的指标为脂肪含量 20%~25%，水分 <3%。以 1kg 成品乳粉为基准，使用全脂乳、稀奶油和脱脂乳配制所需的标准化乳。

（3）加热杀菌　使用加热锅对标准化乳进行杀菌，85℃ 保持 5~10min。

（4）真空浓缩

①清洗小型真空浓缩器，开动循环泵，通过 CIP 清洗装置，使 75℃ 的热水循环 2min。

②以真空度为 0.0837~0.0902MPa，料温 50℃ 的条件，并在浓缩后期添加糖浆，最后浓奶的干物质达到 45%~50%，以供喷雾。

③浓奶排出之后，按下述程序清洗浓缩器：清水循环 2min 后排放；2%氢氧化钠溶液循环 15min 后排放；清水循环 2min 后排放；以 75℃ 热水循环 2min 后排放。

(5) 喷雾干燥工艺

①熟悉喷雾干燥器的构造、工作原理和操作规程，并进行清洁和预热。

②按照拟定的工艺条件，调整热工参数，进风温度在 150~170℃，排风温度在 80~95℃ 范围进行选择，并进行喷雾操作。

③停机与出粉按操作规程：在干燥将结束前，做好停机准备，按程序停机，出粉及清扫，必要时进行设备的清洗与烘干。

④喷雾干燥器的性能：喷雾干燥器属于小型离心喷雾干燥设备，以电加热空气为干燥介质，雾化器采用篮式离心转盘，转速 25 000r/min。此机采用控制盘集中控制电源和各热工参数，电力功率 6kW，进风温度可达 250℃，水分蒸发量为 1.5~5kg/h。

⑤操作要点：开始工作时，先开启电加热器，并检查有无漏电现象及排风机有无杂声，如正常即可运转，预热干燥室；预热期间关闭干燥器顶部用于装喷雾转盘的孔口及出料口，以防冷空气漏进，影响预热。

干燥器内温度达到预定要求时，即可开始喷雾干燥作业。开动喷雾转盘，待转速稳定后，方可进料喷雾。

根据拟定工艺条件，通过电源调节和控制所需的进风和排风温度或调节进料流量、维持正常操作；浓奶贮料罐位干燥机顶部 20~30cm，并设有流量调节装置，以控制喷雾流量；喷雾完毕后，先停止进料再开动排风机出粉，停机后打开干燥器室门，用刷子扫室壁上的乳粉，关闭室门再次开动排风机出粉；最后清扫干燥室，必要时进行清洗。

⑥出粉、晾粉、包装和贮藏：干燥后的乳粉应及时冷却，全脂奶粉最后采用马口铁罐真空充氮包装。

(二) 婴儿配方乳粉加工

1. 湿法生产婴幼儿配方乳粉

(1) 工艺流程

原料乳验收→预处理→冷却→与乳清蛋白、糖、营养素、乳清粉、脂肪成分等混合→均质→杀菌→真空浓缩→喷雾干燥→出粉→冷却→筛粉→包装→成品

(2) 湿法生产婴幼儿配方乳粉操作要点

①配料溶解：采用 10℃ 左右经过预处理的原料奶在高速搅拌缸内溶解乳清粉、糖以及维生素和微量元素等配料。

②脂肪的加入：混合后的物料预热到 55℃，在线加入脂肪部分。

③均质：均质压力为 15~20MPa。

④杀菌：温度为 85℃、16s。

⑤浓缩：物料浓缩至 18°Bé；

⑥喷雾干燥：进风温度为 155～160℃，排风温度为 80～85℃，塔内负压 20mm 水柱。

2. 干法生产婴幼儿配方乳粉

（1）工艺流程

全脂奶粉、乳清粉、蔗糖、营养强化剂→混料→检验→包装→成品

（2）操作要点

①原材料的计量和检验：生产前，每一种原料都必须进行感官检验和理化及微生物指标的检验，以确保成品中的各项指标合格。

②营养强化剂的预混：由于维生素和微量元素的量较小，一般 1t 产品只需几千克，因此需先和糖预混以缩小混合比例。但白糖应先粉碎至 100 目以上，以保证和其他配料混合均匀。

③混料机的选择和混料车间的环境：混料机一般选用三维混料机，此混料机在自转的同时能进行公转。一方面具有强烈的湍动作用，加速物料的流动和扩散；另一方面具有翻转和平移运动，克服离心力的影响，避免物料出现偏移和聚集。混料车间应严格按照 GMP 标准设计，环境温度应在 20℃以下，相对湿度在 60%以下。

④混合工艺参数的控制：混料机的装载系数应在 50%～80%，混料时间应在 25～40min，视物料混合的均匀程度而定。

五、产品评定

按照实验十七"奶粉品质评定及质量检测"对制作的奶粉进行评定。

六、思考题

1. 奶粉加工的原理是什么？
2. 如何更好地保持奶粉中的营养物质不损失？
3. 湿法和干法生产奶粉的优缺点有哪些？

实验十七　奶粉品质评定及质量检测

一、实验目的

了解奶粉品质评定及质量检测的方法及其原理；掌握奶粉品质评定及质量检测常用的方法。

二、实验原理

奶粉品质评定主要以感官评分和质量检测（杂质度和溶解度的测定）为基础，感官评分是通过观察、测定乳粉的组织状态、色泽、滋气味和冲调性，分别依据对应评分标准逐项进行评定，记得分或扣分于评分表中，再计算各项得分累加总分，最后根据乳粉等级评分标准评定出乳粉等级。

乳粉杂质度测定的原理是首先利用焦粉、牛粪、木炭混合胶状液为标准，制订标准杂质板，再通过对照比较，得出乳粉样品的杂质度。

乳粉溶解度的测定原理是采用溶解度质量法，将样品溶于水后，经离心沉淀，称取不溶物质量，从而计算溶解度。

三、实验材料与仪器设备

1. 实验材料

奶粉样品（自制或购买的奶粉制品），胃酶-盐酸液（称取10g酶粉，溶于500mL水中，加30mL浓盐酸，加水稀释至1000mL即成），焦粉，灰土，牛粪，木炭，阿拉伯胶，蔗糖等。

2. 仪器设备

离心机（转速可达3 000r/min），电热恒温干燥箱（温度在20～200℃），分析天平（精确到1/10 000），天平（精确到1/10即可），抽滤瓶（2 000～2 500mL），能安放过滤棉板的瓷质过滤漏斗或特制漏斗，在漏斗与棉板间安放一块细纱布，棉质过滤板（直径32mm，过滤时牛乳通过直径为28.6mm为准），20、40、60目筛，干燥器，温度计，放大镜，盛样盘（平皿或磁盘），250mL量筒，50mL离心管。

四、实验内容

1. 奶粉感官评定

将奶粉倒于盛样盘中，然后按"组织状态""色泽""滋气味""冲调性"的先后顺序依据标准逐项进行评定，记扣分或得分于评分表中，最后将各项得分累加得总分，再根据产品等级评分标准评定出产品等级。具体评定步骤如下：

（1）组织状态评定　用牛角勺或匙反复拨弄盛样盘中的奶粉，观察粉粒状态及有无杂质和异物，遇有肉眼难以观察的异物时可借助扩大镜辨认。

（2）色泽评定　将盛样盘置于非直射光下观察其色泽，判定时应考虑奶粉颗粒大小对色泽的影响，因同一种奶粉颗粒小者色白，颗粒大者色深。

（3）滋气味评定　用勺或纸片取少量奶粉放于口中仔细品尝其滋味，也可用温水调成复原乳后品尝。奶粉的评定气味可直接嗅干粉或复原乳评定。

（4）润湿下沉性与冲调性评定

①润湿下沉性：于200～250mL烧杯中，倒入150～200mL 25℃的水，称取10g奶粉撒放在水面上。观察并记录10g奶粉全部润湿下沉的时间（速溶奶粉<5min，普通奶粉≥5min）。一次评定数个样品时，可依据全部粉粒下沉时间排出优劣之顺序后加以评分。

②冲调性：于500mL烧杯中倒入250mL 40℃的温开水，称取34g奶粉倒入水中，立即用玻棒以每秒1圈的速度反正方向各搅动10或15次，然后观察有无团块及杯底沉淀物的数量进行评分。

感官评分分别按表1-25～表1-29进行，统计出总得分，并评定出等级。再将每人评定结果综合平衡后，得出最终评定结果。

表1-25　奶粉的各项指标所占评分比例　　　　　　　　　　　　　　　　　%

项目	全脂奶粉	全脂加糖奶粉	脱脂奶粉
滋味及气味	65	65	65
组织状态	25	20	30
色泽	5	10	5
冲调性	5	5	—

表1-26　各级产品应得的感官分数

等级	总评分	滋味和气味最低得分
特级	≥90	60
一级	≥85	55
二级	≥80	50

表1-27　全脂奶粉的感官评分

项目	特征	扣分	得分
滋味和气味（65分）	具有消毒牛乳的醇香味，无其他异味者	0	65
	滋气味稍淡，但无异味者	2~5	63~60
	有过度消毒的滋味和气味者	3~7	62~58
	有焦粉味者	5~8	60~57
	有饲料味者	6~10	59~55
	滋气味平淡，无乳香味者	7~12	58~53
	有不清洁或不新鲜滋味和气味者	8~13	57~52
	有脂肪氧化味者	14~17	51~48
	有其他异味者	12~20	53~45
组织状态（25分）	干燥粉末无凝块者	0	25
	凝块易松散或有少量硬粒者	2~4	23~21
	凝块较结实者（贮藏时间较长）	8~12	17~13
	有肉跟可见的杂质或异物者	1~15	20~10
色泽（5分）	全部一色，呈浅黄色者	0	5
	黄色特殊或带浅白色者	1~2	4~3
	有焦粉粒者	2~3	3~2
冲调性（5分）	润湿下沉快，冲调后完全无团块，杯底无沉淀物者	0	5
		1~2	3~4
	冲调后有少量团块者	2~3	3~2
	冲调后团块较多者		

表1-28　全脂加糖奶粉的评分

项目	特征	扣分	得分
滋味和气味（65分）	具有消毒牛乳的纯香味，甜味醇正，无其他异味者	0	65
	滋气味稍淡，无异味者	2~5	63~60
	有过度消毒的滋味和气味者	3~7	62~58
	有焦粉味者	5~8	60~57
	有饲料味者	6~10	59~55
	滋气味平淡无奶香味者	7~12	58~53
	有不清洁或不新鲜滋味和气味者	8~13	57~52
	有脂肪氧化味	14~17	51~48
	有其他异味者	12~20	53~45
组织状态（20分）	干燥粉末无凝块者	0	20
	凝块易松散或有少量硬粒者	2~4	18~16
	凝块较结实者（贮存时间较长）	8~12	12~8
	有肉眼可见杂质者	5~15	15~5
冲调性（10分）	润湿下沉快，冲调后完全无团块，杯底无沉淀者	0	10
	冲调后有少量团块者	2~4	8~6
	冲调后团块较多者	4~6	6~4
色泽（5分）	全部一色，呈浅黄色者	0	5
	黄色特殊或带浅白色者	1~2	4~3
	有焦粉粒者	2~5	3~0

表1-29　脱脂奶粉感官评分

项目	特征	扣分	得分
滋味和气味（65分）	具有脱脂消毒牛乳的纯香味，无其他异味者	0	6
	滋气味稍淡，无异味者	2~5	63~60
	有过度消毒味者	3~7	62~58
	有焦粉味者	5~8	60~57
	有饲料味者	6~10	59~55
	有不清洁和不新鲜的滋味和气味者	8~13	57~52
	有其他异味者	12~20	53~45
组织状态（30分）	干燥粉末，无凝块者	0	30
	凝块易松散或有少量硬粒者	2~4	28~26
	凝块较结实者（贮藏时间较长）	8~12	22~18
	有肉眼可见杂质或异物者	5~15	25~15
色泽（5分）	呈浅白色，色泽均匀，有光泽者	0	5
	色泽有轻度变化者	1~2	4~3
	色泽有明显变化者	3~5	2~0

2. 奶粉杂质度的测定

（1）标准杂质板的制备

①准备焦粉、灰土、牛粪、木炭，使之通过一定筛子，然后在100℃烘箱烘干，并按下列比例配合混匀：

A. 焦粉占40%，其中通过20目筛不通过40目筛的占10%，通过40目筛不通过60目筛的占30%。

B. 灰土占30%，通过40目筛。

C. 牛粪占20%，其中通过20目筛不通过40目筛的占2%，通过40目筛不通过60目筛的占8%，通过60目筛不通过80目筛的占10%。

D. 木炭占10%，其中通过20目筛不通过40目筛的占4%，通过40目筛不通过60目筛的占6%。

②将已准备好的各种杂质混匀（总量以50g为宜），从中准确称取1.0000g，直接放入500mL容量瓶中，加2mL蒸馏水和23mL 0.75%经过滤的阿拉伯胶液，再以50%经过滤的蔗糖液加至刻度并混匀，则该液杂质含量为2mg/mL。

③取含量为2mg/mL的杂质液10mL，以50%经过滤的蔗糖液稀释至100mL，则此液杂质含量为0.2mg/mL。

④取含量为0.2mg/mL的杂质液10mL，以50%经过滤的蔗糖液稀释至100mL，则此液杂质含量为0.02mg/mL。

⑤以500mL牛乳或62.5mL牛乳或62.5g乳粉为取样量，按表1-30制备各标准杂质板。

表1-30 标准杂质板

标准板号	杂质相对含量/(mg/L)		杂质绝对含量/mg	量取混合杂质液体积/mL
	500mL牛乳	62.5g乳粉		
1	0.25	2	0.125	6.25（0.02mg/mL）
2	0.75	6	0.375	18.75（0.02mg/mL）
3	1.50	12	0.750	3.75（0.2mg/mL）
4	2.0	16	1.00	5.00（0.2mg/mL）

（2）奶粉杂质度测定　称取62.5g乳粉，用已过滤的水充分调和，加热至60℃，于棉质过滤板上过滤，为加快过滤速度，可用真空泵抽滤，用水冲洗黏附在过滤板上的牛乳，将过滤板置烘箱中烘干，其上杂质与标准杂质板比较，即可得乳粉杂质度。

（3）溶解度较差的奶粉杂质度测定　称取62.5g样品与250mL胃酶盐酸溶液混合，置45℃水浴中保持20min，加入约0.5mL辛醇，加热使在5~8min内沸腾，立刻在棉质板上过滤，并用沸水冲洗容器及滤板。将滤板烘干后与标准板比较，杂质度按照标准杂质板报告。

3. 奶粉溶解度的测定

采用溶解度重量法对奶粉的溶解度进行测定。步骤如下：

（1）精密称取样品5g于50mL烧杯中，用38mL（25~30℃）水分数次将样品溶解于离心管中，加塞，将离心管放于30℃水浴中保温5min后取出，上下振荡3min，使样品充分溶解。

（2）于离心机以1 000r/min的转速离心10min，倾去上清液并用棉栓擦净管壁。

（3）再加入30℃水38mL，加塞，上下充分振荡3min，使沉淀悬浮，再于离心机中以1 000r/min的转速离心10min，倾去上清液，用棉栓擦净管壁。

（4）用少量水将沉淀物洗入已称量的称量皿中，先在水浴上蒸干，再于100℃干燥1h，置干燥器中30min后，称量。

（5）再于100℃干燥30min后取出，冷却，称量，至前后两次质量相关不超过1mg。

奶粉溶解度计算公式如下：

$$溶解度（\%） = 100 - \frac{(m_2 - m_1) \times 100}{m \times (100 - B)} \times 100$$

式中：m——样品质量（g）；

m_1——称量皿质量（g）；

m_2——称量皿加不溶物质量（g）；

B——水分含量（%）。

测定全脂加糖乳粉时，按下式计算：

$$溶解度（\%） = 100 - \frac{(m_2 - m_1) \times 100}{m \times (100 - B - C)} \times 100$$

式中：m——样品质量（g）；

m_1——称量皿质量（g）；

m_2——称量皿加不溶物质量（g）；

B——水分含量（%）；

C——样品中蔗糖含量（%）。

五、思考题

1. 奶粉品质评定中应注意的事项有哪些？
2. 奶粉的杂质度测定中关键步骤是什么？
3. 如何提高奶粉溶解度？

实验十八　乳制品加工综合设计实验及实例

综合设计实验是在任课教师的指导下，充分发挥学生的主观能动性，综合运用所学的相关理论知识和操作方法技能，进行新产品的构思、方案设计、实验实施、结果分析、产品评价等过程，从中得到进一步的训练和提高。

一、实验目的

熟悉乳制品加工综合设计实验的基本思路和方法；掌握乳制品加工设计新产品的操作要点及注意事项。

二、实验内容

1. 学习乳制品新产品设计加工流程

可采用任课教师对学生集中培训为主,学生查阅相关材料为辅的形式,让学生熟悉和掌握乳制品新产品设计加工流程。

2. 创意的提出及筛选

学生可通过教师讲授和自行查阅、收集、整理国内外乳制品加工新理念、新工艺、新技术以及乳品市场发展趋势等相关信息,提出各自的乳制品新产品创意。再通过集中讨论、市场调研等方式,初步筛选出一些具有较好发展前景且可行的创意。

3. 制订实验计划

根据学生自愿和教师指定相结合的方式,按照筛选出的创意分组,各小组分别制订出完备的乳制品新产品研制计划,再经过小组讨论、师生共同论证等形式,对实验计划进行修订完善。

4. 实施实验计划

按照论证和修订好的实验计划,在教师指导下研制和加工出乳制品新产品,遇到问题及时讨论解决。

5. 产品评价

教师和各组负责人可参照本章相关方法,通过感官评分、理化检验等,对加工产品进行评价。再通过集体讨论、调研、教师点评等形式,对各组创意和产品给出综合评价。

6. 撰写实验报告

按照任课教师要求,在产品制作完成后撰写实验报告。

实例 新型酸奶产品——复配型莲藕酸奶综合开发实验

一、实验目的

使学生综合掌握乳制品的原料品质评定,基本加工工艺,新型加工技术以及最终产品的质量品质分析等内容。具体到本实验,应掌握如下内容:

(1)复配型酸奶原辅料验收及处理方法。

(2)复配型酸奶工艺条件的制定和优化方法。

(3)复配型酸奶贮藏期间品质变化的研究方法。

(4)复配型酸奶发酵剂的调配方法及复配型酸奶品质分析方法。

二、实验原理

酸牛奶酸甜可口、营养丰富、比鲜牛乳更容易被人体吸收利用,而且还具有消除乳糖不耐症,预防和控制肠道感染,降低胆固醇,预防心血管疾病,促进胃肠蠕动和胃液分泌,抑制肿瘤发生,提高人体免疫力,预防和治疗糖尿病、肝病等重要的特殊生理功能,深受消费者喜爱。

一些植物(如水果、蔬菜、食用菌等)中不仅含有淀粉、糖类、维生素、蛋白质、脂肪、核黄素及钙、铁等人体必需的矿物质,而且含有许多生理活性物质,具有健脾开胃，养血生肌，祛冷护肝、通肠、防癌、抗癌等保健作用。目前，研究开发有特殊风味和营养保健作用的复配型酸奶新品种已成为乳制品研发的热点。

本实验以复配型莲藕酸奶新品种为例，说明复配型酸奶加工技术研究的方法。

复配型莲藕酸奶加工的基本工艺流程如下：

莲藕→清洗去皮→切片→热烫（护色）→打浆

↓

原料乳验收→过滤、净化→标准化→混合→加白糖→均质→杀菌→冷却→接种→灌装→发酵→冷却→后熟→贮藏→成品

三、实验内容

（一）原料乳质量检验

（1）验收牛乳时，应先做感官鉴定，是否有异常气味，如酸味、牛粪味、腥味和煮熟乳气味等。用搅拌棒搅匀牛乳时，观察是否有异常，当有疑问时，按具体情况检查有无防腐剂、掺杂物和病牛乳等。

（2）各项简单的实验与检验，均于验收牛乳时进行，并作出牛乳等级的决定。如有疑问或争执时，其正式鉴定应由工厂化验室或检验科按所采样品进行检验。

（3）牛乳新鲜度检验　参考本章实验内容。

（4）牛乳密度测定　参考本章实验内容。

（5）生鲜牛乳中抗生素残留检出　参考本章实验内容。

（二）复配型莲藕酸奶配方设计

1. 莲藕汁制备及最佳莲藕汁含量的实验

（1）材料　莲藕：购于农贸市场；鲜牛乳：乳业公司提供；乳酸菌发酵剂：保加利亚乳杆菌和嗜热链球菌混合菌种（1:1）；亚硫酸钠：分析纯；蔗糖：符合 GB 317—1998 要求。

（2）主要用具及设备　纱布、不锈钢切刀、不锈钢削皮刀、酸奶瓶、电炉、试管、洗管、100mL 三角瓶、1 000mL 三角瓶、不锈钢锅、发酵箱、冰箱、加热消毒锅、均质机、打浆机、超净工作台、高压灭菌器、恒温培养箱等。

（3）莲藕汁制备及最佳莲藕汁含量的实验内容　将莲藕加不同量的水放入打浆机中进行打浆，得不同浓度的藕浆液，选用质量分数为 66%、50%、40%、33%、20%（藕:水 = 2:1、1:1、1:1.5、1:2、1:4）的藕浆液分别与 60% 鲜牛奶混合，按普通酸牛乳的加工方法进行发酵（接种量 4%，加糖量 8%，发酵温度 40~45℃，发酵时间 5~6h），观察酸奶的组织状态。

（4）操作要点

①莲藕选择、预处理：选择肉嫩汁多，无伤残的莲藕，在流动水中清洗莲藕表面的泥沙、杂物，再用毛刷把莲藕彻底清洗干净，用不锈钢刀将藕节、机械伤、斑点除掉，用不锈钢削皮刀削去藕皮，切成约 0.6cm 的薄片。

②护色：将切好的藕片立即投入 0.6% 的亚硫酸钠溶液中浸泡护色，防止莲藕发生酶促褐变，然后用清水进行漂洗。

③打浆、过滤：将护色后的藕片放入打浆机中，加入不同量的水，用打浆机榨汁，

然后用3~4层纱布过滤，除去藕汁中的杂质，得到藕浆液。

④酸奶制备：选用不同浓度的藕浆液分别与60%的鲜牛乳混合后，加8%蔗糖，采用90~95℃灭菌5~10min，冷却至40~45℃，加入4%的乳酸菌发酵剂混合后，灌装入酸奶瓶中，放入发酵箱，在40~45℃条件下发酵5~6h，取出送入0~7℃冷藏箱中冷藏12~24h，观察组织状态。

（5）结果与分析　不同藕浆液浓度酸奶的组织状态见表1-31。

表1-31　不同藕浆液含量酸奶的组织状态

质量分数	60%	50%	40%	33%	20%
组织状态	凝固，但乳清析出较多	凝固状态良好	上层1/5凝固不完全	凝固不完全	几乎未凝固

由表1-31知，藕浆含量越低，酸奶组织状态越差，主要是因为，酸奶加工过程中，必须保证一定的固体含量（11.5%），若固体含量低，则蛋白质水合能力差，黏度小，凝乳状态差。结果表明，莲藕浆含量为50%时，即莲藕与水的比例为1:1时，发酵出来的酸奶凝固状态较好。

2. 莲藕汁与牛奶最佳配比实验

（1）酸奶制备　采用最佳浆液含量（50%）的藕浆液与牛奶分别以7:3、6:4、5:5、4:6、3:7的比例进行调配混合，按上述工艺条件发酵。进行感官鉴定，同时设立两个对照组（纯藕浆组、纯牛乳组）。感官评定方法以综合评分（组织状态、滋气味、色泽、凝固状态各5分）判定实验结果。

（2）结果与分析　鲜牛奶和莲藕浆的不同配比发酵结果见表1-32。

表1-32　鲜牛乳和莲藕浆的不同配比混合发酵结果

鲜牛奶:莲藕浆	感官评定结果
7:3	凝固好，组织状态细腻，白色，具有浓郁的奶香味，藕味很淡
6:4	凝固较好，细腻，白色，有浓郁的酸奶香味，口感好
5:5	凝固较好，细腻，白色，酸奶香味较淡，有较重的莲藕味
4:6	凝固较差，酸奶香味淡，藕味浓，口感一般
3:7	凝固性较差，酸奶香味淡，藕味很浓，口感差
10:0	呈均匀一致的乳白色，具有酸牛奶固有的香味，组织细腻、均匀
0:10	颜色褐色、未凝固、藕味太浓、口感不好

由表1-32知，纯莲藕浆发酵的产品，色泽、风味、组织状态均差，莲藕浆占60%~70%时，凝固状态、风味较差；莲藕浆占30%~50%时，莲藕酸奶的组织状态、口感、色泽较佳，从降低成本，突出莲藕酸奶的特殊藕味等角度考虑，鲜牛乳与莲藕的比例以6:4，即50%的藕浆液占总量的40%时最佳。

（三）复配型莲藕酸奶最优工艺参数的确定

在上述实验中筛选出来的较适宜配方和工艺条件下，以加糖量、接种量、发酵时间、发酵温度4个因素，采用$L_9(3^4)$正交试验设计方案进行（表1-33）。0~5℃ 16h

后测定酸度，评定感官状态，综合评分。综合评定各个处理的酸度、凝固情况、组织状态、酸甜度、口感等，以6号配方为佳。各处理综合评分也以6号为高，即加糖量8%、接种量4%、发酵时间6h、发酵温度40℃。对综合评分结果进行极差分析 R 值表明，4种因素对莲藕酸奶影响程度为：加糖量＞接种量＞发酵温度＞发酵时间，所以加糖量对工艺效果影响最大，发酵时间影响最小。

各处理基本分为10分。酸度以平均酸度82°T为标准，每增加或减少1°T减0.2分，酸甜度适中加1分，偏酸偏甜为0分，每升高一级加1分。

表1-33　4因素 $L_9(3^4)$ 正交试验结果

试验编号	加糖量/%	接种量/%	发酵温度/℃	发酵时间/h	综合评分
1	7	2	40	5	11.25
2	7	3	42	7	13.48
3	7	4	44	7	13.84
4	8	2	42	7	14.87
5	8	3	44	5	17.43
6	8	4	40	6	18.25
7	9	2	44	6	14.16
8	9	3	40	7	16.01
9	9	4	42	5	15.58
K_1	38.57	40.28	45.51	44.26	
K_2	50.55	46.92	43.93	45.90	
K_3	45.75	47.67	45.43	44.72	
k_1	12.86	13.43	15.17	14.75	
k_2	17.02	15.64	14.48	15.30	
k_3	15.25	15.89	15.14	14.91	
R	4.16	2.46	0.69	0.55	

（四）复配型酸奶贮藏期间品质变化的研究

根据酸奶生产的工艺和贮藏时间特设定各检测点如下：添加藕浆液的鲜乳经杀菌、接种，发酵至终点，后熟12h，后熟24h，贮藏48h，贮藏96h，贮藏144h，贮藏192h。后熟及贮藏温度均为4~6℃，贮藏时间含后熟的48h，各项检测指标做3次重复。

1. 酸度测定

滴定酸度用氢氧化钠法测定。用酸度计测定。

2. 黏度的测定

样品调至室温21~23℃，通过数显黏度计直接测定。

3. 密度的测定

用波美比重计（标准温度20℃）直接测定。

4. 持水力的测定

用离心管取待测样5mL，并测定样重 W_0，之后以3 000r/min离心30min后，取出静止10min，除去上清液，测出残余物的质量W；持水力（%）=（W/W_0）×100。

5. 乳清析出的测定

依照工艺接种后取部分置刻度试管，读出总高度（H），发酵结束及产品放置后测定乳清析出层高度（h）；乳清析出（%）=（h/H）×100。

6. 感官评定

以组织状态、酸味、香气、口感的加权平均分计，四者的百分制分值分别为a、b、c、d，感官评定分数=$a/3+b/6+c/6+d/3$。

7. 酸奶中乳酸菌测定

（1）设备和材料

①培养基：MRS培养基、改良CHALMERS培养基、M17培养基。

②仪器和器具：无菌移液管（25mL，1mL）、无菌水（225mL带玻璃珠三角瓶、9mL试管）、无菌培养皿、旋涡均匀器、恒温培养箱。

（2）流程　酸奶→稀释→制平板→培养→检查计数。

（3）方法

①样品稀释：先将酸奶样品搅拌均匀，用无菌移液管吸取样品25mL加入盛有225mL无菌水的三角瓶中，在旋涡均匀器上充分振摇，使样品均匀分散，即为10^{-1}的样品稀释液，然后根据对样品含菌量的估计，将样品稀释至适当的稀释度。

②制平板：选用2~3个适合的稀释度，培养皿贴上相应的标签，分别吸取不同稀释度的稀释液1mL置于平皿内，每个稀释度作2个重复。然后用溶化冷却至46℃左右的MRS或改良CHALMERS培养基倒平皿，迅速转动平皿使之混合均匀，冷却成平板。

③培养和计数：将平皿倒置于40℃恒温箱内培养24~48h，观察长出的细小菌落，计菌落数目，按常规方法选择30~300个菌落平皿进行计算。

（4）结果

①指示剂显色反应：乳酸菌的菌落很小，1~3mm，圆形隆起，表面光滑或稍粗糙，呈乳白色、灰白色或暗黄色。由于产酸菌落周围能使碳酸钙产生溶解圈，酸碱指示剂呈酸性显色反应。

②镜检形态：必要时，可挑取不同形态菌落制片镜检确定是乳杆菌或乳链球菌。保加利亚乳杆菌呈杆状，成单杆、或双杆菌、或长丝状。嗜热链球菌呈球状，成对、或短链、或长链状。

③参照比较：据介绍，改良CHALMERS培养基的检出率较MRS培养基高，M17培养基较适合于乳球菌的培养，在检测时可同时使用多个培养基做比较。根据测定结果绘制变化曲线或变化图，分析变化趋势及原因，为指导实际生产提供理论基础。

（五）复配型酸奶品质分析

复配型酸奶品质指标主要有以下指标：

（1）感官质量评价　参考本章实验，依据GB 2746—1999进行。

（2）理化及微生物指标测定　酸度测定；水分、脂肪、蛋白质含量的测定；微生物指标测定按GB4789.3—2010所述方法测定；乳酸菌数测定参考本章实验。

四、作业

写出完整的实验报告。

五、思考题

1. 为什么要开发复配型酸奶？查阅相关资料，将目前我国开发的复配型酸奶作一综述。
2. 开发复配型酸奶有哪些主要环节？各环节的原则及方法是什么？
3. 以当代大学生为目标客户，设计一种或几种适宜的新型乳制品。

第二章　肉制品加工实验

第一节　原料肉的品质评定

实验一　原料肉新鲜度检测

检验肉品的新鲜度，一般是从感官性状、腐败分解产物的特性和数量及细菌的污染程度等方面来进行，采用单一的方法很难获得正确的结果。肉的变质是一个渐进过程，其变化极其复杂，很多因素都会影响人们对肉新鲜度的正确判断，实践中一般都采用感官检验和实验室检验结合的综合检验方法。通常先进行感官检验，其感官性状完全符合新鲜肉指标时，可允许出售。当感官检验不能确定是否为新鲜肉时，则应做实验室检验，并综合两方面的结果作卫生评定。肉新鲜度的实验室检验方法较多，如挥发性盐基氮的测定、纳斯勒（Nessler）试剂氨反应、球蛋白沉淀反应、pH 值的测定、硫化氢的测定、细菌学检查等。但只有挥发性盐基氮的测定作为国家现行法定检测方法，其他的实验室检测方法只能作为肉品新鲜度的辅助检验方法。

Ⅰ　感官检验

一、实验目的

通过本实验，使学生掌握感官检验原料肉新鲜度的方法，并根据检验结果对肉的新鲜度作出判断。

二、实验原理

感官检验是通过检验者的视觉、嗅觉、触觉及味觉等感觉器官，对肉品的新鲜度进行检查。这种方法简便易行，一般既能反映客观情况，又能及时作出结论。感官指标是国家规定检验肉品新鲜度的标准之一，是肉品质鲜度检验最基本的方法。

感官检验主要是观察肉品表面和切面的颜色，观察和触摸肉品表面和新切面的干燥、湿润及黏手度，用手指按压肌肉判断肉品的弹性，嗅闻气味判断是否变质而发出氨味、酸味和臭味，观察煮沸后肉汤的清亮程度、脂肪滴的大小，以及嗅闻其气味，最后根据检验结果作出综合判定。

三、实验材料与仪器设备

1. 实验材料

各种原料肉均可。实验前一天准备肉样 3 份，简单包装后分别放置于 0~4℃、室温和 30℃培养箱中，分别标记为 1 号、2 号和 3 号样品，实验开始前分成小块并作标记后，分配给各实验小组。

2. 仪器设备

冰箱，每组用具包括检肉刀，手术剪各1把，温度计1支，100mL量筒1个，200mL烧杯3个，150mL三角瓶1个，玻璃棒1根，过滤架1套，滤纸一盒，表面皿1个，酒精灯1个，石棉网1个，粗天平1台，电炉1个，试管2支，1mL吸管2支，试管架1个。准备预煮蒸馏水若干。

四、实验内容

（1）在自然光线下观察肉的表面色泽和脂肪色泽，用刀顺肌纤维方向切开，观察肉的颜色。

（2）常温下嗅其气味。

（3）指压肉面，触感其硬度及指压凹陷恢复情况，观察表面干湿及是否发黏。

（4）称切碎的肉20g于烧杯中，加水100mL，盖以表面皿，置于电炉上加热至60℃，取下表面皿嗅其气味，然后将肉汤煮开，观察肉汤透明度及表面脂肪滴状态。

（5）根据检验结果，对照相关标准进行综合判断。肉品新鲜的感官检验标准见表2-1～表2-6。

表2-1 鲜猪肉、鲜羊肉、鲜兔肉的感官指标（GB 2723—1981）

项目	一级鲜度	二级鲜度
色泽	肌肉有光泽，红色均匀，脂肪洁白或淡黄色	肌肉色稍暗，切面尚有光泽，脂肪缺乏光泽
黏度	外表微干或有风干膜，不黏手	外表干燥或黏手，新切面湿润
弹性	指压后的凹陷立即恢复	指压后的凹陷恢复慢且不能完全恢复
气味	具有鲜猪肉、鲜羊肉、鲜兔肉的正常气味	稍有氨味或酸味
煮沸后肉汤	透明澄清，脂肪团聚于表面，具特有香味	稍有浑浊，脂肪呈小滴浮于表面，香味差或无鲜味

表2-2 鲜鸡肉的感官指标（GB 2724—1981）

项目	一级鲜度	二级鲜度
眼球	眼球饱满	眼球皱缩凹陷，晶体稍浑浊
色泽	皮肤有光泽，因品种不同而呈淡黄、淡红、灰白或灰黑等色，肌肉切面发光	皮肤色泽转暗，肌肉切面有光泽
黏度	外表微干或微湿润，不黏手	外表干燥或黏手，新切面湿润
弹性	指压后的凹陷立即恢复	指压后的凹陷恢复慢且不能完全恢复
气味	具有鲜鸡肉的正常气味	无其他异味，唯腹腔内有轻度不快味
煮沸后肉汤	透明澄清，脂肪团聚于表面，具特有香味	稍有浑浊，脂肪呈小滴浮于表面，香味差或无鲜味

表2-3 冻猪肉（解冻后）的感官指标（GB 2707—1981）

项目	一级鲜度	二级鲜度
色泽	肌肉有光泽，色红均匀，脂肪洁白无霉点	肌肉色稍暗红，缺乏光泽，脂肪微黄或有少量霉点
组织状态	肉质紧密，有坚实感	肉质软化或松弛
黏度	外表及切面微湿润，不黏手	外表湿润，微黏手，切面有渗出液，不黏手
气味	无异味	稍有氨味或酸味

表 2-4　冻牛肉（解冻后）的感官指标（GB 2708—1981）

项 目	一级鲜度	二级鲜度
色泽	肌肉色均匀，有光泽，脂肪白色或微黄色	肉色稍暗，肉与脂肪缺乏光泽，但切面尚有光泽脂肪稍发黄
黏度	肌肉外表微干或有风干膜，或外表湿润不黏手	外表干燥或轻度黏手，切面湿润黏手
组织状态	肌肉结构紧密，有坚实感，肌纤维韧性强	肌肉组织松弛，肌纤维有韧性
气味	具有牛肉的正常气味	稍有氨味或酸味
煮沸后肉汤	透明澄清，脂肪团聚于表面，具有鲜牛肉汤固有的香味和鲜味	稍有浑浊，脂肪呈小滴浮于表面，香味、鲜味较差

表 2-5　冻羊肉（解冻后）的感官指标（GB 2709—1981）

项 目	一级鲜度	二级鲜度
色泽	肌肉色鲜艳，有光泽，脂肪白色	肉色稍暗，肉与脂肪缺乏光泽，但切面尚有光泽
黏度	外表微干或有风干膜，或湿润不黏手	外表干燥或轻度黏手，切面湿润黏手
组织状态	肌肉结构紧密，有坚实感，肌纤维韧性强	肌肉组织松弛，肌纤维有韧性
气味	具有羊肉的正常气味	稍有氨味或酸味
煮沸后肉汤	透明澄清，脂肪团聚于表面，具有鲜牛肉汤固有的香味和鲜味	稍有浑浊，脂肪呈小滴浮于表面，香味、鲜味较差

表 2-6　冻鸡肉（解冻后）的感官指标（GB 2710—1981）

项 目	一级鲜度	二级鲜度
眼球	眼球饱满或平坦	眼球皱缩凹陷，晶体稍浑浊
色泽	皮肤有光泽，因品种不同而呈淡黄、淡红、灰白或灰黑等色，肌肉切面发光	皮肤色泽转暗，肌肉切面有光泽
黏度	外表微湿润，不黏手	外表干燥或黏手，新切面湿润
弹性	指压后的凹陷恢复慢，且不能完全恢复	肌肉发软，指压后的凹陷不能恢复
气味	具有鸡肉的正常气味	无其他异味，唯腹腔内有轻度不快味
煮沸后肉汤	透明澄清，脂肪团聚于表面，具特有香味	稍有浑浊，油珠呈小滴浮于表面，香味差或无鲜味

Ⅱ　挥发性盐基氮（TVB-N）的测定

Ⅱ₁　半微量定氮法

一、实验目的

通过本实验，使学生掌握半微量定氮法测定挥发性盐基氮的方法，并熟练掌握半微量定氮装置和微量滴定管的正确使用。

二、实验原理

蛋白质在酶和细菌的作用下分解后产生碱性含氮物质，有氨、伯胺、仲胺等，此类物质具有挥发性，可在碱性溶液中被蒸馏出来，用标准酸滴定，计算含量。

三、实验材料与仪器设备

1. 实验材料

氧化镁混悬液,2%硼酸溶液(吸收液),0.2%甲基红乙醇液,0.1%亚甲蓝水溶液(使用时将0.2%甲基红乙醇液和0.1%亚甲蓝水溶液等量混合为混合指示液),0.0100mol/L盐酸标准溶液。

2. 仪器设备

半微量定氮装置,微量滴定管。

四、实验内容

预先将盛有10mL吸收液并加有5~6滴混合指示液的三角瓶置于冷凝管下端,并使其下端插入三角瓶内吸收的液面下,精密吸取5mL肉浸出液于蒸馏器反应室内,加5mL 1%氧化镁混悬液,迅速盖塞,并加水以防漏气,通入蒸汽,待蒸汽充满蒸馏器内时即关闭蒸汽出口管,由冷凝管出现第一滴冷凝水开始计时,蒸馏5min即停止,吸收液用0.0100mol/L盐酸标准溶液,终点呈蓝紫色。同时做试剂空白实验。按照公式进行计算:

$$X_1 = \frac{(V_1 - V_2) \times N_1 \times 14}{m_1 \times 5/100} \times 100$$

式中:X_1——样品中挥发性盐基氮的含量(mg/100g);

V_1——测定用样液消耗盐酸或硫酸标准溶液体积(mL);

V_2——试剂空白消耗盐酸或硫酸标准溶液体积(mL);

N_1——盐酸或硫酸标准溶液的摩尔浓度(mol/L);

m_1——样品质量(g);

14——1mol/L盐酸或硫酸标准溶液1mL相当氮的毫克数。

II_2 微量扩散法

一、实验目的

通过本实验,使学生掌握微量扩散法测定挥发性盐基氮的方法。

二、实验原理

挥发性含氮物质在碱性溶液中释出,在扩散皿中于37℃时挥发后吸收于吸收液中,用标准酸滴定,计算含量。

三、实验材料与仪器设备

1. 实验材料

(1)饱和碳酸钾溶液 称取50g碳酸钾,加50mL水,微加热助溶,使用时取上清液。

(2)水溶性胶 称取10g阿拉伯胶,加10mL水,再加5mL甘油及5g无水碳酸钾(或无水碳酸钠),研匀。

(3)吸收液 混合指示液、0.0100mol/L盐酸与半微量定氮法相同。

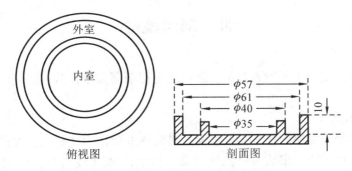

图 2-1　微量扩散皿（标准型）

2. 仪器设备

（1）扩散皿（标准型）　玻璃质，内外室总直径61mm，内室直径35mm；外室深度10mm，内室深度5mm；外室壁厚3mm，内室壁厚2.5mm，回壁纱厚玻璃盖，如图2-1所示，其他型号亦可用。

（2）微量滴定管　最小分度0.01mL。

四、实验内容

将水溶性胶涂于扩散皿的边缘，在皿中央内室加入1mL吸收液及1滴混合指示液。在皿外室一侧加入1.00mL按半微量定氮法制备的样液，另一侧加入1mL饱和碳酸钾溶液，注意勿使两滴接触，立即盖好；密封后将皿于桌面上轻轻转动，使样液与碱液混合。

将扩散皿置于37℃温箱内放置2h，揭去盖，用0.01mol/L盐酸标准溶液或硫酸标准溶液滴定，终点呈蓝紫色。同时做试剂空白实验。按照下式进行计算：

$$X_2 = \frac{(V_3 - V_4) \times N_1 \times 14}{m_1 \times 100/5} \times 100$$

式中：X_2——样品中挥发性盐基氮的含量（mg/100g）；

　　　V_3——测定用样液消耗盐酸或硫酸标准溶液体积（mL）；

　　　V_4——试剂空白消耗盐酸或硫酸标准溶液体积（mL）；

　　　N_1——盐酸或硫酸标准溶液的摩尔浓度（mol/L）；

　　　m_1——样品质量（g）；

　　　14——1mol/L盐酸或硫酸标准溶液1mL相当于氮的毫克数。

采用GB/T 5009.44—2003《肉与肉制品卫生标准的分析方法》中的微量扩散法测定原料肉新鲜度。判断标准为：挥发性盐基氮的含量在15mg/100g以下为一级鲜肉，20mg/100g以下为二级鲜肉，20mg/100g以上为变质肉。

五、注意事项

（1）加碳酸钾时应小心加入，不可溅入内室。

（2）扩散皿应洁净、干燥，不带酸碱性。

（3）检样测定与空白实验均需做2份平行实验。

Ⅲ 细菌镜检

一、实验目的
通过本实验，使学生掌握通过革兰染色法进行细菌数量检验从而判断原料肉新鲜程度的方法。

二、实验原理
肉发生腐败变质的原因很多，但主要是腐败性细菌作用的结果。细菌污染肉体的路径，少数是内源性感染，多数为外源性污染。污染肉体（或肉块）的细菌，可由表层向深层侵入，随着侵入的深度而发生菌类交替，即需氧菌仅在表面发育，厌氧菌在深层繁殖。检验时，要表里兼顾，表层和深层都要进行检验。

三、实验材料与仪器设备
1. 实验材料
各种原料肉均可，革兰染色液一套，瑞特氏染色液。
2. 仪器设备
显微镜，有盖搪瓷盘，酒精灯，镊子，剪刀，载玻片等。

四、实验内容
1. 肉样的采取
用灭菌镊子和剪刀采取。每个胴体（或肉块）采两个肉样，第一个由表层 1~1.5cm 处采取，第二个由深层 2~4cm 处采取。
2. 触片的制作
用无菌的方法，从肉样剪下蚕豆大肉块 1 个，用镊子夹住，将切面在载玻片上触压，制成触片。触片在空气中自然干燥或经火焰固定后，用革兰染色法染色。
3. 镜检
每个触片至少要检验 5 个视野，计算其中的球菌数和杆菌数，然后求出每个视野中球菌和杆菌的平均数。
4. 判定标准
（1）新鲜肉　在载玻片上几乎不留肉的痕迹，着色不明显，表层肉触片上，可看到少数球菌或杆菌；深层肉触片上无细菌。
（2）次鲜肉　由于肌肉组织开始分解，组织中含有大量的致密物质，触片着色良好，表层肉触片上，平均每个视野内可看到 20~30 个球菌或几个杆菌，深层肉触片上，不超过 20 个细菌。
（3）变质肉　肌肉组织有明显的分解现象，触片高度着色，表层肉和深层肉的触片上，平均细菌数都超过 30 个，其中以杆菌为主。当肉进一步腐败时，则球菌几乎完全消失，整个视野内布满杆菌。

五、思考题
比较原料肉新鲜度不同检测方法的特点。如何综合评价原料肉的新鲜度？

实验二　原料肉品质评定

Ⅰ　肉的颜色和大理石花纹评定

一、实验目的

通过本实验,使学生掌握肉的颜色和大理石花纹评定方法,了解不同评定方法的优缺点;了解不同原料肉的颜色和大理石花纹差异及其与 pH 值的关系。

二、实验原理

肉的颜色是影响消费者采购的最直接指标,对生鲜肉尤其重要。肉的颜色受多种因素影响,如肉的 pH 值、动物品种和年龄、宰前应激、肉的部位等。肉的颜色评定方法有很多种,如目测法、标准板对照法、色差计法、色素物质含量测定法等,以目测法和色差计法较常用。肉的大理石花纹是肉肌内脂肪的外观形式,与肉的嫩度、风味和保水性等指标关系密切,并影响肉的色度值。在肉的品质评定中,这两项指标是非常重要的项目,尤其对生鲜牛的品质影响最大。

三、实验材料与仪器设备

1. 实验材料

猪背脊肉,牛背脊肉,鸡胸肉等。

2. 仪器设备

色差计,肉品酸度计等。

四、实验内容

1. 目测法评定肉的颜色

猪宰后 2~3h 内取最后 1 个胸椎处背最长肌的新鲜切面,在室内正常光度下目测评分法评定,评分标准见表 2-7,应避免在阳光直射或阴暗处评定。

表 2-7　肉色评分标准

肉色	灰白	微红	正常鲜红	微暗红	暗红
评分	1	2	3	4	5
肉质	劣质肉	不正常肉	正常肉	正常肉	正常肉

2. 色差计法评定肉的颜色

将肉样放在菜案上压平,用利刀水平切去表层使表面平整,然后再用刀平行于肉的表面将肉切成厚度 3mm 左右、厚薄均匀的肉片,并根据色差计样品盒直接将肉片修成圆形,平整地放入样品盒中,备用。

按照色差计操作说明,先将色差计调整到 L、a*、b* 表色系统,用标准色度标板调整校准并调零后,根据色差计提示进行操作,将放好样品的样品盒放入机器进行测定,读取并记录各样品的 L 值(亮度值)、a* 值(红度值)和 b* 值(黄度值),根据色度值并结合 pH 值等指标测定结果判断肉的颜色。

3. 大理石花纹评定

大理石花纹反映了一块肌肉内可见的肌肉脂肪的分布状况。对照牛肉大理石花纹等级图片（图2-2）（大理石纹等级图给出的是每级中花纹的最低标准）确定眼肌横切面处大理石花纹等级。大理石花纹等级共分为7个等级：1级、1.5级、2级、2.5级、3级、3.5级和4级，通常用目测评分法评定：大理石花纹极丰富为1级，丰富为2级，少量为3级，几乎没有为4级，介于两者之间的为0.5级，如极丰富与丰富之间的为1.5级。为避免评定鲜肉时大理石花纹不清楚，准备时可将肉样置于4℃冰箱内保持24h后再评定。

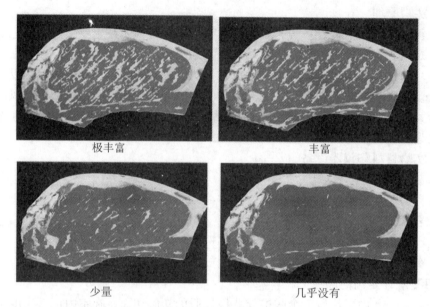

图2-2 牛肉大理石花纹等级图片

4. 肌肉pH值测定

家畜生前肌肉的pH值为7.1~7.2。宰后由于缺氧，肌肉中代谢过程发生改变，肌糖原无氧酵解，产生乳酸，三磷酸腺苷（ATP）迅速分解，使肉pH值下降，宰后24h新鲜肉浸出液的pH值通常在5.8~6.2范围之内。肉腐败时，由于肉内蛋白质在细菌酶的作用下，被分解为氨和胺类化合物等碱性物质，因而使肉趋于碱性，pH值显著增高。此外，家畜在宰前由于过劳、虚弱、患病等原因使能量消耗过大，肌肉中糖原减少，所以宰后肌肉中形成的乳酸和磷酸量也较少。在这种情况下，肉虽具有新鲜肉的感官特征，但却有较高的pH值（6.5~6.8）。因此，用普通酸度计和带有肌肉pH值测定探头的肉品专用酸度计均可测定肉的酸度。

(1) 肉浸出液制备 从肉表面和深层各取20~30g，去除脂肪和筋腱，切碎，称取10g于烧杯中，剪成豆粒大小的小块（50~60块），加入预煮过的蒸馏水100mL，静置30min，每5min用玻璃棒搅拌一次，用滤纸过滤至三角瓶中备用。

(2) pH值测定

①肉品专用酸度计法：用肉品专用酸度计测定时，先按照说明书对酸度计进行校准

标定，之后将酸度计探头和温度探头同时插入肉中，待读数稳定后直接读取肉的 pH 值。

②普通酸度计法：普通酸度计测定时，需先按酸度计使用说明对酸度计进行校准标定，然后按操作说明测定肉浸出液的 pH 值。注意两者的测定结果是否有差别。

判定标准：新鲜肉 pH 5.6~6.2；次鲜肉 pH 6.3~6.6；变质肉 pH 6.7 以上。

五、注意事项

（1）色差计使用前要注意校准和选择色度系统。

（2）肉样一定要厚薄均匀，肉面要平整，放入样品盒中要放平，以免发生光散射，测定数据出现偏差。

六、思考题

1. 用色差计测定肉的颜色时肉样为什么一定要切平、放平？
2. 不同品种、部位和不同 pH 值的肉的颜色有何差异？与实验结果一致吗？为什么？

Ⅱ 肉的保水性评定

一、实验目的

通过本实验，使学生掌握肉的保水性评价指标和测定方法；了解不同原料肉的保水情况及其与肉品质量的关系。

二、实验原理

肉的保水性又称系水力或持水力，是指当肌肉受到外力作用时，其保持原有水分与添加水分的能力。所谓的外力指压力、切碎、冷冻、解冻、贮存、加工等。衡量肌肉保水性的指标主要有持水力、失水力、贮藏损失、汁液损失、蒸煮损失等。肌肉的保水性不仅直接影响肉的滋味、香气、多汁性、营养成分、嫩度、颜色等食用品质，而且具有重要的经济意义，肉的保水性不良会给生产企业造成巨大经济损失。

三、实验材料与仪器设备

1. 实验材料

猪背脊肉，牛背脊肉，鸡胸肉等。

2. 仪器设备

感量为 0.001g 的天平，YYW-2 应变控制式无测限压力测定仪，真空包装机，肉品酸度计，温度计，电炉，蒸煮锅等。

四、实验内容

1. 失水率测定

用取样刀从背最长肌样品中切取 1cm 厚的均匀薄片，平置于洁净橡皮片上，用直径 2.523cm 的圆形取样器切取中心部肉样，立即用感量为 0.001g 的天平称量，然后放置于铺有 18 层定性滤纸的压力仪平台上，肉样上方再放 18 层定性滤纸，加压至 35kg，保持 5min，中间不断调节维持 35kg 压力。滤纸的层数可根据样品保水性情况进行调整，以水分不透出，能够全部吸净为度。解除压力后，立即称量肉样质量，用肉样加压前后的质量计算失水率。计算公式如下：

$$失水率 = \frac{加压前肉样重 - 加压后肉样重}{加压前肉样重} \times 100\%$$

2. 汁液损失测定

一般采用袋测定法,即采取屠宰后24h的样品120g或10g,精确称量后用细线系起一端,准备一塑料袋向袋内吹气使袋胀起来,小心将肉样悬空于袋中,使肉样不能与袋接触,用细线将袋口扎紧,悬挂于4℃条件下静置24h,然后取出再次称量肉样的质量,利用两次称量的质量差异计算肉的汁液损失。汁液损失比例越大,则的肉的保水性越差。计算公式如下:

$$汁液损失率 = \frac{悬挂前肉样重 - 悬挂后肉样重}{悬挂前肉样重} \times 100\%$$

3. 贮藏损失测定

取屠宰后24h的样品100g左右,精确称量后装入真空包装袋中,抽真空包装后放于4℃条件下静置48h或72h,然后打开真空袋并用吸水纸将肉表面的水分吸干,再次称量肉样的质量,利用两次称量的质量差异计算肉的贮藏损失。贮藏损失比例越大,则肉的保水性越差。计算公式如下:

$$贮藏损失率 = \frac{存放前肉样重 - 存放后肉样重}{存放前肉样重} \times 100\%$$

4. 蒸煮损失与熟肉率测定

用天平称量肉样30~50g,然后置于平皿上用沸水蒸煮45min,取出后于室温条件下自然冷却30~40min或吊挂于室内无风阴凉处30min后,沥干水分后再次称量,用下列公式计算熟肉率与蒸煮损失:

$$熟肉率 = \frac{煮后肉样重}{煮前肉样重} \times 100\%$$

$$蒸煮损失 = 100\% - 熟肉率$$

5. 大理石花纹评定

详见Ⅰ中肉的颜色和大理石花纹评定。

五、注意事项

(1) 汁液损失测定时,样品形状与大小要接近。
(2) 在实际科研工作中,注意样品的部位和测定时间要一致。

六、思考题

1. 为什么常用背脊肉测定肉的保水性指标?不同部位的肉的保水性会有差异吗?
2. 为什么汁液损失测定值规定为屠宰后24~48h之间数值?测定时有时要求用120g样品,而有时则用10g样品,结果会有差异吗?为什么?科研工作中应如何避免误差?
3. 肉的保水性与大理石花纹有关系吗?

Ⅲ 肉的嫩度评定

一、实验目的

通过本实验学习,使学生掌握肉的嫩度测定方法和感官评定方法;了解不同原料肉的嫩度情况。

二、实验原理

肉的嫩度又叫肉的柔软性，指肉在食用时口感的老嫩，反映了肉的质地，由肌肉中各种蛋白质的结构特性决定。评定肉嫩度的指标有切断力、穿透力、咬力、剁碎力、压缩力、弹力和拉力等，最常用的指标为切断力或剪切力，一般用切断一定肉断面所需要的最大剪切力表示，以千克（kg）为单位，一般在2.5~6.0kg，低于3.2kg时较为理想。肉的嫩度是评价肉食用品质的指标之一，它是消费者评判肉质优劣的最常用指标，在评价牛肉、羊肉的食用品质时，嫩度指标最为重要。

三、实验材料与仪器设备

1. 实验材料

猪背脊肉，牛背脊肉，鸡胸肉等。

2. 仪器设备

标准沃布剪切力仪，恒温水浴锅，温度计等。

四、实验内容

（1）将肌肉表面附着的脂肪剔除，置于80~85℃恒温水浴锅中加热至肌肉中心温度达到70℃，维持约30min，取出后自然冷却至室温，然后进行评定。

（2）用直径1.27cm的圆形取样器顺肌纤维平行方向切取被测试样，肉样长度1.27cm左右。

（3）按照操作说明将标准沃布剪切力仪调零，调节刀的高度使放样孔露出，将准备好的肉样放入刀孔，按动开关使刀移动，至肉样被完全切断时停止，记录最大剪切力数值，按如下公式计算肉的相对剪切力：

$$相对剪切力 = \frac{样品剪切力（kg）}{样品横截面（cm^2）}$$

（4）将熟肉样切成小块，取一小块放入口腔咀嚼，依靠咀嚼和舌与颊对肌肉的软、硬与咀嚼的难易程度等方面进行感官评定，按照10分制分别打分。

五、注意事项

（1）取样时取样器一定要顺着肌纤维方向。

（2）感官评定时，评定两次样品之间要漱口。

六、思考题

1. 采样方式对肉的剪切力测定结果有影响吗？为什么？
2. 肉样的煮制温度对剪切力测定结果有影响吗？为什么？
3. 肉的剪切力测定结果与感官评定结果有何联系？如何理解两者的优缺点？

Ⅳ 肉的多汁性的感官评定

一、实验目的

通过本实验学习，使学生掌握肉的多汁性感官评定方法；了解不同原料肉的多汁性差异。

二、实验原理

多汁性也是肉食用品质的一个重要指标,尤其对肉的质地影响较大,据测算,10%~40%肉质地的差异是由多汁性好坏决定的。多汁性评定较可靠的是主观评定,对多汁性的评判可分为4个方面:一是开始咀嚼时肉中释放出的肉汁多少;二是咀嚼过程中肉汁释放的持续性;三是在咀嚼时刺激唾液分泌的多少;四是肉中的脂肪在牙齿、舌头及口腔其他部位的附着给人以多汁性的感觉。

三、实验材料与仪器设备

1. 实验材料

猪肋肉,牛背脊肉,鸡胸肉,蛋糕,苹果,矿泉水等。

2. 仪器设备

恒温水浴锅,温度计等。

四、实验内容

(1) 将肉洗净、切块,放入蒸煮袋中,煮至80℃并保持30min以上。

(2) 自然冷却至室温,用取样器取1cm厚熟肉样分别测定肉的剪切力值。

(3) 将不同的肉先后放入口中细嚼,感官评定肉的嫩度差异,并进行10分制打分。

(4) 先后将肉、水果、蛋糕和矿泉水放入口中,咀嚼后吞咽,根据食物在口中感官情况,参照图2-3,按10分制分别打出各食物在口腔中的润滑程度、唾液分泌量、需要咀嚼时间及吞咽速度的分值。

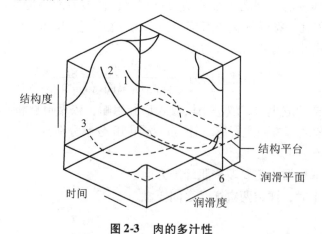

图2-3 肉的多汁性

(5) 分析比较肉与其他食物的嫩度和多汁差异,并分析比较不同肉的差异。

五、注意事项

感官评定时,速度一定要慢,评定两次样品之间要漱口。

六、思考题

1. 不同原料的多汁性有何特点?
2. 在进行感官评定时,为什么每次评定后都漱口?

实验三 添加剂和加工方式对肉制品质量的影响综合设计实验

一、实验目的
通过本实验，使学生学习实验设计方法和添加剂及加工方式对肉制品质量的影响，并通过自行设计锻炼知识综合运用能力。

二、实验原理
食品添加剂（如磷酸盐）可以改善肉的保水性、嫩度、质构和熟肉出品率，卡拉胶等胶质可以提高嫩度、质构和熟肉出品率等；而加工方式也对肉的嫩度、风味等产生重要影响，因此，添加剂和加工方式是产品开发研究的重要领域。

三、实验材料与仪器设备
1. 实验材料

猪肋肉，牛背脊肉，鸡胸肉，磷酸盐，硝酸钠，亚硝酸钠，大豆蛋白，变性淀粉，碳酸钠等。

2. 仪器设备

绞肉机，搅拌机，灌肠机，控温蒸煮锅，天平，烤炉等。

四、实验内容
该实验为自主设计实验，设计过程中有如下建议：

（1）可以使用单一磷酸盐或复合磷酸盐，但总量不能超过肉重的0.5%。

（2）硝酸钠最大用量不能超过50g/kg，亚硝酸钠最大用量不超过15g/kg，混合使用时，按比例考虑标准要求。

（3）大豆蛋白和淀粉用量要控制在肉重的10%以下。

（4）需要向肉中添加水分时，最好使用冰水，用量控制在瘦肉量的20%~60%为宜。

（5）食盐用量按需求进行添加，一般应控制在2%~3%，并根据添加淀粉和大豆蛋白情况进行适当调整。

（6）蒸煮温度研究范围为75~95℃，根据设计目标进行确定。

（7）可以比较煮制与烤制的差异。

五、注意事项
进行实验设计时，要选定相关研究因素，因时间有限，涉及因素不宜过多，以2~3个因素为宜。

六、思考题
1. 磷酸盐和大豆蛋白对肉品质量有何影响？为什么？
2. 煮制与烤制对肉品质量有何影响？哪种方式更适合你的消费需求？

第二节 肉制品加工

实验一 肉松的加工

一、实验目的

通过本实验,让学生了解各种肉品原料的特性及对肉松加工工艺的影响,能根据产品品质的要求进行原辅料的搭配。

二、实验原理

肉松是以畜禽瘦肉为主要原料,经修整、切块、煮制、撇油、调味、收汤、炒松、搓松制成的肌肉纤维蓬松成絮状的熟肉制品。由于所用的原料不同,可分为猪肉松、牛肉松、鸡肉松、鱼肉松及兔肉松等。按其成品形态不同,可分为绒状肉松和粉状肉松两类,绒状肉松成品金黄或淡黄、细软蓬松如棉絮;粉状肉松成品呈团粒状,色泽红润。

三、实验材料与仪器设备

1. 实验材料

猪后腿肉,鸡肉,猪油,食盐,白糖,酱油,酒,味精,八角,生姜等。

2. 仪器设备

冷藏柜,炒松机,搓松机,跳松机,煮锅等。

四、实验内容

(一)猪肉松

1. 工艺流程

原料选择与处理→烧煮→预炒(压)松→擦松→炒松→成品保存

2. 配方(按10kg瘦肉计)

配方一:酱油1 000mL,食盐100g,白糖1kg,味精20g,白酒100mL,五香粉70g。

配方二(太仓肉松):高度白酒100mL,食盐167g,八角茴香38g,酱油700g,生姜28g,白糖1.11kg,味精17g。

配方三(福建肉松):酱油1kg,白糖800g,猪油40kg。

3. 操作要点

(1)原料选择与处理 选用肉质细嫩、煮制易酥的猪后腿瘦肉为原料,剔去皮、骨、肥肉及结缔组织,切成1.0~1.5kg的肉块,辅料中酱油要上等。

(2)烧煮 将切好的瘦肉块和生姜、香料(用纱布包起)放入锅中,加入与肉等量的水,用大火煮,直到煮烂为止,需要4h左右,煮肉期间要不断加水,以防煮干,并撇去上浮的油沫。检查肉是否煮烂,其方法是用筷子夹住肉块,稍加压力,如果肉纤维自行分离,可认为肉已煮烂。这时可将其他调味料(酒除外)加入,继续煮肉,直到汤煮干为止。在汤汁快要收干时加入酒。烧煮共计3h左右。

(3)预炒(压)松 收汁后移入炒松机或者采用中等压力,用锅铲一边压散肉块,一边翻炒,使水分慢慢蒸发,肌肉纤维疏散,色泽金黄,改用小火烘焙成肉松坯。注意炒压要适时，因为过早炒压功效很低，而炒压过迟，肉太烂，容易粘锅炒糊，造成损失。

（4）擦松、跳松　预炒（压）松结束后，将肉松坯在搓松机和跳松机中进行擦松和跳松。

（5）炒松　用小火勤炒勤翻，操作轻而均匀。当肉块全部炒松散和炒至含水量少于20%即可结束，颜色即由灰棕色变为金黄色，成为具有特殊香味的肉松。绒状肉松的制作到此结束。

（6）油酥　福建肉松还需将炒好的肉松坯再放到小锅中用小火烘焙，随时翻动，待大部分松坯都成酥脆的粉状时，用筛子把小颗粒筛出，剩下的大颗粒的松坯倒入已液化猪油中，要不断搅拌，使松坯与猪油均匀结成球形圆粒，即为成品。

（7）成品保存　肉松的吸水性很强，长期贮藏最好装入玻璃瓶或马口铁盒中，短期贮藏可装入单层塑料袋内，刚加工成的肉松趁热装入预先消毒和干燥的复合阻气包装袋中，贮藏于干燥处，可以保存半年。肉松的包装塑料袋有20g，50g，100g等，马口铁听装有250g，500g，1 000g等。

（二）新工艺肉松

传统工艺加工肉松时存在以下两个方面的缺陷：①复煮后的收汁工艺费时，且工艺条件不易控制。若复煮汤不足则导致煮烧不透，给搓松带来困难；若复煮汤过多，收汁后煮烧过度，使成品纤维短碎。②炒松时肉直接与炒松锅接触，容易塌底起焦，影响风味和质量。因此，提出了肉松生产改进工艺，以鸡肉松为例。

1. 工艺流程

原料选择与处理→初煮、精煮（不收汁）→烘烤→炒松→成品

2. 操作要点

（1）初煮、精煮（不收汁）　初煮是初步熟化以便剔骨，而精煮是进一步熟制以利于搓松，并赋予产品风味。初煮和精煮的时间在很大程度上决定了成品的色泽、入味程度、搓松难易程度和形态。在加热煮制过程中鸡肉颜色会发生变化。新鲜鸡肉为浅粉红色，当加热至80℃左右时，肌纤维由浅粉红色变为白色，继续加热，肌纤维又由白色变为黄色，最后变成黄褐色。随着煮烧时间的延长，成品颜色变深、碎松增加。颜色变深是加热过久，非酶促褐变加剧所致；若煮烧时间过短，成品风味不足，颜色花白，且不易搓成松散绒状，成品中常出现干棍状肉棒。因此，初煮2h，精煮1.5h，则成品色泽金黄，味浓松长，且碎松少。

（2）烘烤　新工艺中精煮后肉松坯的脱水是在红外线烘箱中进行。烘烤温度和时间对肉松坯的黏性、搓松难易程度、颜色及风味都有不同程度的影响，但对其黏性及搓松的难易程度影响最大。肉松坯在烘烤脱水前水分含量大，黏性很小，几乎无法搓松。随着烘烤时水分减少，黏性逐渐增加，脱水率达到30%左右时黏性最大，此时搓松最为困难。随着脱水率的增加，黏性又逐步减小，搓松变得易于进行。脱水率超过一定限度时，由于肉松坯变干，搓松又变得难以进行，甚至在成品中出现肉棍。因此，精煮后的肉松坯70℃烘烤90min或80℃烘烤60min，肉松坯的烘烤脱水率为50%左右时搓松效果最好。

（3）炒松　鸡肉经初煮和复煮后脱水率为25%~30%，烘烤脱水率为50%左右，搓松后含水量为20%~25%，而肉松含水量要求在20%以下。炒松可以进一步脱水，同时还具有改善风味、色泽及杀菌作用。因搓松后肌肉纤维松散，炒松仅3~5min即能达到要求。

五、产品评定

1. 感官指标

对肉松的感官评定主要包括形态、色泽、滋味与气味及杂质4个方面，具体要求见表2-8。

表2-8　肉松的感官指标

项目	指标	
	肉松	油酥肉松
形态	呈絮状，纤维柔软蓬松，允许有少量结头，无焦头	呈疏松颗粒状或短纤维状，无焦头
色泽	呈浅黄色或金黄色，色泽基本均匀	呈棕褐色或黄褐色，色泽基本均匀，稍有光泽
滋味与气味	味鲜美，甜咸适中，具有肉松固有的香味，无其他不良气味	具有酥、香特色，味鲜美，甜咸适中，油而不腻，具有油酥肉松固有的香味，无其他不良气味
杂质	无肉眼可见杂质	

2. 理化指标（表2-9）

表2-9　肉松的理化指标

项目		指标	
		肉松	油酥肉松
水分/（g/100g）	≤	20	4
脂肪/（g/100g）	≤	10	30
蛋白质/（g/100g）	≥	32	25
氯化物（以NaCl计）/（g/100g）	≤	7	7
总糖（以蔗糖计）/（g/100g）	≤	35	35
淀粉/（g/100g）	≤	2	2
铅（Pb）/（mg/kg）	≤	0.5	0.5
无机砷/（mg/kg）	≤	0.05	0.05
镉（Cd）/（mg/kg）	≤	0.1	0.1
总汞（以Hg计）/（mg/kg）	≤	0.05	0.05

3. 微生物指标

细菌总数≤3 000cfu/g，大肠杆菌≤40MPN/100g，致病菌（系指肠道致病菌及致病性球菌）不得检出。

4. 净含量

应符合《定量包装商品计量监督管理办法》。

5. 实验方法

（1）感官检验　按感官指标进行目测、味觉和嗅觉检验。

（2）理化检验

水分：按 GB/T 9695.15—2008 规定的方法测定。

脂肪：按 GB/T 9695.7—2008 规定的方法测定。

蛋白质：按 GB/T 9695.11—2008 规定的方法测定。

亚硝酸盐：按 GB/T 5009.33—2003 规定的方法测定。

氯化物：按 GB/T 9695.8—2008 规定的方法测定。

总糖：按 GB/T 5009.8—2003 规定的方法测定。

铅：按 GB/T 5009.12—2003 规定的方法测定。

无机砷：按 GB/T 5009.11—2003 规定的方法测定。

镉：按 GB/T 5009.15—2003 规定的方法测定。

总汞：按 GB/T 5009.17—2003 规定的方法测定。

（3）微生物检验

菌落总数：按 GB/T 4789.2—1994 方法测定。

大肠菌群：按 GB/T 4789.3—1994 方法测定。

沙门菌：按 GB/T 4789.4—1994 方法测定。

金黄色葡萄球菌：按 GB/T 4789.10—1994 方法测定。

志贺菌：按 GB/T 4789.5—1994 方法测定。

（4）净含量　按 JJF 1070—2005 的方法进行。

六、注意事项

（1）结缔组织的剔除一定要彻底，否则加热过程中胶原蛋白水解后，导致成品黏结成团状而不能呈良好的蓬松状。

（2）煮沸结束后须将油沫撇净，这对保证产品质量至关重要，若不去浮油，肉松不易炒干，炒松时容易糊锅，成品颜色发黑。

（3）煮制时间和加水量视情况而定，肉不能煮的过烂，否则成品绒丝短碎。

（4）肉松由于糖较多，容易塌底起焦，故炒松时需要控制好火力。

七、思考题

1. 比较不同肉松产品的成品特点和配方。
2. 肉松色泽和风味形成机理？
3. 肉松制作时的跳松、拣松的作用分别是什么？

实验二　肉干的加工

一、实验目的

通过本实验的学习，让学生了解肉品原料特性及其对肉干加工工艺的影响，掌握肉品的加工特性；让学生能够根据需要选择原辅料和添加剂，同时制订生产工艺和产品方案，生产出肉干。

二、实验原理

肉干是指猪、牛等瘦肉经过烫煮,加入配料复煮,烘烤而成的一种干熟肉制品。因其形状多为 $1cm^3$ 大小的块状。按原料分为猪肉干、牛肉干等;按形状分为片状、条状、粒状等;按配料分为五香肉干、辣味肉干和咖喱肉干等。

三、实验材料与仪器设备

1. 实验材料

牛肉,食盐,白糖,酱油,酒,味精,五香粉,生姜等。

2. 仪器设备

冷藏柜,蒸煮锅,烘箱等。

四、实验内容

1. 工艺流程

原料选择与处理→预煮→复煮→干制→成品

2. 配方(按100kg牛肉计)

配方一:白糖2.20kg,五香粉0.25kg,辣椒粉0.25kg,食盐4kg,味精0.30kg,曲酒1L,茴香粉0.10kg,特级酱油3kg,玉果粉0.10kg。

配方二(咖喱牛肉干):食盐3kg,特级酱油3.10kg,白糖12kg,白酒2L,咖喱粉0.50kg。

配方三(哈尔滨五香牛肉干):预煮配方:食盐1.5kg,肉桂皮75g,八角75g;复煮配方:预煮结束的熟牛肉22.5kg,食盐0.3kg,白糖2.8kg,苯甲酸钠75g,甘草粉90g,味精100g,姜粉50g,辣椒面100g,酱油3.25kg,绍兴酒0.75kg。

配方四(靖江牛肉干):白糖22kg,味精0.6kg,食盐4kg,特级酱油3kg,曲酒1kg,五香粉0.5kg,茴香粉0.2kg,玉果粉0.2kg,辣椒粉0.5kg,苯甲酸钠0.1kg。

配方五(灯影牛肉干):食盐2~3kg,白糖1kg,白酒1kg,麻油2kg,胡椒粉0.3kg,花椒粉0.3kg,2%的硝水1kg,生姜1kg,混合香料(即肉桂25%、丁香3%、荜拔8%、八角茴香50%、甘草2%、桂子6%、山柰6%,磨成粉末)0.2kg。

3. 操作要点

(1)原料选择与处理 选用新鲜的前后腿肉,以肉色深红、纤维较长、脂肪筋膜较少、有光泽弹性、外表微干不黏手的牛肉为原料,洗净挂晾,除去筋腱、肌膜、肥脂等,顺肌纤维方向切成1kg左右的肉块,清水浸泡1h左右,洗去血污备用。

(2)预煮 不加任何辅料,为了除异味,可加1%~2%的鲜姜。保持水温90℃以上,并及时撇去表面污物,将肉煮至七成熟,浸烫20~30min,使肉发硬,煮制七成熟,以切面呈粉色、无血水为宜,捞出后置筛上自然冷却,汤汁过滤待用,然后切成3.5cm×2.5cm薄片(或 $2cm^3$ 的块)(视需要而定),要求片形整齐,厚薄均匀。肉块冷却后,切坯时需要大小均匀一致,保证后面入味均匀。

(3)复煮 取肉坯重20%~40%的初煮汤,将配料混匀用大火煮开,当汤有香味时,改用小火,并将肉丁或肉片放入锅内,不断轻轻翻动,直到汤汁将干时,将肉出锅。加入调料进行复煮时,应随着汤汁的减少不断减小火力。

(4)干制 将肉丁或肉片平铺在烘筛上,60~80℃烘烤4~6h或者50~60℃烘烤

6~8h，经常翻动，以防烤焦，烤到肉发硬变干，味道芳香时即为成品。或者采用炒干的方法也可制得成品。炒干法干制时，需要注意锅中不加油，不断翻炒，至表面出茸毛出锅。牛肉干成品率为50%左右。

五、产品评定

1. 感官指标

对肉干感官指标的具体评价标准如表2-10所示。

表2-10 肉干的感官指标

项目	指标	
	肉干	肉糜干
形态	呈片、条、粒状，同一品种大小基本均匀，表面可带有细小纤维或香辛料	呈片、条、粒状，同一品种大小基本均匀
色泽	呈棕黄色、褐色或黄褐色，色泽基本均匀	呈棕黄色、棕红色或黄褐色，色泽基本均匀
滋味与气味	具有该品种特有的香气和滋味，甜咸适中	
杂质	无肉眼可见杂质	

2. 理化指标

对理化指标的评价标准如表2-11所示。

表2-11 肉干的理化指标

项目		指标					
		肉干			肉糜干		
		牛肉干	猪肉干	其他	牛肉糜干	猪肉糜干	其他
水分/（g/100g）	≤	20	20	20	20	20	20
脂肪/（g/100g）	≤	10	12	12	10	10	10
蛋白质/（g/100g）	≥	30	28	26	23	20	20
氯化物（以NaCl计）/（g/100g）	≤	5	5	5	5	5	5
总糖（以蔗糖计）/（g/100g）	≤	35	35	35	35	35	35
铅（Pb）/（mg/kg）	≤	0.5	0.5	0.5	0.5	0.5	0.5
无机砷/（mg/kg）	≤	0.05	0.05	0.05	0.05	0.05	0.05
镉（Cd）/（mg/kg）	≤	0.1	0.1	0.1	0.1	0.1	0.1
总汞（以Hg计）/（mg/kg）	≤	0.05	0.05	0.05	0.05	0.05	0.05

3. 微生物指标

参照实验中肉松微生物指标的规定。

4. 净含量

应符合《定量包装商品计量监督管理办法》。

六、思考题

1. 比较不同肉干的配方、加工工艺和成品特点。
2. 描述肉干加工中的感官变化，并分析其主要营养物质的变化。
3. 以牛肉干为例说明肉在干制过程中的原理和方法。如何评价干燥肉制品的质量？

实验三　肉脯的加工

一、实验目的
通过本实验的学习，让学生了解肉品原料特性及其对肉脯加工工艺的影响，掌握肉品的加工特性；让学生能够根据需要选择原辅料和添加剂，同时制订生产工艺和产品方案，生产出肉脯。

二、实验原理
肉脯是指瘦肉经切片（或绞碎）、调味、腌制、烘干、烤制等工序制成的干、熟薄片型的肉制品。与肉干不同之处是不经过煮制，多为片状。肉脯的品种很多，但加工过程基本相同，只是配料不同，各有特色。

三、实验材料与仪器设备
1. 实验材料

猪肉、鸡肉、鹅肉、鸡蛋、食盐、白糖、酱油、白胡椒粉、红曲米、酒、鱼露、味精等。

2. 仪器设备

冷冻柜，切片机，压平机，烤箱，烘箱等。

四、实验内容
（一）猪肉脯

1. 工艺流程

原料选择与处理→腌制→烘烤→压片→成品

2. 配方（按100kg猪肉计）

配方一（靖江猪肉脯）：白糖 13.5kg，酱油 8.5kg，胡椒 0.10kg，鸡蛋 3kg，味精 0.50kg。

配方二（上海猪肉脯）：食盐 2.5kg，硝酸钠 0.05kg，白糖 1kg，高粱酒 2.5kg，味精 0.3kg，白酱油 1kg，小苏打 0.01kg。

3. 操作要点

（1）原料选择与处理　选猪后腿瘦肉，剔除骨、脂肪、筋膜等结缔组织后，然后装入模中，送入急冻间冷冻至中心温度为 $-0.2℃$ 出冷冻间，将肉切成 $12cm \times 8cm \times 1cm$ 的肉片。冻好的肉块切片时须顺着肌纤维方向，以保证成品不易破碎。

（2）腌制　肉片与配料充分配合，搅拌均匀，在不超过 $10℃$ 的冷库中腌制 $12h$，使调味料吸收到肉片内，然后把肉片平摆在筛上。腌制过程的目的一是为了入味，二是使肉中盐溶性蛋白尽量溶出，便于在铺筛时使肉片之间粘连。

（3）烘烤　将装有肉片的筛网放入烘烤房内，温度为 $65℃$，烘烤 $5 \sim 6h$ 后取出冷却。把烘干的半成品放入高温烘烤炉内，炉温为 $150℃$，使肉片烘出油，呈棕红色为止。

（4）压片　烘熟后的肉片用压平机压平，即为成品。

（二）禽肉脯

1. 工艺流程

原料选择与处理→斩拌→摊盘→烤制→压平、切块→成品

2. 配方（按 100kg 禽瘦肉计）

白酒 0.5kg，酱油 6kg，白糖 14kg，白胡椒粉 0.2kg，味精 0.5kg，鸡蛋 3kg，红曲米适量。

3. 操作要点

（1）原料选择与处理　选用健康家禽的胸部和腿部肌肉。将选好的原料拆骨，去除皮、皮下脂肪、筋腱、肌膜等结缔组织后，洗净后顺着肌纤维方向切成小肉块备用。

（2）斩拌　将小肉块倒入斩拌机内进行斩拌 5~8min，边斩拌边加入各种辅料，并加入适量的冷水调和。斩拌结束后，静置 20min，让调味料充分渗入肉中。

（3）摊盘　将烤制用的筛盘先刷一遍油，然后将斩拌后的肉泥摊在筛盘上，厚度为 2mm 左右，厚薄均匀一致。

（4）烤制　把肉料连同筛盘放进 65~70℃烘房中烘烤 4~5h，取出自然冷却。再放进 200~250℃的烤炉中烤制 1~2min，至肉片收缩出油即可。

（5）压平、切块　用压平机将烤制好的肉片压平，切成 8cm×12cm 的长方形，即为成品。

五、产品评定

1. 感官指标

对肉脯的感官评价主要从形态、色泽、滋味与气味、杂质 4 个方面进行，见表 2-12。

表 2-12　肉脯的感官指标

项目	指标	
	肉脯	肉糜脯
形态	片型规则整齐，厚薄基本均匀，可见肌纹，允许有少量脂肪析出及微小空洞，无焦片、生片	片型规则整齐，厚薄基本均匀，允许有少量脂肪析出，无焦片、生片
色泽	呈棕红、深红、暗红色，色泽均匀，油润有光泽	
滋味与气味	滋味鲜美，醇厚，甜咸适中，香味醇正，具有该产品特有的风味	
杂质	无肉眼可见杂质	

2. 理化指标（表 2-13）

表 2-13　肉脯的理化指标

项目		指标	
		肉脯	肉糜脯
水分/（g/100g）	≤	19	20
脂肪/（g/100g）	≤	14	18
蛋白质/（g/100g）	≥	30	25
氯化物（以 NaCl 计）/（g/100g）	≤	5	5

（续）

项　目		指　标	
		肉脯	肉糜脯
总糖（以蔗糖计）/（g/100g）	≤	38	38
亚硝酸盐/（mg/kg）	≤	30	30
铅（Pb）/（mg/kg）	≤	0.5	0.5
无机砷/（mg/kg）	≤	0.05	0.05
镉（Cd）/（mg/kg）	≤	0.1	0.1
总汞（以Hg计）/（mg/kg）	≤	0.05	0.05

3. 微生物指标

参照本实验中肉松微生物指标的规定。

4. 净含量

应符合《定量包装商品计量监督管理办法》。

六、思考题

1. 比较不同肉脯的配方、加工工艺和成品特点。
2. 采用烘烤、炒制、油炸等不同方法制成的产品在成品率、风味上有何不同？

实验四　火腿肠的加工

一、实验目的

通过本实验的学习，让学生了解肉品原料特性及其对火腿肠加工工艺的影响，掌握肉品的加工特性；让学生能够根据需要选择原辅料和添加剂，同时制订生产工艺和产品方案，生产出火腿肠。

二、实验原理

以猪肉糜为主要原料，添加其他辅料而成，肉中的蛋白质加热后变性，形成网状结构的凝胶，将淀粉、水等辅料包裹在网状结构中，形成火腿肠特有质地和风味。

三、实验材料与仪器设备

1. 实验材料

猪肉，食盐，猪肥膘，肠衣，木薯变性淀粉，魔芋精粉，大豆组织蛋白，淀粉，卡拉胶，亚硝酸钠，冰水，苜蓿，南瓜，胡萝卜，维生素C，偏磷酸盐，多聚磷酸盐，复合磷酸盐，味精，白糖，花椒，大茴香，小茴香，丁香，香精，香料等。

2. 仪器设备

绞肉机，搅拌机，斩拌机，灌肠机，夹层锅，烟熏炉，冷库，速冻机，真空包装机，蒸煮桶等。

四、实验内容

（一）高温杀菌火腿肠

1. 工艺流程

原料选择与处理→腌制→斩拌→充填→杀菌→冷却→成品

2. 配方（按 100kg 猪肉计）

瘦肉 80kg，肥肉 20kg，淀粉 7kg，水 30kg，食盐 3～3.5kg，白胡椒粉 0.25kg，味精 2.5kg，大蒜 0.5kg（蒜味）/糖 0.5kg（偏甜味），亚硝酸钠 0.05kg。

3. 操作要点

(1) 原料选择与处理　最好选用经 2～5℃ 排酸 24h 的猪后腿肉。在实际生产中也常用生产带骨和去骨火腿时剔下的碎肉以及其他畜禽鱼肉（如牛、马、兔、鸡等肉）。所有的原料肉必须新鲜，否则黏着力下降，影响成品质量。原料肉经剔骨、剥皮、去脂肪后，还要去除结缔组织。可根据原料肉结着力的强弱，酌加 10%～30% 的猪脂肪。原料处理过程中环境温度不应超过 10℃。

(2) 腌制　原料肉中加入食盐、亚硝酸钠拌和均匀后，装入容器腌制 1～3d。大规模生产时，须在 5℃ 以内的条件下进行。待肉块切面变成鲜红色，且较坚实有弹性，无黑心时腌制结束。肥膘的腌制，一般以带皮的大块肉膘进行腌制，也可腌去皮的脂肪块，将按配料比例混合好的亚硝酸盐，均匀地揉擦在脂肪上，然后移入 10℃ 以下的冷库内，层层堆起，经 3～5d 脂肪坚硬，切面色泽一致即可。

(3) 斩拌　斩拌是火腿肠加工的关键工序，直接影响产品品质。斩拌时先加瘦肉，开起斩拌机，加入 25% 的（冰）水，然后加入食盐、味精、胡椒、白糖、淀粉糊等，最后将绞好的肥肉加入搅拌。火腿肠制作中加的水由 2/3 溶解淀粉、1/4 在斩拌时加入和剩余的 8.3% 溶解胡椒粉三部分组成。斩拌时的加水量，一般每 100kg 原料为 30～40kg，根据原料干湿程度和肉馅是否具有黏性为准，灵活掌握。斩拌时，肉料难免升温，但过度升温会使肌肉蛋白质变性，因此斩拌过程中应添加冰屑降温，冰屑量计算入水中。斩拌猪肉、牛肉时最终温度不应高于 16℃，鸡肉不高于 12℃，斩拌过程控制在 6～8min。

(4) 充填　将斩拌好的肉馅灌装入不同规格的肠衣中。

(5) 杀菌　高温杀菌火腿肠大多采用高压蒸汽灭菌法，灭菌温度 121℃，时间 20～30min。规格 58g 的灭菌参数为：15min－23min－20min/121℃（反压 2.0～2.2kg/cm^2）。现在根据保质期的不同，也有产品采用 15min－40min－20min/90℃ 的杀菌方法。

(6) 冷却　杀菌后的肠体用冷水（20℃）或空气迅速冷却，冷却用水常加氯 30～50mg/kg 杀菌，于 4℃ 过夜即为成品。高压杀菌后的冷却注意加压，以免破裂。

(7) 干燥、贮藏　干燥后要及时粘贴商标，装入成品箱，贮藏在 15～20℃ 的成品库中。

(二) 猪肉复合灌肠

1. 工艺流程

原料选择与处理→腌制→斩拌→灌制→烘烤→煮制→二次烘烤→真空包装→成品

2. 配方

猪瘦肉 8kg，猪肥肉 2kg，南瓜 1kg，食盐 0.25kg，淀粉 0.2kg，亚硝酸钠 1.5g，维生素 C 50g，偏磷酸盐、多聚磷酸盐各 15g，花椒 15g，大茴香 15g，小茴香 15g，丁香 5g，冰水 0.5kg。

3. 操作要点

（1）原料选择与处理　选用经兽医卫生检验合格，品质优良的鲜、冻猪肉为原料。将猪肉去皮，修割掉筋腱、肌膜、碎骨、软骨、淤血、淋巴和局部病变组织等杂物。将猪肥、瘦肉分割开，尽量做到瘦肉不带肥肉、肥肉不带瘦肉。然后将瘦肉切成1cm见方的块，将肥肉切成0.5cm见方的小块。

取肉厚、色黄、成熟的南瓜为原料，清洗削皮后切开，挖出瓜瓤，切成4mm左右厚的小片。将小片用0.1%的焦磷酸盐浸泡3min，进行护色处理。然后捞出，放入蒸锅内蒸至南瓜软熟，自然冷却后放入冰箱内冷冻。

（2）腌制　腌制可产生色泽和风味，防止腐败变质，改善食品质地。将瘦肉和肥肉分别装入腌制箱内，将精盐和亚硝酸钠拌和均匀后。随即倒入瘦肉和肥肉中，搅拌均匀后置于2~4℃的腌制间内，腌制2~3d，待切开瘦肉断面全部达到鲜艳玫瑰红色，且气味正常，肉质坚实有柔滑的感觉，可塑性强即腌制成熟。

（3）斩拌　将腌制好的瘦肉和肥肉混和均匀，放入绞肉机中，用3mm的孔板，把肉绞碎。斩拌可以将各种原辅料混合均匀，同时起乳化作用，增加肉馅的持水性，提高嫩度、出品率和制品的弹性。斩拌的次序是先把猪瘦肉放入斩拌机的料盘内，随即加入冷冻南瓜片、冰屑，斩拌2~3min，再将淀粉、香辛料、维生素C、磷酸盐徐徐加入肉馅中，继续斩拌1~2min，最后将肥肉加入肉馅中，再斩拌2~3min。斩拌好的感官标准为肥瘦肉和辅料分布均匀，肉馅色泽呈均匀的淡红色，肉馅干湿得当，整体稀稠一致。特别是黏性必须严格掌握，达到比较有劲，用手拍起来整体肉馅跟着颤动。斩拌结束后的肉温应控制在10℃以下。

（4）灌制、烘烤　把斩拌好的肉馅放入灌肠机内进行充填。肠衣选用直径为15~20mm，用纯绵细线结扎，充填时注意掌握肠衣的松紧适度，避免制品的肉馅松散或产生气泡。若有气泡，可用针在气泡处扎眼放气。把充填好的灌肠放入烘烤炉内，调温度至70℃，鼓风，烘烤30min左右。烘烤可以使肠衣表面干燥，柔韧，使肠衣收缩紧固肉馅。同时，通过烘烤可使肉加速变红，表层蛋白质凝固。减少蒸煮过程中肠衣的破裂，增加风味。

（5）煮制　将灌肠放入水浴锅中，下锅温度为90℃，在恒温82℃下保持40min。注意煮制时要在灌肠上压一铁板或其他重物，使灌肠全部浸入热水中。当灌肠的中心温度达到71℃时，即为成熟。煮制可以起到杀菌、灭酶，固定制品提高风味的作用。肉煮制成熟后，捞出沥干。

（6）第二次烘烤　此次烘烤的目的是降低灌肠中的水分含量，使制品贮藏期延长。烘烤仍在烘烤炉中进行，温度60~65℃，时间40min。烘烤完毕后取出，自然放凉。

（7）真空包装　把灌肠摆入特制的聚乙烯塑料袋中，用真空包装机进行抽气包装。真空包装可以防止贮藏过程中脂肪的氧化，延长灌肠的保质期。

五、产品评定

火腿肠肠衣干燥完整，并与内容物密切结合，富有弹性，肉质紧密，无黏液和霉斑，切面坚实而湿润，肉呈均匀的蔷薇红色，脂肪为白色，有西式火腿肠特有的香味。

六、思考题

1. 比较不同火腿肠的配方、加工工艺和成品特点。
2. 复合灌肠搭配的原则是什么？目前，复合灌肠的市场状况如何？
3. 在斩拌过程中为什么先加瘦肉，再加肥肉？
4. 滚揉时间越长，溶出的盐溶性蛋白越多，成品质量越好，这种说法是否成立？为什么？
5. 试述影响灌肠质量的因素、控制方法及原理。

实验五　西式灌肠的加工

一、实验目的

通过本实验，学习几种西式灌肠的加工方法。

二、实验原理

灌肠是以鲜猪肉、牛肉、鸡肉、鸭肉、兔肉及其他材料，经腌制、绞碎、斩拌后，灌装到肠衣中，再经烘烤、水煮、烟熏等工艺加工而成。按加工方法不同，灌肠又分为很多种，如生香肠、生熏肠、熟熏肠、干制或半干制香肠等。引入我国的主要是熟熏灌肠，它的加工工艺流程为：原料的选择→腌制→制馅→灌装→烘烤→煮制→熏制→冷却冷藏。

三、实验材料与仪器设备

1. 实验材料

猪肉，牛肉，猪颊肉，猪脂肪，猪五花肉，冰水，亚硝酸盐，食盐，里昂香料，磷酸盐，异抗坏血酸钠。

2. 仪器设备

绞肉机，斩拌机，灌肠机，蒸煮锅，冷库等。

四、实验内容

（一）里昂肠

1. 工艺流程

　　　　　　　　　　　　　　磷酸盐　　　香辛料、猪脂肪
　　　　　　　　　　　　　　↓　　　　　↓
原料选择与处理→绞肉、斩拌→加冰水→高速斩拌→斩拌→腌制→灌制→蒸煮→冷却→冷藏

2. 配方

（1）主料　猪肉（含脂肪8%左右）30kg，牛肉（含脂肪8%左右）20kg，猪颊肉10kg，猪脂肪20kg，冰水20kg。

（2）配料　亚硝酸盐10g，食盐2.2kg，里昂香料0.5kg，磷酸盐200g，异抗坏血酸钠50g。

3. 操作要点

（1）将新鲜微冻的牛肉和猪肉放入绞肉机中绞成3mm大小的肉粒。

（2）将绞好的原料肉倒入斩拌机中慢速斩拌。

(3）加入磷酸盐。

(4）低速转 3~4 圈后加入 1/2 的冰水。

(5）高速斩拌至肉泥把水完全吸收。

(6）加入香辛料、绞好的猪脂肪，斩拌至肉泥中心温度为 6℃。

(7）肉泥温度上升到 10℃ 时，加入食盐、亚硝酸盐、剩余的冰水。

(8）在斩拌结束前 3~4 圈时加入异抗坏血酸钠，最后肉泥的温度应达到 12℃。

(9）基础肉泥制作完成。

(10）装饰肉馅于生产前 1d 进行腌制，然后装饰肉馅加入肉泥中搅匀，用低速将肉馅斩至 3~4mm。加入所有用于腌制的辅料，搅匀后放入 5℃ 以下冷库中腌制。

(11）灌制　可灌入纤维带涂层肠衣或尼龙肠衣中。

(12）蒸煮　55℃ 蒸汽（或水煮）下发色 60min 后将温度升高到 74~76℃，蒸至中心温度至 70℃ 即可。

(13）冷却　冷水淋浴至肠中心温度 10℃ 以下，之后存放在 5℃ 以下冷库中保存。

（二）小红肠

1. 工艺流程

原料选择与处理→腌制→绞碎→斩拌→拌馅→灌制→烘制→煮制→成品

2. 配方

(1）主料　牛肉 30kg，猪肉 14kg，肥膘 20kg，猪颊肉 12kg，冰 24kg。

(2）配料　精盐 3kg，淀粉 2.5kg，白胡椒粉 0.1kg，豆蔻粉 65g，味精、姜粉各 50g，磷酸盐 0.3kg，亚硝酸盐 4.5g，红曲色素适量。

3. 操作要点

(1）瘦肉加盐和亚硝酸盐在 0~6℃ 腌制 12h，肥肉切成 6mm 的丁，加剩余的盐腌制 12h。

(2）腌制后将牛肉和猪瘦肉绞碎成 3mm 大小的肉粒。

(3）将绞碎的肉粒倒入斩拌机内斩拌数圈（先加牛肉，后加猪肉），使之成为糨糊状，在斩拌中加入 1/2 的冰水，斩至 2~4℃。

(4）加入绞成 3mm 的肥膘肉和所有配料继续拌匀，拌馅时加入的顺序为：牛肉、猪肉、淀粉、膘丁、调味品，各种配料可事先用适量的水调和，以液体的形式加入。在配料期间加入剩余的冰水。

(5）在斩拌温度达到 12℃ 时结束斩拌。

(6）肉馅灌入直径 1.8~2.0cm 的羊肠衣中，12cm 打一结。

(7）在 65~68℃ 下烘烤 20~40min 至表皮干燥，然后在 70℃ 锅中煮 15~20min 即可，肠入锅时水温应在 90℃ 左右（水中加入红曲色素）。

五、产品评定

西式灌肠肠体饱满度较好，弹性佳，肠体均匀；灌肠切片有明显的鲜肉味，切片煮后的色泽稳定性较好；肠衣牢固有韧性，与肉馅贴合紧密。口味鲜美，肉质细嫩，咀嚼性良好；切面平整，富有弹性，成型较好；0.5cm 厚的灌肠切片煮沸 15min，无"散片"现象。水分 48%~54%，氯化钠 ≤2.30%，蛋白质 ≥15%，脂肪 ≤6%，重金属含量符合国家标准，细菌总数≤50 000cfu/g，大肠杆菌≤30MPN/100g，致病菌不得检出。

六、思考题

1. 在斩拌过程中为什么先加瘦肉，再加肥肉？
2. 试述灌肠生产过程中的温度要求及机理。
3. 试述影响灌肠质量的因素、控制方法及原理。

实验六　灌肠类肉制品品质评定及质量检测

一、实验目的

通过本实验，使学生了解灌肠类肉制品品质评定及质量检测的标准，掌握灌肠类肉制品品质评定的方法。

二、实验原理

灌肠类肉制品是以畜禽肉为主要原料，经腌制（或未经腌制）、绞碎或斩拌乳化成肉糜状，并混合各种辅料，然后充填入天然肠衣或人造肠衣中成型，根据品种不同再分别经过烘烤、蒸煮、烟熏、冷却等工序制成的肉制品。在现代人们生活中，灌肠类制品是一种优质的方便食品，也是肉类制品中品种最多的一大类制品。灌肠类肉制品的品质可以进行质构、出品率、色泽、嫩度、pH值等指标的评定。

三、实验内容

1. 质构（TPA 测试）

将灌肠类肉制品放置在环境温度18℃下保持5h，用英国 SMS 公司的 TA–XT2i 物性仪进行测试。采用 P50 探头，测试条件如下：测前速度 2mm/s，测试速度 0.8mm/s，测后速度 0.8mm/s，停留间隔 5s；数据采集率 200p/s，测试时压缩比设置为 70%，每组试验做 20 次重复，记录硬度、脆性、黏着性、弹性、内聚性、胶着性、咀嚼性、回复性的测试结果，并取其平均值，同时观察并记录样品的组织状态变化。

2. 技术要求

（1）感官指标　肠衣（肠皮）干燥完整，并与内容物密切结合，坚实而有弹力，无黏液及霉斑。切面坚实而湿润，肉呈均匀的蔷薇红色，脂肪为白色。无腐败臭味，无酸败味。

（2）理化指标　应符合表2-14的规定。

表2-14　灌肠类肉制品的理化指标

项目		指标
复合磷酸盐（以 PO_4^{3-} 计）/（mg/kg）	≤	5.0
苯并（α）芘/（μg/kg）	≤	5.0
铅（Pb）/（mg/kg）	≤	0.5
镉（以 Cd 计）/（mg/kg）	≤	0.10
无机砷/（mg/kg）	≤	0.10
亚硝酸盐（以 $NaNO_2$ 计）/（mg/kg）	≤	30
总汞（以 Hg 计）/（mg/kg）	≤	0.05

注：复合磷酸盐残留量包括肉类本身所含磷及加入的磷酸盐；苯并（α）芘仅适用于烟熏的灌肠。

（3）微生物指标　应符合表2-15的规定。

表2-15　灌肠类肉制品的微生物指标

项　目		指　标
菌落总数/（cfu/g）	≤	50 000
大肠菌群/（MPN/100g）	≤	30
致病菌（沙门菌、金黄色葡萄球菌、志贺菌）		不得检出

3. 实验方法

（1）感官检验　参照 GB 5009.44—2003 的规定执行。

（2）理化指标

①无机砷：按 GB/T 5009.11—2003 的规定执行。

②铅：按 GB/T 5009.12—2003 的规定执行。

③总汞：按 GB/T 5009.17—2003 的规定执行。

④镉：按 GB/T 5009.15—2003 的规定执行。

⑤亚硝酸盐：按 GB/T 5009.33—2003 的规定执行。

⑥苯并（α）芘：按 GB/T 5009.27—2003 的规定执行。

（3）微生物指标　按 GB/T 4789.17—2003 的规定执行。

四、思考题

影响灌肠类肉制品品质的最重要的因素是什么？

实验七　冷冻肉丸的加工

一、实验目的

通过本实验，使学生掌握冷冻鱼肉丸及冷冻牛肉丸的加工方法，并能够根据原料和工艺设计开发不同的肉丸产品。

二、实验原理

肉丸是以畜肉、禽肉、水产品等为主要原料，添加水、淀粉等食品辅料，经绞碎、腌制或不腌制、乳化（斩拌或搅拌）、成型、熟制或不熟制、冷却、速冻或不速冻等工艺制成的肉制品。

三、实验材料与设备

1. 实验材料

鱼肉，猪肥膘，新鲜牛肉，肉丸增脆剂（鱼肉专用），卡拉胶，海鲜粉，白胡椒粉，生姜粉，大豆分离蛋白，玉米淀粉，食盐，白糖，复合磷酸盐，亚硝酸钠，品质改良剂，异抗坏血酸钠，淀粉，葱，姜，调味料，冰块，冰鸡蛋液等。

2. 仪器设备

绞肉机，盐水注射机，肉丸打浆机，水煮槽，斩拌机，肉丸成型机，蒸煮槽，油炸锅，速冻库等。

四、实验内容

(一) 冷冻鱼肉丸

1. 工艺流程

原料选择与处理→打浆→成型→煮制及冷却→速冻及贮存→成品

2. 配方

配方一：鱼肉80kg，肥膘10kg，食盐1.8kg，肉丸增脆剂0.4kg，卡拉胶0.4kg，味精0.25kg，白糖1.5kg，白胡椒粉0.1kg，姜粉0.15kg，海鲜粉0.2kg，蛋清10kg，玉米淀粉5kg，大豆分离蛋白2kg，冰水12.3kg。

配方二：食盐2kg，淀粉6kg，白糖1kg，味精0.15kg，姜汁适量，含水量一般为鱼肉质量的50%~60%。

3. 操作要点

(1) 原料选择与处理　选择重1.25~2.5kg、肉质厚实、鲜度较高的鲢鱼、鳙鱼等经预处理，用刀除去鱼皮和骨之后，将鱼肉平放在砧板上，用刀按顺序排斩至鱼肉稍有转白，手感有黏性时为好，或者用斩拌机将鱼肉斩碎。注意要斩透，使鱼肉全部成泥。经斩拌冷冻后制成鱼糜制品。选用冻结良好、无异味的冷冻鱼糜，肥膘选用背膘、碎膘均可。将冷冻鱼糜用刀具切成小块，经过冻结的肥膘或碎膘用3mm的孔板绞制。原料预处理后放在0~4℃的环境中备用。

(2) 打浆　将冷冻的鱼糜切块放于打浆机中，先加入肉丸增脆剂、食盐、味精、姜粉、白胡椒粉、蛋清、卡拉胶等高速打浆，至肉糜均一，然后加入经3mm绞制孔板的肥膘打浆，最后加入淀粉，低速搅拌均匀即可，在打浆过程中注意用冰水控制肉浆温度在12℃以下。打浆过程中确保肉浆出锅温度在10℃以下，此工序也可用绞肉机操作，但加工的鱼丸口味较差。或者将鱼肉泥放于容器内，先加7成左右的清水，水的总量为鱼肉的1.7倍，用竹筷将鱼肉泥划散，成黏糊状后，放入辅料，用力搅打以后，鱼糜蛋白质凝胶，呈透明状。

(3) 成型　用肉丸成型机或手工成型。将成型后的鱼丸立即放入35~45℃温水中浸泡40~60min二次成型，挤出的鱼丸在清水中漂浸0.5h左右，防止煮制时粘连。

(4) 煮制及冷却　成型后在80~90℃的热水中煮15~20min即可。时间一长会变味。煮制时，也要防止水过沸腾，以免将鱼丸冲撞破碎。鱼丸煮至熟透后捞起出锅，即为成品。煮（或炸）鱼丸要用旺火，肉丸经煮制后立即放于0~4℃的环境中冷却至中心温度8℃以下。经二段凝胶的鱼肉制品（低温凝胶化温度常取40~50℃，高温凝胶化温度80~90℃），弹性和脆度更好。

(5) 速冻及贮存　将冷却后的鱼丸放入速冻库中冷冻24~36h，经速冻的产品放于－18℃的低温库贮存。

(二) 冷冻牛肉丸

1. 工艺流程

原料选择与处理→嫩化→腌制→绞碎→斩拌→成型→煮制→上膜→油炸→走油→速冻及贮存→成品

2. 配方（按100kg牛肉计）

食盐2.9kg，复合磷酸盐0.38kg，亚硝酸钠0.015kg，异抗坏血酸钠0.07kg，大豆蛋白3kg，冰块28kg，肥膘5kg，淀粉18kg，氯化钙5kg，奶油、鸡蛋、碳酸氢钠、调味料等适量。

3. 操作要点

（1）原料选择与处理 选择经卫生检验合格的新鲜牛肉为原料，剔除原料中脂肪块、筋腱及淤血等，然后洗净沥干备用。

（2）嫩化 自制酶液采用盐水注射机重复注射2~3次，嫩化15min左右即可。通过嫩化处理，肉丸组织更为细腻。

（3）腌制 将肉块切成$3cm^3$的小块，用2.9%的食盐、0.38%的复合磷酸盐、0.015%的亚硝酸钠、0.07%的异抗坏血酸钠等成分加水适量配成腌制剂于0~5℃的环境下腌制24h。

（4）绞肉 瘦肉用孔径为1cm的绞肉机绞碎，肥肉切成$0.6cm^3$的膘丁。

（5）斩拌 将肉糜放入斩拌机，加入配料，中速斩拌8~10min，控制斩拌温度在10℃以下，使其具有弹性、细腻及表面光滑停止斩拌。否则，温度过高，会影响肉馅的乳化效果，降低制品的保水性、口感等，使产品质量变差。投料顺序为牛肉→大豆蛋白→冰块→肥膘→调味料→淀粉。

（6）肉丸成型与熟制 将斩拌后的肉糜放入肉丸自动成形机中，控制肉丸直径在3cm左右，填接送入70℃水中煮制5min，然后迅速升温至90℃，待其中心温度达75~80℃或当肉丸浮于水面，手捏有弹性、光滑，呈灰白色时捞出。蒸煮加热过程中不宜煮沸，因温度过高，会导致其表面结构粗糙，蛋白质剧烈变性，产生硫化物影响肉丸的风味。控制中心温度75~80℃既达到消毒杀菌的目的，又保存了肉丸营养成分，同时使肉丸滋嫩度最佳。

（7）上膜 使用由奶油、鸡蛋、牛肉、碳酸氢钠等配成的Batter液进行包膜，肉丸在包膜之前用0.5%的氯化钙液浸润并裹上一层面粉。

（8）油炸 油温控制在140℃左右，肉丸呈金黄色快速出锅冷却。

（9）走油 炸好的肉丸经冷却后，再在盛有少许热油的锅内快速走油、冷却后即为成品。上膜油炸可增加肉丸营养，增强香脆感，走油工序更增加了肉丸的光滑度，更显美观，而且外膜不易烫煮脱落。

（10）速冻及贮存 将冷却后的牛肉丸放入速冻库中冷冻24~36h，经速冻的产品放于-18℃的低温库贮存。

五、产品评定

1. 感官指标

对肉丸的感官评价主要包括色泽、形态、组织、滋气味及杂质等几方面，如表2-16所示。

表 2-16 肉丸的感官指标

项目	特级	优级	普通级
色泽	具有该产品应有的色泽		
形态	形态完整，均匀，无破损		
组织	结构紧密，富有弹性		
滋味、气味	具有本产品种固有的滋味、气味，无异味，鲜嫩适口，松软适度		
杂质	无肉眼可见异物		

2. 理化指标（表 2-17）

表 2-17 肉丸的理化指标

项目		特级	优级	普通级
水分/（g/100g）	≤	70	70	70
蛋白质/（g/100g）	≥	12	10	8
脂肪/（g/100g）	≤	18	18	18
淀粉/（g/100g）	≤	6	8	10

3. 微生物指标

（1）肉丸熟制品 畜禽肉丸的菌落总数、大肠菌群和致病菌（沙门菌、金黄色葡萄球菌、志贺菌）应符合 GB 2726—2005 的规定。动物性水产品肉丸菌落总数、大肠菌群、致病菌（沙门菌、金黄色葡萄球菌、副溶血性弧菌、志贺菌）应符合 GB 10132—2005 的规定。

（2）生制品 畜禽肉丸菌落总数、大肠菌群和致病菌（沙门菌、金黄色葡萄球菌、志贺菌）应符合 GB 19295—2003 的规定。动物性水产品肉丸菌落总数、大肠菌群、致病菌（沙门菌、金黄色葡萄球菌、副溶血性弧菌、志贺菌）应符合 GB 10132—2005 的规定。

六、思考题

1. 斩拌工序在冷冻肉丸加工中起到了哪些作用？需要如何进行控制？
2. 熟制方式对肉丸产品品质有哪些影响？哪种熟制方式最好？
3. 市场上的肉丸产品都有哪些品牌？各自有何优缺点？

实验八　午餐肉罐头的加工

一、实验目的

通过本实验，使学生掌握午餐肉罐头加工方法，并能够根据原料和工艺设计开发不同的午餐肉罐头制品。

二、实验原理

午餐肉主要是以猪肉、羊肉、牛肉、鸡肉为原料，加入一定量的淀粉、香辛料加工制成的一种肉糜制品。午餐肉富含蛋白质、脂肪、碳水化合物、烟酸等，矿物质钠和钾的含量也较高，肉质细腻，口感鲜嫩，风味清香，常被用做火锅涮料。午餐肉作为高温肉制品一直以铁听装出现，因外包装成本较高，造成产品售价不菲。结合午餐肉的传统工艺和西式制品工艺，在保持口感的前提下，用复合收缩膜制成午餐肉产品，不仅包装成本降低了2/3，而且肉馅成本也有一定降低。

三、实验材料与仪器设备

1. 实验材料

猪肉，食盐，白糖，亚硝酸盐，复合磷酸盐，淀粉，味精，白胡椒粉，玉果粉，肉果粉，姜粉，玉米淀粉，谷朊粉，浓缩蛋白粉，天博午餐肉专用香精O5055，异抗坏血酸钠等。

2. 仪器设备

切块机，绞肉机，冷藏柜，腌制设备，斩拌机，真空搅拌机，滚揉机，真空灌肠机，真空封口机，杀菌设备，不锈钢模具，收缩膜，打卡机等。

四、实验内容

1. 工艺流程

原料选择与处理→腌制→斩拌及搅拌→装罐→排气及密封→杀菌及冷却→成品

2. 配方（按100kg猪肉计）

配方一：腌制配方：净瘦肉与肥瘦肉比为53∶33，混合盐2.25kg（混合盐配料为：食盐98%、白糖1.5%、亚硝酸钠0.5%）。斩拌配方：细绞净瘦肉26.5kg，粗绞肥瘦肉16.5kg，冰屑4kg，淀粉3kg，白胡椒粉0.072kg，玉果粉0.024kg。

配方二：腌制配方：猪肥瘦肉30kg，净瘦肉70kg，混合盐2.5kg（混合盐配料为：食盐98%、白糖1.7%、亚硝酸钠0.3%）。斩拌配方：淀粉11.5kg，玉果粉58g，白胡椒粉190g，冰屑19kg。

3. 操作要点

（1）原料选择与处理　猪肉选择优质猪肉，去皮剔骨，去净前后腿肥膘，只留瘦肉，肋条肉去除部分肥膘，膘厚不超过2cm，成为肥瘦肉，经处理后净瘦肉含肥膘为8%~10%，肥瘦肉含膘不超过60%。辅料选择符合GB 2760—2007标准的优质辅料。在夏季生产午餐肉，整个处理过程要求室内温度在25℃以下，如肉温超过15℃需先行降温。

（2）腌制　净瘦肉和肥瘦肉应分别腌制，各切成大约4cm见方的小块，在原料肉中加入混合盐，0~4℃下腌制24~72h，腌制后要求肉块鲜红，气味正常，肉质有柔滑和坚实的感觉。

（3）斩拌及搅拌　净瘦肉使用双刀双绞板进行细绞（里面一块绞板孔径为9~12mm，外面一块绞板孔径为3mm），肥瘦肉使用孔径7~9mm绞板的绞肉机进行粗绞。将绞碎肉倒入斩拌机中，并倒入冰屑、淀粉、白胡椒粉及玉果粉斩拌3min，斩拌温度不宜超过10℃，结束后再真空搅拌。将上述斩拌肉一起倒入搅拌机中，先搅拌20s左右，加盖抽真空，在66.65~80.00kPa真空度下搅拌约1min。若使用真空斩拌机则效果更好，不需真空搅拌处理。

（4）装罐　内径99mm、外高62mm的圆罐，装397g，不留顶隙。

(5) 排气及密封　抽气密封 40kPa 左右。

(6) 杀菌及冷却　15min – 80min 反压冷却/118℃，反压 147kPa。

五、产品评定

1. 技术要求

(1) 感官指标　无泄漏、旁听现象存在，容器内外表面无锈蚀，内壁涂料完整，无杂质。

(2) 理化指标　符合表 2-18 规定。

表 2-18　午餐肉罐头的理化指标

项　目		指　标
无机砷（以 As 计）/（mg/kg）	≤	0.05
铅（以 Pb 计）/（mg/kg）	≤	0.50
锡（Sn）/（mg/kg）（镀锡罐头）	≤	250
总汞（以 Hg 计）/（mg/kg）	≤	0.05
镉（以 Cd 计）/（mg/kg）	≤	0.10
锌（Zn）/（mg/kg）	≤	100
亚硝酸盐（以 $NaNO_2$ 计）/（mg/kg）（西式火腿罐头）	≤	70
亚硝酸盐（以 $NaNO_2$ 计）/（mg/kg）（其他腌制类罐头）	≤	50
苯并（α）芘/（μg/kg）	≤	5

注：苯并（α）芘仅适用于烧烤和烟熏肉罐头。

(3) 微生物指标　应符合罐头商业无菌的要求。

2. 实验方法

(1) 感官检验　参照 GB 13100—2005 规定的方法检验，在自然光线下，用感觉器官检查产品的外观，容器内壁以及产品的色泽、气味和滋味、组织形态。

(2) 理化指标检测

①无机砷：按 GB/T 5009.11—2003 的规定执行。

②铅：按 GB/T 5009.12—2003 的规定执行。

③锡：按 GB/T 5009.16—2003 的规定执行。

④总汞：按 GB/T 5009.17—2003 的规定执行。

⑤镉：按 GB/T 5009.15—2003 的规定执行。

⑥锌：按 GB/T 5009.14—2003 的规定执行。

⑦亚硝酸盐：按 GB/T 5009.33—2003 的规定执行。

⑧苯并（α）芘：按 GB/T 5009.27—2003 的规定执行。

(3) 微生物指标检测　按 GB/T 4789.26—2003 的规定执行。

六、思考题

1. 斩拌工序在午餐肉罐头加工过程中起到了哪些作用？
2. 市场上的午餐肉罐头产品有何异同？

实验九　腊肉的加工

一、实验目的

通过本实验，使学生掌握腊肉加工的方法，并能够根据原料和工艺设计开发不同的腊肉制品。

二、实验原理

腊肉是指鲜猪肉切成条状经腌制后再经过烘烤（或日光下曝晒）的过程所成的肉制品。腊肉的防腐能力强，能延长保存时间，并增添特有的风味，以产地分广式腊肉、川味腊肉和三湘腊肉等。

三、实验材料与仪器设备

1. 实验材料

猪肉，食盐，白糖，白酒，香辛料，酱油，亚硝酸钠等。

2. 仪器设备

冷藏柜，烘箱，烟熏炉，切肉设备，包装机等。

四、实验内容

1. 工艺流程

原料选择与处理→腌制→烘烤或熏制→包装→成品

2. 配方（按 100kg 猪肉计）

配方一：食盐7.5kg，白酒0.5kg，焦糖1.5kg，亚硝酸钠0.03kg，香辛调料0.2kg（混合香辛调料配方：桂皮0.3kg，八角0.1kg，草果0.1kg，小茴香0.5kg，花椒0.1kg，混合碾成粉或熬成香料汁）。

配方二：食盐7~7.5kg，五香粉0.3kg，白糖0.5kg，亚硝酸钠0.05kg，白酒1kg。

配方三：白糖4kg，亚硝酸钠0.1kg，酱油4kg，食盐2kg，高粱酒2kg。

3. 操作要点

（1）原料选择与修整　选择新鲜优质的肥膘厚度在1.5cm以上，符合卫生标准的带皮、去骨猪肉为原料。将其边缘修整，去骨后切成宽约2cm，长约40cm的条形肉，在上端刺一个小洞，便于腌制后穿绳悬挂。肥瘦比例一般为5∶5或3∶7。用温水洗净表面的浮油，沥干水分。

（2）腌制　按配方配制腌制剂进行腌制。采用干腌或湿腌法均可。干腌法是将调匀配料涂抹在肉块表面，然后把肉块皮面向下，肉面向上，整齐平放堆码于腌制池或腌制容器中腌制，一般腌制时间为5~7d，腌制2~3d后翻缸一次，直到瘦肉呈玫瑰红色为止。湿腌法是将配料熬成腌液，先将肉块放入腌制容器中然后待腌制液冷却，再灌入腌制容器中浸泡，一般10℃以下腌制3~5d，20℃以下腌制1~2d。腌制结束取出穿绳挂于竹竿上。

（3）烘烤或熏制　将腌好的肉块取出，去掉血污与杂质，然后穿孔套绳，进入烘房或烟熏炉烘烤或熏制。初始温度在45~50℃，烘烤4~5h，然后逐渐升温，最高温度不超70℃，避免烤焦流油。烘烤12h左右可烟熏上色。一般总烘烤时间为24~32h，此时，肉皮干硬，瘦肉呈鲜红色，肥肉透明或呈乳白色，即为成品。如不用炭火烤，白天可在日光下曝晒，晚上移至室内，连续曝晒直到表面出油为止。

（4）包装、保藏　自然冷却后的肉条即为成品。采用真空包装在20℃下保存3~6个月。

五、产品评定

1. 技术要求

（1）感官指标　无霉点、无黏液、无异味、无酸败味。

（2）理化指标　符合表2-19规定。

表2-19　腊肉的理化指标

项目		指标
过氧化值（以脂肪计）/（g/100g）		
腌肉、腊肉、腊肠	≤	0.50
火腿	≤	0.25
板鸭	≤	2.50
亚硝酸盐（以$NaNO_2$计）/（mg/kg）	≤	30
三甲胺氮/（mg/100g）	≤	2.50[①]
总汞（以Hg计）/（mg/kg）	≤	0.05
铅（以Pb计）/（mg/kg）	≤	0.20
无机砷（以As计）/（mg/kg）	≤	0.05
镉（以Cd计）/（mg/kg）	≤	0.10
苯并（α）芘/（μg/kg）	≤	5[②]
山梨酸/（g/kg）	≤	0.075

注：兽药、农药最高残留限量和其他有毒、有害物质限量符合国家相关规定。①仅适用于火腿；②仅适用于烟熏制品。

（3）微生物指标　沙门菌不得检出。

2. 实验方法

（1）感官检验　参照GB/T 5009.44—2003规定的方法检验，将500g样品置于白色托盘中，在自然光下，目测观察组织状态，可见有无异物、霉斑，表面是否有黏液；嗅其气味。

（2）理化及卫生指标检测

①过氧化值：样品处理按GB/T 5009.44—2003规定的方法操作，按GB/T 5009.37—2003规定的方法测定。

②亚硝酸盐：按GB/T 5009.33—2003的规定执行。

③三甲胺氮：按GB/T 5009.179—2003的规定执行。

④总汞：按GB/T 5009.17—2003的规定执行。

⑤铅：按GB/T 5009.12—2003的规定执行。

⑥无机砷：按GB/T 5009.11—2003的规定执行。

⑦镉：按 GB/T 5009.15—2003 的规定执行。
⑧苯并（α）芘：按 GB/T 5009.27—2003 的规定执行。
⑨山梨酸：按 GB/T 5009.29—2003 的规定执行。
⑩沙门菌：按 GB/T 4789.4—2008 的规定执行。

3. 取样规则

按 NY/T 5340—2006 的规定执行，其中腊肉制品的取样方法按照 GB/T 9695.19—2008 的规定执行。

六、思考题

1. 腊肉制作过程中的关键工序是什么？理由是什么？应如何进行控制？
2. 调查市场上不同品牌的腊肉产品有何异同？

实验十　传统香肠的加工

一、实验目的

通过本实验，使学生掌握腊肠和香肠加工的方法，并能够根据原料和工艺设计开发不同的香肠类产品。

二、实验原理

腊肠俗称香肠，是指以肉类为主要原料，经切、绞成丁，配以辅料，灌入动物肠衣再晾晒或烘焙而成的肉制品。香肠是我国肉类制品中品种最多的一大类产品，也是我国著名的传统风味肉制品。传统中式香肠以猪肉为主要原料，瘦肉不经绞碎或斩拌，而是与肥膘都切成小肉丁或用粗孔眼筛板绞成肉粒，原料不经长时间腌制，而有较长时间的晾挂或烘烤成熟过程，使肉组织蛋白质和脂肪在适宜的温度、湿度条件下受微生物作用自然发酵，产生独特的风味，辅料一般不用淀粉和玉果粉，成品有生、熟两种，以生制品为多，生干肠耐贮藏。我国较有名的腊肠有广东腊肠、武汉香肠、哈尔滨风干肠等。由于原材料配制和产地不同，风味及命名不尽相同，但生产方法大致相同。

三、实验材料与仪器设备

1. 实验材料

猪肉，食盐，白糖，酱油，酒，味精，五香粉，生姜等。

2. 仪器设备

绞肉机，灌肠机，烘箱等。

四、实验内容

1. 工艺流程

原料选择与处理→腌制→灌制→晾晒或烘烤→发酵→成品

2. 配方（按 100kg 原料肉计）

配方一（经典广式香肠）：肥肉 30kg，瘦肉 70kg，白糖 7.6kg，食盐 2.2kg，白酒 2.5kg，白酱油 5kg，亚硝酸钠 0.05kg。

配方二（改良广式香肠）：肥肉 30kg，瘦肉 70kg，白糖 5kg，食盐 2.2kg，白酒 2.5kg，白酱油 5kg，亚硝酸钠 0.05kg。

配方三（麻辣香肠）：食盐 2.5kg，白糖 3kg，酱油 1L，白酒 2L，味精 0.2kg，花椒粉 0.15kg，胡椒粉 0.3kg，五香粉 0.3kg，辣椒粉 0.08kg，姜粉 0.2kg，亚硝酸钠 0.04kg（用少量水溶解后使用）。

配方四（北京香肠）：肥肉 25kg，瘦肉 75kg，白糖 1.5kg，食盐 2.5kg，白酒 0.5kg，酱油 1.5kg，亚硝酸钠 0.05kg，生姜粉 0.3kg，白胡椒粉 0.2kg。

配方五（南京辣味香肠）：肥肉 30kg，瘦肉 70kg，白糖 6kg，食盐 3kg，白酒 3kg，亚硝酸钠 0.05kg，白胡椒粉 0.2kg，辣椒粉 2kg。

配方六（武汉香肠）：肥肉 30kg，瘦肉 70kg，白糖 4kg，食盐 3kg，白酒 2.5kg，味精 0.3kg，亚硝酸钠 0.05kg。

3. 操作要点

（1）原料选择与处理　原料肉以猪肉为主，要求新鲜，最好是不经过排酸鲜冻成熟的肉。瘦肉以腿臀肉为最好，因前后腿精肉中的肌原纤维蛋白含量较多，能包含更多的脂肪，使生产的香肠不出现出油现象。肥膘以背部硬膘为好，腿膘次之，肥瘦比为 3:7 或 2:8 为宜。将选好的原料肉剥皮剔骨，将碎骨、筋、腱等结缔组织尽可能除去，否则会影响最终产品的外观和口感，但是不要将肉修整掉。瘦肉用绞肉机以 0.4~1.0cm 筛板绞碎，肥肉切成 0.6~1.0cm^3 大小的肉丁。肥肉丁切好后用 35℃ 左右的温水漂选去浮油，沥干待用，肥瘦肉要分别存放。

将猪或羊的小肠除去内容物，清洗干净，在 20~30℃ 的清水中浸泡 12h，气温高可适当缩短时间，翻出内层洗净，置于平木板上，用刮刀刮去黏膜层、浆膜层和肌肉层，仅留下乳白色、半透明、有弹性的黏膜下层（即肠衣）。要求用力均匀，刮干净，不刮破。刮好、洗净后泡于水中备用。若选用盐渍肠衣或干肠衣，用温水浸泡，清洗后即可使用。

（2）腌制　白酱油的制作方法：500g 骨头（猪骨、鸡骨均可），洗净，大火煮开后，改小火煮 3h 以上，水少可加水，撇去表面浮沫，加水量 15% 左右的食盐，再煮一会，最后加少量味精，出锅后冷却备用，可制得 1.5~2kg 白酱油。

按配料标准称取辅料，把肉和辅料混合均匀。肥瘦肉分开腌制时，瘦肉丁中按比例加入食盐、亚硝酸钠、糖、白酱油搅拌均匀，搅拌时可逐渐加入 20% 左右的温水，以调节黏度和硬度，使肉馅更滑润、致密，保证配料在整个产品中均匀分布，不至于出现口味不一致的现象。肥肉丁中只按照比例加入食盐和亚硝酸盐。如果肥瘦肉一起腌制，则按照分开腌制时瘦肉的辅料加入顺序进行搅拌均匀，使肥瘦肉丁均匀分开，但是不能出现黏结现象。拌馅的目的在于"匀"，拌匀为止，但需防止搅拌过度，使肉中的盐溶性蛋白质溶出，影响产品的干燥脱水过程。搅拌均匀后，将馅料压实，盖上保鲜膜，室温下腌制 30min 后，瘦肉变为内外一致的鲜红色，用手触摸有坚实感，不绵软，肉馅中有汁液渗出，手摸有滑腻感时，即完成腌制。腌制结束前，加入白酒，搅拌均匀，静置片刻即可灌制。

（3）灌制　用干或盐渍肠衣，在清水中浸泡柔软，洗去盐分后备用。盐渍肠衣需洗至肠衣无咸味为止，如果肠衣上含有食盐，会阻止水分脱除，而且还会在肠衣表面形成盐斑，影响产品外观。每 100kg 肉馅约需 300m 猪小肠肠衣。将肠衣套在灌嘴上，将配好的肉馅倒入灌肠机的进料口，将肠衣的一端封口后套在出口处，然后进行灌肠，灌肠时要掌握灌制的松紧程度，使肉馅均匀地灌入肠衣中，不能过紧或过松。如果过松则留有较多的空气，易于腐败，如果过于饱满则肠衣易于破裂。灌肠时要求在腌制结束1h内将馅料灌装完毕，如果时间过长，馅料会发酵。灌装完毕按品种、规格要求每隔10～20cm用细线结扎。生产枣肠时，每隔2～2.5cm用细棉绳捆扎分节，挤出多余的肉馅，使成枣形。结扎后的湿肠，用排气针在有空气的地方扎刺湿肠，排出内部空气，并使肠内水分容易蒸发。用针刺将湿肠用35℃左右的清水漂洗一次，除去肠衣表面附着的浮油盐汁等污浊物，然后依次分别挂在竹竿上，以便晾晒、烘烤。

（4）日晒或烘烤　将水洗后的香肠分别挂在竹竿上，放在日光下曝晒1～2d。在日晒过程中，每隔3h翻一次，有胀气处应针刺排气。晚间送入烘烤房内烘烤。一般经过三昼夜烘晒即完成。或者将漂洗干净的肠悬挂于日光下晒至肠衣干缩并紧贴肉馅后进行烘烤。烘烤温度50℃左右，时间30～48h。烘烤的温度过高易脂肪融化，瘦肉被烤熟，不仅降低出品率，且色泽变暗；温度过低难以干燥，易引起发酵变质。若遇阴天，可直接进行烘烤，但时间需酌情延长。香肠制作的日晒或烘烤的目的主要是脱除大部分水分，一般需达到失水22%以上即可。

（5）发酵　将日晒和/或烘烤后的肠悬挂于通风透气的场所风干10～15d完成成熟发酵过程，可产生腊肠独有的风味。优级香肠的出品率为65%左右，普通香肠的出品率为70%左右。

（6）成品　香肠在10℃左右温度下挂在通风干燥处，可保藏2个月。若在香肠表面涂一层植物油，还可延长保存时间。将烘烤后的香肠进行熟制，可以蒸气加热，也可以水浴加热，一般中心温度达到75℃即可。

五、产品评定

（1）感官指标　腊肠应色泽鲜明，瘦肉呈鲜红色或枣红色，肥膘呈乳白色，肉身干爽结实，有弹性，指压无明显凹痕，咸度适中，无肉腥味，略有甜香味。

（2）理化指标　理化指标及检测方法参照本章实验腊肉的加工内容。

（3）微生物指标　微生物指标及检测方法参照本章实验腊肉的加工内容。

六、思考题

1. 香肠制作过程中各种辅料分别起什么作用？
2. 如何防止香肠加工过程中的出油现象？
3. 中式香肠和西式香肠在加工过程中有什么异同点？

实验十一　北京烤鸭的加工

一、实验目的

通过本实验的学习，让学生了解和熟悉烧烤肉制品的加工工艺，动手做一些简单的烧烤肉制品；让学生掌握烧烤肉制品的主要操作单元和工艺要领；使学生对品质分析和评定有一个初步的了解。

二、实验原理

烤制又称为烧烤，是利用高热空气对制品进行高温加热火烤的热加工过程。烧烤制品系指鲜肉经配料腌制，最后经过烤炉的高温将肉烤熟的肉制品，也称挂炉食品。烤制时肉类中的蛋白质、糖、脂肪、盐和金属等物质，在加热过程中，经过降解、氧化、脱水及脱羧等一系列变化，生成醛类、酮类、醚类、内酯、呋喃、吡嗪、硫化物和低级脂肪酸等化合物，尤其是糖、氨基酸之间的美拉德反应，即羰氨反应，它不仅生成棕色物质，同时伴随着生成多种香味物质，从而使肉制品具有香味。蛋白质分解产生谷氨酸，与钠盐结合生成谷氨酸钠，使肉制品带有鲜味。此外，在加工过程中，腌制时加入的辅料，也有增香的作用。

三、实验材料与仪器设备

1. 实验材料

北京鸭，盐，生姜，葱，八角，酱油，味精，五香粉，桂皮粉，色素等。

2. 仪器设备

冷藏柜，烤炉，双吊铁钩，台秤，天平，砧板，刀具，塑料盆。

四、实验内容

1. 工艺流程

原料选择→宰杀造型→烫皮→浇挂糖色→晾皮→灌汤和打色→挂炉烤制

2. 配方

2.5kg 北京鸭，适量香辛料及麦芽糖。

3. 操作要点

（1）选料 烤鸭的原料必须是经过填肥的北京鸭，饲养期 55~65 日龄、活重 2.5kg 以上为最佳。

（2）宰杀造型 填鸭经宰杀、放血、煺毛后，先剥离颈脖处食道周围的结缔组织，用小气泵向鸭体皮下脂肪与结缔组织之间充气，使鸭体保持膨大壮实的外形。然后在鸭的腋下开膛，取出全部内脏。用 8~10cm 长的秫秸由切口塞入膛内充实体腔，使鸭体造型美观。

（3）烫皮 通过鸭的翼下切口，用清水（水温 4~8℃）反复冲洗胸腹腔，直到洗净污水为止。用钩子钩住鸭胸脯上端 4~5cm 处的颈椎骨（从右侧下钩，左侧穿出），左手握住钩子上端，提起鸭坯，用 100℃ 的沸水烫皮，使表皮蛋白质凝固，减少脂肪从毛孔中流失，达到烤制后皮肤酥脆的目的。烫皮时，第一勺水要先烫刀口处，使鸭皮紧缩，防止跑气，然后再烫其他部位。一般情况下用 3~4 勺沸水即能把鸭坯烫好。

（4）浇挂糖色 可使烤制后的鸭体呈枣红色，增加表皮的酥脆性和适口不腻性。浇淋糖色方法同烫皮一样，先淋两肩，后淋两侧。通常 3 勺糖水可淋遍鸭的全身。糖色的配制用麦芽糖 1 份、水 6 份，在锅内熬成棕红色即可使用。

（5）晾皮 鸭坯经烫皮上糖色后，先挂在阴凉通风处干燥。

（6）灌汤和打色 在烤制之前，先向鸭体腔内灌入 100℃ 汤水 70~100mL，鸭坯进炉后便激烈汽化。这样外烤内蒸，即可形成外脆里嫩的特色。为弥补挂糖色不均的部位，鸭坯灌汤后，要再淋 2~3 勺棕红色糖水，这叫"打色"。

（7）挂炉烤制　鸭坯进炉先挂炉膛前梁上，右侧刀口向火，让炉温首先进入体腔，促进体内汤水汽化，使之快熟。待右侧鸭坯烤至橘黄色时，再以左侧向火，烤至与右侧同色为止。然后用烤鸭杆挑起旋转鸭体，烘烤胸脯、下肢等部位。这样左右转动，反复烘烤，使鸭坯正面、背面和左右侧都烤成橘红色，便可送到烤炉后梁，背向红火，继续烘烤，直到鸭的全身呈枣红色熟透即可出炉。鸭坯在炉内烤制时间，一般为 30~40min，较重的鸭需 30~50min。炉温以掌握在 230~250℃ 为宜。如炉温过高、时间过长，会造成鸭坯焦黑，皮下脂肪大量流失，皮如纸状，形成空洞，失去烤鸭脆嫩的特殊风味；如时间过短、炉温过低，会造成鸭皮收缩，胸脯下陷和烤不透，影响烤鸭的质量和外形。另外，鸭坯大小和肥度与烤制时间也有密切关系。鸭坯大，肥度高，烤制时间宜长；反之则短。在高温下，由于皮下脂肪的渗出，使皮质松脆，体表焦黄，香气四溢。

五、产品评定

1. 感官指标

感官指标符合表 2-20 的规定。

表 2-20　北京烤鸭的感官指标

项目	指标
形态	皮质松脆，外焦里嫩，肥而不腻，外形饱满，肌肉切面压之无血水
色泽	枣红色，油润光亮，脂肪呈浅黄色
滋味与气味	具有特定的香味，肥而不腻，香脆可口
杂质	无肉眼可见杂质

2. 微生物指标

微生物指标符合表 2-21 的规定

表 2-21　北京烤鸭的微生物指标

项目		指标
菌落总数/（cfu/g）	≤	5 000
大肠菌群/（MPN/100g）	≤	40
致病菌（沙门菌、金黄色葡萄球菌、志贺菌）		不得检出

3. 净含量

应符合《定量包装商品计量监督管理办法》。

六、思考题

1. 实验中的产品投入生产，哪些方面还需要改进？
2. 简述北京烤鸭的操作步骤中的温度控制选择及原因。

实验十二　沟帮子熏鸡的加工

一、实验目的

通过本实验的学习，让学生了解和熟悉烟熏肉制品的加工工艺，动手做一些简单的烟熏肉制品；让学生掌握烟熏肉制品的主要操作单元和工艺要领；使学生对品质分析和评定有初步的了解。

二、实验原理

肉制品的熏制是利用木材、木屑、茶叶、甘蔗皮、红糖等材料不完全燃烧而产生的烟熏热，使肉制品增添特有的烟熏风味，改变肉制品的风味和色泽，提高产品质量的一种加工方法。通过烟熏物质在肉制品表面的沉积和附着，可提高其耐贮性。有时可同时进行干燥或加热，使制品质地良好，发色完全。

三、实验材料与仪器设备

1. 实验材料

健康鸡，调味料等。

2. 仪器设备

冷藏柜，烟熏炉，燃气灶，天平，台秤，砧板，刀具，塑料盆，搪瓷托盘，锅。

四、实验内容

1. 工艺流程

选料整理→煮制→熏制→成品

2. 配方

嫩公鸡7.5kg，食盐250g，香油25g，白糖50g，味精5g，陈皮3.8g，桂皮3.8g，胡椒粉1.3g，香辣粉1.3g，五香粉1.3g，砂仁1.3g，豆蔻1.3g，山柰1.3g，丁香3.8g，白芷3.8g，肉桂3.8g，草果2.5g。

3. 操作要点

（1）原料整理　宰杀放血、煺毛后再用酒精灯烧去鸡体上的小毛、绒毛。腹下开膛，取出内脏，用清水浸泡1~2h，待鸡体发白后取出。在鸡下胸脯尖处割一小圆洞，将两腿交叉插入洞内。用刀将胸骨及两侧软骨折断，头夹在左翅下，两翅交叉插入口腔，使之成为两头尖的造型。鸡体煮熟后，脯肉丰满突起，形体美观。

（2）煮制　先将老汤煮沸，取适量老汤浸泡配料约1h。然后将鸡入锅（如用新汤，上述配料除加盐外再加成倍量的水），加水以淹没鸡体为度。煮时火候适中，以防火大致皮裂开。应先用中火煮1h再加入盐。嫩鸡煮1.5h，老鸡约煮2h即可出锅。出锅时应用特制搭钩轻取轻放，保持鸡的体形完整。

（3）熏制　出锅，趁热在鸡体上刷一层芝麻油和白糖，随即送入烟熏室或烟熏锅中进行烟熏，熏料通常以白糖（红糖、土糖、糖稀）与锯末混合（糖与锯末的比例为3∶1）。经10~15min，待鸡体呈红黄色时即可。熏好之后再在鸡体上刷一层芝麻油，以增加香气和耐贮性。

五、产品评定

1. 感官指标

成品为枣红色，香味浓郁，肉质细嫩，具有熏鸡独特的香气味。

2. 理化指标

水：符合GB 5749—2006《生活饮用水卫生标准》。

苯并（a）芘：符合GB 7104—1994熏烤动物性食品中苯并（a）芘允许残留限量标准。

3. 微生物指标

参照 GB 4789.17—2010《食品卫生微生物学检验——肉与肉制品检验》方法检验。细菌总数≤5 000cfu/cm^2；大肠菌群≤40MPN/100cm^2；致病菌不得检出。

六、思考题

简述烟熏产品的关键控制点。

实验十三　酱牛肉的加工

一、实验目的

通过本次实验，要求掌握酱肉制品的加工方法。

二、实验原理

调味和煮制是酱肉制品最重要的工艺过程。酱制是采用肉品加热熬煮形成浓汁，其主要成分有胶原蛋白质、脂肪、搪色和水分。酱肉制品工艺操作均经过大火沸煮、文火慢煮成浓汤后配料酱制。

三、实验材料

牛肉，八角，丁香，食盐，桂皮，砂仁，黄酱，肉桂，石榴籽，花椒，白糖等。

四、实验内容

1. 工艺流程

原料选择及整理→调酱→装锅→酱制→成品

2. 配方（按100kg牛肉计）

配方一：八角 0.700kg，丁香 0.133kg，食盐 3.00~4.00kg，桂皮 0.133kg，砂仁 0.133kg，黄酱（或甜面酱）10.00kg。

配方二：八角 0.25kg，丁香 0.19kg，食盐 2.75kg，肉桂 0.13kg，砂仁 0.10kg，黄酱 10.00kg，白芷 0.13kg，花椒 0.13kg，石榴籽 0.13kg。

3. 操作要点

（1）原料选择及整理　选用膘肉丰满的牛肉，洗净后拆骨，并按部位切成前腿、后腿、腰窝、腱子、脖子等，每块约重1kg，厚度不超过40cm，然后将肉块洗净，并将老嫩肉分别存放。

（2）调酱　一定量水和黄酱拌和，把酱渣捞出，煮沸1h，并将浮在汤面上的酱沫撇干净，盛入容器内备用。

（3）装锅　将选好的原料肉，按肉质老嫩分别放在锅内不同部位（通常将结缔组织较多、肉质坚韧的部位放在底部，较嫩的、结缔组织较少的肉放在上层），锅底及四周应预先垫以骨头或竹箅，使肉块不紧贴锅壁，以免烧焦，然后倒入调好的汤液，进行酱制。

（4）酱制　煮沸后加入各种调味料，并在肉上加盖竹箅将肉完全压入水中，煮沸4h左右。在初煮时将汤面浮物撇出，以消除膻味。为使肉块均匀煮烂，每隔1h左右翻倒一次，然后视汤汁多少适当加入老汤和食盐。务必使每块肉均进入汤中，再用小火煨煮，使各种调味料均匀的渗入肉中。待浮油上升、汤汁减少时，将火力继续减少，最后封火煨焖。煨焖的火候应掌握在汤汁沸动但不能冲开汤面上浮油层的程度。待肉全部成熟时即可出锅。出锅时应注意保持肉块完整，用特制的铁铲将肉逐块托出，并将余汤冲洒在肉块上，即为成品。保存时需上架晾干。

产品呈酱红色，内外色泽一致，表面油润光亮，质地柔嫩，五香味浓。

五、产品评定

1. 感官指标

感官指标应符合表 2-22 的规定。

表 2-22　酱牛肉的感官指标

项　目	指　标
形态	肉块均一整齐，切片性好
色泽	外表光亮，深棕色
滋味与气味	香浓味醇，食之酥嫩爽口，有韧性但不粗老，瘦而不柴
杂质	无肉眼可见杂质

2. 微生物指标

菌落总数≤5 000cfu/cm^2；大肠菌群≤40MPN/100cm^2；致病菌不得检出。

3. 净含量

应符合《定量包装商品计量监督管理办法》。

六、思考题

1. 试述酱牛肉加工时的注意事项。
2. 比较酱牛肉加工新工艺与传统工艺。
3. 酱制时，酱汁的质量有何要求？

实验十四　辐射杀菌技术

一、实验目的

掌握辐射杀菌的机理；通过实验了解辐射杀菌设备的结构及操作方法。

二、实验原理

辐射杀菌的机理是利用穿透力很强的 γ 射线（^{60}Co 或 ^{137}Cs）或电子束杀死食品表面和内部的寄生虫和致病菌，达到提高食品表面的卫生质量和延长保质期的目的。辐射杀菌目前已被广泛用于保健品、药用食品、蜂制品、熟食制品、豆制品、蔬菜和中成药等的杀菌和保鲜。在辐射杀菌中应用最多的是利用 ^{60}Co 产生的 γ 射线，^{60}Co 产生的 γ 射线有很强的穿透能力，一方面，高能 γ 射线能直接作用于生物体内部的活性分子，使核酸、蛋白质等产生电离和激发，引起这些生物大分子结构和功能的破坏；另一方面，γ 射线也能使细胞内的水分子发生电离和激发，产生各种活性自由基团，进而与生物大分子发生作用，使其结构和功能发生改变，表现出辐射对机体的间接作用。当这种作用达到一定程度时，会引起机体代谢功能紊乱，细胞不能正常生长繁殖，从而达到杀菌的目的。

三、实验材料与仪器设备

1. 实验材料

酱牛肉，聚乙烯复合薄膜真空包装袋。

2. 仪器设备

真空包装机，^{60}Co 辐照源，恒温培养箱，冰箱，硫酸亚铁剂量计（Fricke），重铬酸银计量计。

四、实验内容

1. 工艺流程

酱牛肉→真空包装→辐射杀菌→冷藏→成品

2. 操作要点

(1)真空包装　酱牛肉制作完成冷却后装袋，真空密封。包装材料为聚乙烯复合薄膜真空包装袋。每袋样品 200~250g，辐照前在冰箱内 0~5℃ 预冷。

(2)辐照杀菌　预冷的酱牛肉用 ^{60}Co 辐照源，用泡沫塑料盒保持辐照温度为 0~5℃。

(3)冷藏　辐照样品置冰箱 0~5℃ 贮藏。

3. 实验设计

预冷的酱牛肉用 ^{60}Co 辐照源，用泡沫塑料盒保持辐照温度为 0~5℃，剂量分别为 0、2、4、6 和 8kGy，通过感官品质评估、保温培养实验、微生物及理化指标检测确定最佳辐照剂量。

(1)感官品质评估　照射后第 2、60、90 天分别对辐照酱牛肉作感官品质评估，并与对照进行比较，对颜色、气味、味道、组织状态作评估。

(2)保温培养试验　辐照样品置（37±1）℃培养箱中培养 7d，观察胀袋现象。

(3)微生物及理化指标检测　微生物指标（细菌总数、大肠杆菌群和致病菌）检测，按 GB 4789.2—2010、GB 4789.3—2008、GB 4789.4—2010 执行。理化指标（亚硝酸盐含量）测定，按 GB/T 5009.33—2010 执行。

五、思考题

1. 辐射杀菌的机理是什么？
2. 影响辐射杀菌效果的因素有哪些？
3. 辐射杀菌有哪几种剂量及应用范围？

实验十五　烧鸡的制作

一、实验目的

掌握烧鸡的制作工艺。

二、实验原理

烧鸡是一种风味菜肴。将涂过饴糖的鸡油炸，然后用香料制成的卤水煮制而成。香味浓郁，味美可口。由于各地的饮食习惯及口味的不同，所形成的产品各具特点。以江苏古沛郭家烧鸡、安徽宿州符离集烧鸡、河南道口烧鸡、山东德州烧鸡最为著名。

三、实验材料

健康鸡，调味料等。

四、实验内容

1. 工艺流程

原料选择和屠宰→褪毛→去内脏→漂洗→腌制→整形→上色→油炸→煮制→冷却→包装

2. 配方

（1）道口烧鸡（按100kg鸡肉计）　砂仁15g，豆蔻15g，丁香3g，草果30g，肉桂90g，良姜90g，陈皮30g，白芷90g，食盐2~3kg，饴糖1kg，味精300g，葱500g，生姜500g。

（2）符篱集烧鸡（按100kg鸡肉计）　砂仁40g，豆蔻100g，丁香40g，草果100g，肉蔻100g，良姜140g，陈皮40g，白芷160g，食盐9.00kg，饴糖100g，味精40g，葱160g，姜2.00kg，菜油40kg。

（3）德州扒鸡（按200只光鸡计）　小茴香50g，砂仁10g，肉豆蔻50g，丁香25g，白芷125g，草果25g，山奈75g，桂皮12g，陈皮50g，八角100g，花椒50g，葱0.5kg，姜0.25kg，白糖0.5kg，食盐3.5kg，酱油4kg。

3. 操作要点

（1）原料选择与整理　选择生长一年内，体重为1~1.5kg的健康母鸡为最佳，淘汰蛋鸡亦可。颈部宰杀放血，净膛后用清水将鸡体内外漂洗干净。把鸡放在加工台上，腹部朝上，左手稳住鸡身，将两脚爪从腹部开口处插入鸡的腹腔中，然后使鸡腿的膝关节卡入另一鸡腿的膝关节内侧；然后使其背部朝上，把鸡右翅膀从颈部开口处插入，于口腔中瞠出反插含住，另一翅膀翅尖后转紧靠翅根。整形后的鸡能立卧于盘中，栩栩如生。

（2）烫皮上色　将整形后的鸡用铁钩钩着鸡颈，用沸水淋烫2~4次，待鸡水分晾干后再涂糖液。糖液的配制是1份饴糖加3份热水（60℃）调配成上色液，用刷子将糖液在鸡全身均匀刷3~4次，刷糖液时，每刷一次要等晾干后，再刷第二次。

（3）油炸　将涂好糖液的鸡放入加热到170~180℃的植物油中，使鸡体能在油锅中自由翻滚，待呈均匀的橘黄色时，即可捞出。油炸时，动作要轻，不要把鸡皮搞破。油炸过程中油温控制在160~170℃为宜。

（4）煮制　将原先配好的香辛料放入料袋中，随同其他辅料、盐一起放入锅中，煮出味道，并有较浓的咸味。把炸好的鸡体按照个体大、老龄的放在下的顺序排好，为防止粘连，锅底可放一层铁网，然后倒入老汤，加汤盖过全部鸡体，上面压有竹排和重物（净石），用旺火煮开后改用文火焖煮2~5h，使其温度控制在75~85℃范围内，等鸡九成熟后，捞鸡出锅。出锅时要眼疾手快，稳而准，确保鸡形完整，不破不裂。待冷却后整只包装。

五、产品评定

1. 感官指标

感官指标应符合表2-23的要求。

表 2-23　烧鸡的感官指标

项　目	指　标
形态	鸡形完整、美观，栩栩如生，鸡皮完整不破
色泽	肉色酱黄带红
滋味与气味	香味浓郁、肉质熟烂，容易消化、肥而不腻
杂质	无肉眼可见杂质

2. 微生物指标

菌落总数：按 GB/T 4789.2—2010 方法测定。

大肠菌群：按 GB/T 4789.3—2008 方法测定。

沙门菌：按 GB/T 4789.4—2010 方法测定。

金黄色葡萄球菌：按 GB/T 4789.10—2010 方法测定。

志贺菌：按 GB/T 4789.5—2010 方法测定。

3. 净含量

净含量应符合《定量包装商品计量监督管理办法》。

六、思考题

1. 烧鸡制作的基本原理是什么？
2. 不同种的烧鸡在制作工艺上有何注意事项？

实验十六　肉制品加工综合设计实验及实例

一、实验目的

本实验旨在培养学生设计新实验，开发新产品的能力。使学生学会组织团队，收集有关产品的新动态、新情报，明确主要任务来设计产品。在前期理论学习和实验训练的基础上，制订实施方案，分析与讨论实验中的问题并对产品进行评估。

主要解决以下几方面的问题：

（1）产品的配方及改进。

（2）关键工艺过程的控制，找出问题并进行分析。

（3）加工设备选型配套与操作使用和管理。

（4）根据设计标准进行产品的质量评定。

二、实验内容

1. 学习肉制品新产品设计加工流程

采用任课教师对学生集中培训及学生查阅相关资料相结合的方式，让学生熟悉和掌握肉制品新产品设计加工流程。

2. 实验选题

学生可通过教师讲授和自行查阅、收集资料，了解目前肉制品加工的现状、产品种类及消费者需求，提出各自的肉制品加工新方案及新型产品，再通过集中讨论、市场调研等方式，初步筛选出一些具有较好发展前景且可行的创意。肉类产品非常丰富，仅中式香肠制品就有几百种产品,要选出更有代表性的一类产品,根据当地的饮食习惯和市场畅销的流行肉品来定位某类加工产品,同时也要兼顾本校的实验条件。

3. 制订实验计划

肉制品加工实验 15~20 人可在 80~100m² 的实验室完成,4~5 人为一个小组,进行一个题目或多个题目的设计实验。从原辅料的选择及选用设备、配方的来源、工艺流程设计和操作要点都由学生来完成,由辅导老师参与、审核方案的可行性。

4. 实验实施

按照论证和修订好的实验计划,在教师指导下研制和加工出肉制品新产品,遇到问题及时讨论解决。

三、产品评价

教师和各组负责人可参照本章相关方法,通过感官评分、理化检验及微生物检验,对加工产品进行评价。再通过集体讨论、调研、教师点评等形式,对各组创意和产品给出综合评价。

四、撰写实验报告

按照任课教师要求,在产品制作完成后撰写实验报告。

实例　菠菜汁低温火腿肠加工工艺研究

一、实验目的

通过本实验掌握火腿肠的加工原理、工艺以及特殊火腿肠的制作方法。熟悉火腿肠加工设备的使用,了解新产品加工工艺的设计和优化。

二、实验原理

火腿肠是深受广大消费者欢迎的一类肉制品,含有人体需要的蛋白质、脂肪、碳水化合物,具有吸收率高、适口性好、饱腹性强等优点,且肉质细腻、鲜嫩爽口、携带方便、食用简单、保质期长。菠菜中含有大量的 β-胡萝卜素和铁,也是维生素 B_6、叶酸和钾的极佳来源。本实验,在传统火腿肠中添加菠菜汁研制成营养丰富,适合广泛人群食用的菠菜汁低温火腿肠。

三、实验材料与仪器设备

1. 实验材料

猪肉,菠菜,香辛料,玉米淀粉,大豆分离蛋白,卡拉胶等。

2. 仪器设备

绞肉机,轧拌机,蒸煮锅。

四、实验内容

1. 工艺流程

菠菜→清洗→榨汁
↓
鲜猪肉→清洗→绞碎→腌制→斩拌→拌匀→灌装→熟制灭菌→冷却→包装→成品

2. 操作要点

(1) 原料肉预处理　原料精猪肉将筋膜、脂肪修整干净，新鲜猪脊膘无杂质。

(2) 菠菜品种的挑选、清洗　选择尖叶嫩绿菠菜，剔除杂物，在温度80℃的水中将菠菜烫漂灭酶30s后，用不锈钢刀将菠菜切割成3～5cm的小段，榨汁。

(3) 腌制　经绞碎的肉，放入搅拌机中，同时加入食盐、亚硝酸钠、复合磷酸盐、异抗坏血酸钠等。搅拌完毕，放入腌制间腌制。腌制间温度为0～4℃，腌制24h。腌制好的肉颜色鲜红，变得富有弹性和黏性。

(4) 斩拌　要求斩拌机刀刃锋利，用3 000r/min斩拌，分别加入原辅料进行斩拌。

(5) 充填　将塑料肠衣用温水清洗干净，充填完毕打卡，然后用清水将肠体表面冲洗干净。

(6) 蒸煮　82～83℃蒸煮30min以上，温度过高肠体易爆裂，时间过长（80min以上）也易导致肠体爆裂。

(7) 包装　用真空袋定量包装，抽真空，时间50s，热合时间3～5s。

3. 单因素试验设计

试验选取菠菜汁添加量、肥瘦肉比例、淀粉添加量、香辛料添加量4个因素进行单因素试验，研究其对菠菜汁低温火腿肠感官的影响。

(1) 菠菜汁添加量对感官的影响　在斩拌下分别加入1.0%、2.0%、3.0%、4.0%、5.0%处理后的菠菜汁，肥瘦肉比例为7:3，淀粉添加10%，香辛料1.5%，以感官评分为指标，测定菠菜汁添加量对火腿肠品质的影响。由于添加量在1%～2%时，口感较差，而在大于3%之后，添加量过多，颜色较重，影响感官。因此，本试验选取2%、3%、4%共3个水平进行正交试验。

(2) 肥瘦肉比例对感官的影响　试验选择1:9、2:8、3:7、4:6、5:5共5个水平，在斩拌下分别加入3.0%处理后的菠菜汁，淀粉添加10%，香辛料1.5%，以感官评分为指标，测定肥瘦肉比例对火腿肠品质的影响。由于脂肪添加量在小于3:7时，口感较差；而在大于3:7之后，添加量过多走油。因此，本试验选取2:8、3:7、4:6共3个水平进行正交试验。

(3) 淀粉添加量对感官的影响　在斩拌下分别加入6%、8%、10%、12%、14%淀粉，3.0%处理后的菠菜汁，肥瘦肉比例为3:7，香辛料1.5%，以感官评分为指标，测定淀粉添加量对火腿肠品质的影响。由于在小于10%时，淀粉添加量不足，容易走油且切片性较差，而在大于10%之后，添加量过多口感差。因此，本试验选取8%、10%、12%共3个水平进行正交试验。

(4) 香辛料添加量对感官的影响　在斩拌下分别加入0.5%、1.0%、1.5%、2.0%、2.5%的香辛料，3%处理后的菠菜汁，肥瘦肉比例为3:7，淀粉添加10%，以感官评分为指标，测定香辛料添加量对火腿肠品质的影响。由于在小于1.5%时，香辛料加量不足，没有明显的口味；而在大于1.5%之后，添加量过多，口感较重。因此，本试验选取1%、1.5%、2.0%共3个水平进行正交试验。

4. 多因素组合试验

试验以感官评分为指标，利用正交试验$L_9(3^4)$方法进行试验设计，研究菠菜汁、肥瘦肉比例、淀粉、香辛料添加量对试验的影响，因素水平见表2-24，试验结果见表2-25。

表2-24　风味腌制料配方的正交试验因素水平表

水平	因　素			
	菠菜汁/%	肥瘦肉比例	淀粉/%	香辛料/%
1	2	8∶2	8	1.0
2	3	7∶3	10	1.5
3	4	6∶4	12	2.0

表2-25　风味腌制料配方正交试验结果

试验号	A 菠菜汁/%	B 肥瘦肉比例	C 淀粉/%	D 香辛料/%	总分
1	1	1	1	1	83
2	1	2	2	2	84
3	1	3	3	3	86
4	2	1	2	3	93
5	2	2	3	1	98
6	2	3	1	2	94
7	3	1	3	2	85
8	3	2	1	3	80
9	3	3	2	1	79
K_1	254	261	257	260	
K_2	285	262	256	263	
K_3	244	259	269	259	
k_1	84.667	87.000	85.667	86.667	
k_2	95.000	87.333	85.333	87.667	
k_3	81.333	86.333	89.667	86.333	
R	13.667	1.000	4.334	1.334	

根据表2-25中极差R值的大小，进行因素影响程度的比较，发现4因素对试验的影响顺序为：菠菜汁添加量＞淀粉添加量＞香辛料添加量＞肥瘦肉比例。经多重比较分析可得最佳配比组合为$A_2B_2C_3D_2$，即菠菜汁的添加量3%，肥瘦肉比例为7∶3，淀粉的添加量为12%，香辛料的添加量为1.5%。

五、产品评定

1. 感官指标

感官评价按照表2-26感官评分检验要求评定。

2. 理化指标

水分含量测定采用国家标准GB/T 5009.3—2003，脂肪含量测定采用国家标准GB/T 5009.6—2003，食盐含量测定采用国家标准GB/T 5009.42—2003，细菌指标测定采用国家标准GB/T 4789—2010。

表 2-26 感官评分表

项目	评分标准	分 值
口味	香气浓郁,滋味鲜美,无异味	50~60 分
	香气适中,滋味较好,无异味	30~49 分
	无产品特有的香味,有异味、怪味	29 分以下
质地	结构致密,无气孔,弹性良好	20~25 分
	结构稍软,有一定数量的气孔,弹性一般	10~19 分
	结构疏松发黏,气孔数量多,弹性差	9 分以下
颜色	玫瑰色或桃红色,脂肪组织呈白色或淡黄色	10~15 分
	深红色或浅褐色,脂肪呈淡黄色	5~9 分
	色泽不均,切面有各种斑点,脂肪组织呈黄褐色	4 分以下

六、思考题

1. 菠菜汁添加量对于火腿肠品质的影响因素有哪些?
2. 菠菜汁为何要在腌制后加入?

第三章　蛋制品加工实验

第一节　禽蛋的品质评定

实验一　禽蛋的构造和物理性状测定

一、实验目的

熟悉和掌握蛋的构造，了解蛋的物理性状并熟练掌握测定的方法。

二、实验材料与仪器设备

各种禽蛋，天平，游标卡尺，蛋壳强度测定计，蛋壳厚度测定仪，显微镜，蛋白蛋黄分离器，乙醚或酒精，脱脂棉，载玻片等。

三、实验内容

1. 鲜蛋样品的采取

鲜蛋的检验，要求逐个进行，但由于经营销售的环节多，数量大无法实现，故采取抽样的方法进行检验。对长期冷藏的鲜鸡蛋、化学贮藏蛋，在贮存过程中也应经常进行抽检，发现问题及时处理。

采样数量，在50件以内者，抽检2件；50~100件者，抽检4件；100~500件者，每增加50件增抽1件（所增不足50件者，按50件计）；500件以上者，每增加100件增抽1件（所增不足100件者，按100件计算）。

2. 蛋的形状测定

蛋的形状用蛋形指数表示。蛋形指数即蛋的纵径与横径之比。正常蛋为椭圆形，其中鸡蛋的蛋形指数多为1.30~1.35。由于圆形蛋比长形蛋耐压性强，故包装运输时最好剔除长形蛋，以免运输过程中破壳。

（1）仪器　游标卡尺。

（2）操作方法　取蛋数枚，逐个用游标卡尺量出蛋的纵径和横径，用下式进行计算：

$$蛋形指数 = 蛋纵径/蛋横径$$

（3）要求　蛋形指数小于1.30者为球形，大于1.35者为长形。

3. 蛋的质量测定

由于禽的种类、品种、年龄、饲养条件、季节等因素不同，蛋的质量也有所差异。通常每个鸡蛋的质量在40~75g，鸭蛋60~100g，鹅蛋160~245g。

（1）仪器　天平。

（2）操作方法　取不同大小的蛋感官估重，然后用天平称重。

(3) 要求　分批反复练习，确定各种禽蛋的质量范围，并求出各种禽蛋质量的平均数和标准差。

4. 禽蛋的组成测定

(1) 仪器　天平。

(2) 操作方法　先用天平称取全蛋的质量，然后打开蛋壳，分离得蛋壳、蛋白及蛋黄，分别称重，计算得到蛋壳、蛋白及蛋黄占全蛋的质量百分比。

5. 蛋内容物的观察

(1) 蛋白结构　将蛋打开，把内容物小心倒入培养皿中，观察稀薄蛋白和浓厚蛋白，再用剪刀剪穿蛋白层，稀薄蛋白就可从剪口处流出，同时观察系带的状况。

(2) 蛋黄结构　用蛋白蛋黄分离器将蛋白和蛋黄分开，观察蛋黄膜和蛋黄上的胚盘状况，为观察蛋黄的层次和蛋黄心，可将蛋煮熟，用快刀沿长轴切开，可看到黄白相间的蛋黄层次和位于中心呈白色的蛋黄心。

6. 蛋的耐压度测定

蛋的耐压度即蛋能接受压力的最大限度。蛋的耐压度在蛋的包装和运输中有重要的意义，蛋的长轴耐压性比短轴强，所以蛋在贮藏和运输时应竖放。

(1) 仪器　数码式蛋壳强度计，如图3-1所示。

(2) 操作方法　操作方便，只需按开始键即可自动完成整个测定过程。

RESET→加压杆下降→测定蛋壳强度→显示强度测定值→存储数据→转送数据→加压杆上升→停止（测定值以数码表示）。

主机可以记忆1 000个测定数据。配有USB端口，测定所得数据可以自动输入计算机。

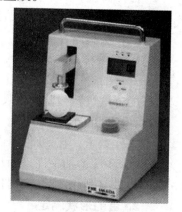

图3-1　数码式蛋壳强度计

7. 蛋壳厚度的测定

用蛋壳厚度测定仪或游标卡尺测定。取蛋壳的不同部位，分别测定其厚度，然后求出平均厚度。也可只取中间部位的蛋壳，除去壳内膜后测出厚度，以此代表该蛋的蛋壳厚度。

8. 蛋壳结构的观察

(1) 气孔及其数量　取蛋壳一块，剥下蛋壳膜，用滤纸吸干水分，再用乙醚或酒精除去油脂，然后在蛋壳内面滴上美蓝或高锰酸钾溶液，15~20min，蛋壳表面即呈现出许多蓝点或紫红点，用低倍显微镜观察并计数$1cm^2$的气孔数。

(2) 蛋壳结构　取蛋壳一小块，放入50mL的烧杯中，加2mL浓盐酸，就可观察到碳酸钙被溶解，二氧化碳产生，最后只剩下一层有机膜。

9. 壳内膜与蛋白膜的结构观察

在气室处用镊子小心取下壳内膜和蛋白膜，于水中展开成薄膜，分别铺在载玻片上，再用2%复红和2%橘黄G按1∶1混合液滴在膜上染色10min，然后用水冲去染色液，用滤纸吸去水分，并在酒精灯上稍烘一下，即可在高倍显微镜下观察，将观察结果各绘一图。

四、思考题

1. 比较鸡蛋、鸭蛋和鹅蛋的蛋形指数。
2. 称量禽蛋的质量，求出各种禽蛋质量的平均数和标准差。
3. 绘出蛋白膜和蛋壳膜的显微镜结构图。

实验二　禽蛋的新鲜度和品质检验

一、实验目的

通过本实验了解禽蛋新鲜度的判定方法。主要掌握感官、透视、密度、蛋黄指数、哈夫单位的测定方法。

二、实验材料与仪器设备

鲜蛋，照蛋器（照蛋箱），气室测量规尺（气室测定器），普通游标卡尺，高度游标卡尺，电子天平等。

三、实验内容

1. 壳蛋检验

（1）感官检验　凭借检验人员的感官器官鉴别蛋的质量，主要靠眼看、手摸、耳听、鼻嗅4种方法进行综合判定。

①操作方法：逐个拿出待检蛋，先仔细观察其形态、大小、色泽、蛋壳的完整性和清洁度等情况；然后仔细观察蛋壳表面有无裂痕和破损等；再利用手指摸蛋的表面和进行掂重，必要时可把蛋握在手中使其互相碰撞以听其声响；最后嗅检蛋壳表面有无异常气味。

②判定标准

A. 新鲜蛋：蛋壳表面粗糙，无光泽，常有一层粉状物；蛋壳完整而清洁，无粪污，无斑点；蛋壳坚实，相碰时发声清脆而不沙哑；手感发沉。

B. 破蛋类

裂纹蛋（哑子蛋）：鲜蛋受压或震动使蛋壳破裂成缝而壳内膜未破，将蛋握在手中相碰发出哑声。

咯窝蛋：鲜蛋受挤压或震动使鲜蛋蛋壳形成注陷小窝而壳内膜未破。

流清蛋：鲜蛋受挤压、碰撞而破损，蛋壳和壳内膜破裂而使蛋白液外流。

劣质蛋：外观往往在形态、色泽、清洁度、完整性等方面有一定的缺陷，如腐败蛋外壳常呈乌灰色；受潮霉蛋外壳多污秽不洁，常有大理石样斑纹；孵化或漂洗的蛋，外壳异常光滑，气孔较显露；臭蛋甚至可嗅到腐败气味。

（2）密度测定　新鲜蛋的密度在 $1.08 \sim 1.09 g/cm^3$，陈蛋的密度降低。通过测定蛋的密度即可推断其新鲜度。

①操作方法：测定时先配制成11%、10%和8% 3种浓度的食盐溶液，其密度分别为 $1.080 g/cm^3$、$1.073 g/cm^3$ 和 $1.060 g/cm^3$，用比重计校正后分盛于大烧杯内。将被检蛋依次放入3个烧杯内检验。

②判定标准：在密度 1.080 的食盐水中下沉者为最新鲜蛋；若将上浮者转入密度 1.073 的食盐水中，下沉者为新鲜蛋（普通蛋）；若将上浮者再转放于密度 1.060 的食盐水中，下沉者为次鲜蛋（合格蛋），上浮者为陈旧蛋或腐败蛋。

（3）灯光透视法　利用照蛋器的灯光来透视检蛋，可见到气室的大小，内容物的透光程度，蛋黄移动的阴影及蛋内有无污斑、黑点和异物等。灯光照蛋方法简便易行，效果好。

①操作方法

A. 照蛋：在暗室中将蛋的大头紧贴照蛋器的洞口上，使蛋的纵轴与照蛋器约成 30°倾斜，先观察气室大小和内容物的透光程度，然后上下左右轻轻转动，根据蛋内容物移动情况来判断气室和蛋黄的稳定状态，以及蛋内有无污斑、黑点和游动物等。

B. 气室测量：蛋在贮存过程中，由于蛋内水分不断蒸发，致使气室空间日益增长。因此，测定气室的高度，有助于判定蛋的新鲜程度。

气室的测量是由特制的气室测量规尺（图 3-2）测量后，加以计算来完成的。气室测量规尺是一个刻有平行线的半圆形切口的透明塑料板。测量时，先将气室测量规尺固定在照蛋孔上缘，将蛋的大头端向上垂直地嵌入半圆形的切口内，在照蛋的同时即可测出气室的高度与气室的直径，读取气室左右两端落在规尺刻线上的数值（即气室左、右边的高度），按下式计算：

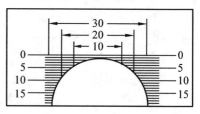

图 3-2　气室测量规尺

$$气室高度 = （气室左边的高度 + 气室右边的高度）/2$$

②判定标准

A. 最新鲜蛋：透视全蛋呈橘红色，蛋黄不显现，内容物不流动，气室高 4mm 以内。

B. 新鲜蛋：透视全蛋呈红黄色，蛋黄所在处颜色稍深，蛋黄稍有转动，气室高 5～7mm 以内，此系产后约 2 周以内的蛋。

C. 普通蛋：内容物呈红黄色，蛋黄阴影清楚，能够转动，且位置上移，不再居于中央。气室高度 10mm 以内，且能动。此系产后 2～3 个月的蛋，应速销售，不宜贮存。

D. 可食蛋：因浓厚蛋白完全水解，蛋黄显见，易摇动，且上浮而接近蛋壳（贴壳蛋）。气室移动，高达 10mm 以上。这种蛋应快速销售，只做普通食用蛋，不宜做蛋制品加工原料。

E. 次品蛋（结合开蛋检验）有以下几种：

热伤蛋：鲜蛋因受热时间较长，胚珠变大，但胚胎不发育（胚胎死亡或未受精）。照蛋时可见胚珠增大，但无血管。

早期胚胎发育蛋：受精蛋因受热或孵化而使胚胎发育。照蛋时，轻者呈现鲜红色小血圈（血圈蛋），稍重者血圈扩大，并有明显的血丝（血丝蛋）。

红贴壳蛋：蛋在贮存时未翻动或受潮所致。蛋白变稀，系带松弛。因蛋黄密度小于蛋白，故蛋黄上浮，且靠边贴于蛋壳上。照蛋时见气室增大，贴壳处呈红色，称红贴壳蛋。打开后蛋壳内壁可见蛋黄粘连痕迹，蛋黄与蛋白界限分明，无异味。

轻度黑贴壳蛋：红贴壳蛋形成日久，贴壳处霉菌侵入生长变黑，照蛋时蛋黄粘壳部分呈黑色阴影，其余部分蛋黄仍呈深红色。打开后可见贴壳处有黄中带黑的粘连痕迹，蛋黄与蛋白界限分明，无异味。

散黄蛋：蛋受剧烈震动或贮存时空气不流通，受热受潮，在酶的作用下，蛋白变稀，水分渗入蛋黄而使其膨胀，蛋黄膜破裂。照蛋时蛋黄不完整或呈不规划云雾状。打开后黄白相混，但无异味。

轻度霉蛋：蛋壳外表稍有霉迹。照蛋时见壳膜内壁有霉点，打开后蛋液内无霉点，蛋黄蛋白分明，无异味。

F. 变质蛋和孵化蛋有以下几种：

重度黑贴壳蛋：由轻度黑贴壳蛋发展而成。其粘贴着的黑色部分超过蛋黄面积1/2以上，蛋液有异味。

重度霉蛋：外表霉迹明显。照蛋时见内部有较大黑点或黑斑。打开后蛋膜及蛋液内均有霉斑，蛋白液呈冻样霉变，并带有严重霉气味。

泻黄蛋：蛋贮存条件不良，微生物进入蛋内并大量生长繁殖，在蛋内微生物作用下，引起蛋黄膜破裂而使蛋黄与蛋白相混。照蛋时黄白混杂不清，呈灰黄色。打开后蛋液亦呈灰黄色，变质，混浊，有不愉快气味。

黑腐蛋：又称臭蛋，是由上述各种劣质蛋和变质蛋继续变质而成。蛋壳呈乌灰色，甚至因蛋内产生的大量硫化氢气体而膨胀破裂，照蛋时全蛋不透光，呈灰黑色，打开后蛋黄蛋白分不清，呈暗黄色、灰绿色或黑色水样弥漫状，并有恶臭味或严重霉味。

晚期胚胎发育蛋（孵化蛋）：照蛋时，在较大的胚胎周围有树枝状血丝、血点，或已能观察到小雏体。

以上变质蛋和孵化蛋禁止食用，不允许加工成蛋制品。

2. 开蛋检验

（1）蛋内容物的感官鉴定

①操作方法：将蛋用适当的力量在打蛋刀上磕一下，注意不要把蛋黄膜碰破，切口应在蛋的中间，使打开后的蛋壳约为两等分。将蛋液倒在水平面位置的打蛋台玻璃板上进行观察。

②判定标准

A. 新鲜蛋：蛋白浓厚而包围在蛋黄的周围，稀蛋白极少。蛋黄高高凸起，系带坚固而有弹性。

B. 胚胎发育蛋：蛋白稀，胚盘比原来的增大。蛋黄膜松弛，蛋黄扁平。系带细而无弹性。

C. 靠黄蛋：蛋白较稀，系带很细，蛋黄扁平，无异味。

D. 贴壳蛋：蛋白稀，系带很细，轻度贴壳时，打开蛋后蛋黄扁平，但很快蛋黄膜自行破裂而散黄。重度贴壳时，蛋黄则破裂而成散蛋黄。无异味。

E. 散黄蛋：蛋白和蛋黄混合，浓蛋白极少或没有。轻度散黄者无异味。

F. 霉蛋：轻度霉蛋除了蛋内有黑点或黑斑外，蛋内容物无变化，具备新鲜蛋的特征，有的则稀蛋白多，蛋黄扁平，无异味；重度霉蛋打开后蛋膜及蛋液内均有霉斑，蛋白液呈冻样霉变，并带有严重霉味。

G. 黑腐蛋：打开后有臭味。

H. 异物蛋：打开后具备新鲜蛋的特征，但有异物，如血块、肉块、虫子等。

I. 异味蛋：打开后具备新鲜蛋的特征，但有蒜味、葱味、酒味以及其他异味。

J. 孵化蛋：打开后看到发育不全的胚儿及血丝。

(2) 蛋黄指数的测定　蛋黄指数（又称蛋黄系数）是蛋黄高度与蛋黄宽度的比值。蛋越新鲜，蛋黄膜包得越紧，蛋黄指数就越高；反之，蛋黄指数就越低，因此，蛋黄指数可表明蛋的新鲜程度。

①操作方法：把蛋打在一洁净、干燥的平底白瓷盘内，用蛋黄指数测定仪量取蛋黄最高点的高度和最宽处的宽度。测量时注意不要破坏蛋黄膜。按下式计算：

$$蛋黄指数 = 蛋黄高度（mm）/蛋黄宽度（mm）$$

②判定标准：新鲜蛋的蛋黄指数一般为 0.36～0.44。

(3) 蛋 pH 值的测定　蛋在贮存时，由于蛋内二氧化碳逸放，加之蛋白质在微生物和自溶酶的作用下不断分解，产生氮及氨态化合物，使蛋内 pH 值向碱性方向变化。

①操作方法：将蛋打开，取 1 份蛋白（全蛋或蛋黄）与 9 份水混匀，用酸度计测定 pH 值。

②判定标准：新鲜鸡蛋的 pH 值为：蛋白 7.3～8.0，全蛋 6.7～7.1，蛋黄 6.2～6.6。

(4) 哈夫单位的测定

①操作方法：称蛋重（精确到 0.1g），然后用适当力量在蛋的中间部打开，将内容物倒在水平玻璃板上，选距离蛋黄 1cm 处，浓蛋白最宽部分的高度作为测定点。用高度游标卡尺慢慢落下，当标尺下端与浓厚蛋白接触时，立即停止移动调测尺，读出卡尺标示刻度数（0.1mm）。根据蛋白高度与蛋重，按下式计算出蛋白的哈夫单位。

$$Hu = 100 \times \lg(H + 1.7 \times W^{0.37} + 7.6)$$

式中：Hu——哈夫单位；

　　　H——蛋白的高度（mm）；

　　　W——蛋的质量（g）；

　　　100、1.7、7.6——换算系数。

②判定标准：优质蛋的哈夫单位为 72 以上，中等蛋的哈夫单位为 60～71，次质蛋的哈夫单位为 31～59。实际工作中，这种计算很麻烦，可直接利用蛋重和浓厚蛋白高度，查哈夫单位计算表而得出。

四、思考题

1. 常用的判定蛋的新鲜度和品质的方法有哪些？
2. 计算所测蛋的蛋黄指数和哈夫单位，并据此判定蛋的新鲜度。

第二节 蛋的加工

实验一 包泥法、滚粉法无铅皮蛋（变蛋）的加工

一、实验目的
通过本次实验，要求掌握包泥皮蛋和滚粉皮蛋的加工方法。

二、实验原理
皮蛋（变蛋）加工的基本原理是蛋白质遇碱发生变性而凝固。当蛋白和蛋黄遇到一定浓度的氢氧化钠时，由于蛋白质分子结构受到破坏而发生变化，蛋白部分形成具有弹性的凝胶体，蛋黄部分则由蛋白质变性和脂肪皂化反应形成凝固体。皮蛋的成品特色是蛋黄呈青黑色凝固状（汤心皮蛋中心呈糊糊状），蛋白呈半透明的褐色凝固体。成熟后，蛋白表面产生美丽的花纹，状似松花，故又称松花蛋；当用刀切开后，蛋内色泽变化多端，故又称彩蛋。皮蛋分为湖彩蛋（包泥皮蛋）和京彩蛋（浸泡皮蛋）两类。皮蛋一般多采用鸭蛋为原料进行加工，但在我国华北地区也有利用鸡蛋为原料加工的。

三、实验材料与仪器设备

1. 实验材料

鲜鸭蛋（鸡蛋），生石灰，纯碱，食盐，草木灰，红茶末，开水，干黄土等。

2. 仪器设备

小缸，台秤或杆秤，放蛋容器，照蛋器等。

四、实验内容

（一）包泥皮蛋的加工

直接包泥即生包法，即利用原材料制成料液，然后将料液拌于黄土制成料泥，是一种用料泥包蛋成熟的方法。

1. 工艺流程

配料→制料→起料→冷却→打料→验料
↓
照蛋→分级→搓蛋→钳蛋→装缸→质检→出缸→选蛋→包装

2. 操作要点

（1）料泥的配制　鲜蛋 10kg，纯碱 0.6kg，生石灰 1.5kg，草木灰 1.5kg，食盐 0.2kg，茶叶 0.2kg，干黄土 3kg，水 4kg。

配制时先将茶叶泡开，再将生石灰投入茶汁内化开，捞除石灰渣，并补足生石灰，然后加入纯碱、食盐搅拌均匀，最后加入草木灰和黄土，充分搅拌。待料泥开始发硬时，冷却。将冷却成硬块的料泥全部放入石臼或木桶内用木棒反复锤打，边打边翻，直到捣成黏糊状为止。

（2）料泥的简易测定　取料泥一小块放于平皿上，表面抹平，再取蛋白少许滴在料泥上，10min 后，若蛋白凝固并有粒状或片状带黏性的感觉，说明料泥正常，可以使

用。若不凝固，则料泥碱性不足。如手摸时有粉末状的感觉，说明料泥碱性过大。

(3) 搓蛋、钳蛋　一般料泥用量为蛋重的65%~67%，使蛋身裹遍料泥，应力求均匀一致，防止厚薄不匀及露壳现象。搓好后轻放在稻糠中，使泥蛋周围沾满稻糠。再用竹夹钳到缸内排列。

(4) 封缸　用两层塑料薄膜盖住缸口，不能漏气，缸上贴上标签，注明时间、数量等。温度应控制在17~25℃。

(5) 成熟　应根据料泥的性能、气温高低、季节变化，并结合抽样的具体情况决定。在接近成熟期时，要经常开缸看样。春秋季一般30~40d可成熟，夏季一般20~30d可成熟。

(二) 滚粉皮蛋的加工

滚粉法不用黄土和草木灰，也不用稻壳，粉料似熟石灰粉，故又称石灰皮蛋。

1. 工艺流程

配制粉料
↓
照蛋→分级→粘粉→装缸→质检→出缸→包泥贮存

2. 操作要点

(1) 粉料的制作　先将食盐放入铁锅内炒干。开始有轻微的爆声，继续翻炒，爆声停止，说明已干，取出研细（用精盐可不必研）。将食用碱放入铁锅内加热，溶化后进一步翻炒变成干粉，取出研细过筛备用。一般每千克食用碱可炒成干碱粉300g左右。选择块状生石灰，稍加水淋湿，使其自行开裂成细粉，如有结块可过筛。

干盐、干碱粉、石灰粉按4:5:6的比例充分混合，再放入锅中加热，使之呈干热状态。

(2) 粘粉及装缸　将适量黄土放入凉开水中，拌成稀薄泥浆。泥的稠度以放进蛋，半个蛋身在上面，半个蛋身在泥浆中为准，将新鲜的鸡蛋清洗干净沥干水分后放入泥浆中，沾一层薄薄的泥浆，然后取出放在已混合均匀并且加热的混合粉料中，轻轻滚动，使其表面粘上一层厚度约2mm厚的粉子（2~2.8g）。然后取出，摆放在缸或坛中，用黄泥稍加点食盐密封缸口。放在20~25℃条件下进行成熟。一般20~30d即可成熟。

(3) 包泥贮存　皮蛋成熟后，即行出缸，可去掉壳上的粉子，用黄土和水拌成泥料包在蛋上，再在稻壳中滚动一下，使其粘上一层稻壳，重新放入缸中，继续成熟一段时间，增加其风味。也可不进行包泥，随食随取，非常方便。

五、产品评定

1. 成品品质评定

先仔细观察皮蛋外观（包泥，形态）有无发霉，敲摇检验时注意颤动及响水声，皮蛋刮泥后，观察蛋壳的完整性（注意裂纹），然后剥开蛋壳，要注意蛋体的完整性，检查有无铅斑、霉斑异物（小组块）、松花花纹。剖开后，检查蛋白的透明度、色泽、弹性、气味、滋味，检查蛋黄的形态、色泽、气味、滋味。

(1) 感官指标　外包泥或涂料均匀洁净，蛋壳完整，无霉变，敲摇时无水响声，剖检时蛋体完整；蛋白呈青褐色、棕色或棕黄色，呈半透明状，有弹性，一般有松花纹。蛋黄呈深浅不同的墨绿色或黄色，略带凝心。具有皮蛋应有的滋味和气味，无异味。

①蛋壳状况：质量正常的松花蛋蛋壳完整，无裂纹，无破损，表面清洁，无斑点或斑点少。

②气室高低：气室小。

③蛋白状况：蛋白棕褐色或茶色，弹性大，表面有松花，蛋白不粘壳。

④蛋黄状况：色泽多样，蛋黄外层呈墨绿色或蓝黑色，中层呈土黄、灰绿色，中心为橙黄色，并具汤心。

⑤气味和滋味：剥皮的松花蛋，气味清香浓郁，辛辣味淡，咸味适中。

（2）理化指标　如表 3-1 所示。

表 3-1　皮蛋的理化指标

项　目		优级	一级	二级
水分/%		66~70	>70 或 <66	>70 或 <66
砷（以 As 计）/（mg/kg）	≤	0.5	0.5	0.5
铅（以 Pb 计）/（mg/kg）	≤	0.5	0.5	0.5
pH 值（1∶15 稀释）	≥	9.5	9.5	9.5
锌（以 Hg 计）/（mg/kg）	≤	20	20	20
铜（以 Au 计）/（mg/kg）	≤	10	10	10

（3）微生物指标　细菌总数≤500cfu/g；大肠菌群≤30MPN/100g；致病菌不得检出。

（4）质量级别　如表 3-2 所示。

表 3-2　质量级别

等级	优级	一级	二级
质量/（g/10 枚）	670	620	560

2. 脂肪含量的测定

脂肪含量的测定方法有索氏抽提法、酸水解法等。

3. 游离脂肪酸的测定

游离脂肪酸的测定方法常见的有两种，一种是用三氯甲烷将蛋中的油脂提取后，用乙醇钠标准滴定溶液滴定的方法来测定游离脂肪酸的含量（以油酸计）；另外一种是利用游离脂肪酸和酸价之间的换算公式进行计算：

$$游离脂肪酸（以油酸计）= 酸价 \times 0.503$$

式中：酸价——蛋品中 1g 油脂所含游离脂肪酸所需氢氧化钾的毫克数；

0.503——经验数值。

六、思考题

试述皮蛋的加工方法及注意事项。

实验二　咸蛋的加工

一、实验目的
加工咸蛋的主要目的是增加蛋的保藏性以及改善其风味。加工方法主要包括两种：一是盐泥涂布法，二是盐水浸泡法。本实验要求学生掌握咸蛋的加工原理及工艺流程。

二、实验原理
咸蛋主要用食盐腌制而成。食盐渗入蛋中，由于食盐溶液产生的渗透压把微生物细胞体中的水分渗出，从而抑制了微生物的发育，延缓了蛋的腐败变质速度。同时，食盐可以降低蛋内蛋白酶的活力，从而使蛋内容物分解变化速度延缓，所以咸蛋的保藏期较鲜蛋长。

三、实验材料与仪器设备

1. 实验材料

鸡蛋，食盐，黄泥，香辛料等。

2. 仪器设备

电子秤，蒸煮锅，照蛋器，和泥容器，瓷缸等。

四、实验内容

（一）盐泥涂布法

1. 工艺流程

原料蛋选择→清洗→沥干→和泥→涂蛋→入缸摆放→封口→腌制→出缸→成品

2. 配方

禽蛋1 500g，食盐270g，干黄土600g，水适量。

3. 操作要点

（1）洗蛋　挑选质量合格的新鲜禽蛋，洗净晾干待用。

（2）和泥　将黄土捣碎过筛后，再与食盐、水一起放在盆里，用筷子充分搅拌成稀薄的糊状，其标准是将一颗蛋放在泥浆，一半浮在泥浆上面，一半浸在泥浆内为合适。

（3）上料　将经过挑选合格的蛋逐枚放入泥浆中（每次3~5个），使蛋壳上粘满盐泥，再取出放入缸内，最后把剩余的盐泥倒在蛋面上，盖上缸盖即可。

（4）成熟　盐泥咸蛋春秋季35~40d成熟，夏季20~25d即可成熟。

（二）盐水浸泡法

用食盐水直接浸泡腌制咸蛋，用料少，方法简单，成熟时间短。我国城乡居民普遍采用这种方法腌制咸蛋。

1. 工艺流程

原料蛋选择→清洗→沥干→食盐水的配制与冷却→入缸摆放→浸泡腌制→出缸→成品

2. 操作要点

（1）洗蛋　挑选质量合格的新鲜禽蛋，洗净晾干待用。

（2）盐水的配制　冷开水80kg，食盐2kg，花椒、白酒适量，将食盐于冷开水中溶解，再放入花椒、白酒即可。

（3）浸泡腌制　将鲜蛋放入干净的缸内并压实，慢慢灌入盐水使蛋完全浸没，加盖密封腌制即可。

（4）成熟　盐水浸泡法成熟期较短，一般20d左右即可成熟。浸泡时间最多不能超过30d，否则成品太咸且蛋壳上出现黑斑。用此法加工的咸蛋不宜久贮，否则容易腐败变质。

五、产品评定

1. 感官指标

外壳包泥（灰）或涂料均匀洁净，去壳后蛋壳完整，无霉斑，灯光透视时可见蛋黄阴影，剖检时蛋白液化，澄清，蛋黄呈橘红色或黄色环状凝胶体，具有咸蛋正常气味，无异味。

（1）蛋壳　咸蛋蛋壳应完整、无裂纹、无破损、表面清洁。
（2）气室　高度应小于7mm。
（3）蛋白　蛋白纯白、无斑点、细嫩。
（4）蛋黄　色泽红黄，蛋黄变圆且黏度增加，煮熟后黄中起油或有油析出。
（5）滋味　咸味适中，无异味。

2. 理化指标（表3-3）

表3-3　咸蛋的理化指标

项　目		指　标
水分/%		60~68
砷（以As计）/（mg/kg）	≤	0.5
硒（以Se计）/（mg/kg）		0.10~0.50
锌（以Zn计）/（mg/kg）		7.0~50
汞（以Hg计）/（mg/kg）	≤	0.03
食盐（以NaCl计）/%		2.0~5.0
挥发性盐基氮/（mg/100g）	≤	1.0

3. 咸蛋的验收标准及方法

抽样方法：对于出口咸蛋，采取抽样方法进行验收。1~5月份、9~12月份按每100件抽查5%~7%，6~8月份按每100件抽查10%，每件取装数的5%。抽检人员可根据咸蛋的品质、包装、加工、贮存等情况，酌情增减抽检数量。

质量验收：抽检时，不得存在有红贴皮咸蛋、黑贴皮咸蛋、散黄蛋、臭蛋、泡花蛋（水泡蛋）、混黄蛋、黑黄蛋。

自抽检样品中每级任取10枚鉴定大小十分均匀。先称总质量，计算其是否符合规定。平均每个样品蛋的质量不得低于该等级规定的质量，但允许有不超过10%的邻级蛋。出口咸蛋质量分级标准见表3-4。

表 3-4　出口咸蛋质量分级标准

级别	1 000 枚质量/kg	级别	1 000 枚质量/kg
一级	≥77.5	四级	62.5~67.5
二级	72.5~77.5	五级	57.5~62.5
三级	67.5~72.5		

4. 次劣咸蛋产生的原因

咸蛋在加工、贮藏和运输过程中，间有次劣蛋产生。有些虽质量降低，但尚可食用，也有些因变质而失去食用价值。次劣咸蛋在灯光透视下，各有不同的特征。

（1）泡花蛋　透视时可看到内容物有水泡花，泡花随蛋转动，煮熟后内容物呈"蜂窝状"，这种蛋称为泡花蛋，但不影响食用。产生原因主要是鲜蛋检验时，没有剔除水泡蛋；其次是贮藏过久，盐分渗入蛋内过多。防止方法是不使鲜蛋受水湿、雨淋，检验时主要剔除水泡蛋，加工后不要贮藏过久，成熟后就上市供应。

（2）混黄蛋　透视时内容物模糊不清，颜色发暗，打开后蛋白呈白色与淡黄色相混的粥状物。蛋黄的外部边缘呈白色，并发出腥臭味，这种蛋称为混黄蛋，初期可食用，后期不能食用。产生原因是由于原料蛋不新鲜，盐分含量不够，加工后存放过久所致。

（3）黑黄蛋　透视时蛋黄发黑，蛋白呈浑浊的白色，这种蛋称为"清水黑黄蛋"。产生原因是加工咸蛋时，鲜蛋检验不严，水湿蛋、热伤蛋没有剔除；在腌制过程中温度过高，存放时温度高、时间过久而造成。防止的方法是：严格剔除鲜蛋中的次劣蛋，腌制时防止高温，成熟后不要久贮。

此外，还有红贴皮咸蛋、黑贴皮咸蛋、散黄蛋、臭蛋等。这些都是由于加工原料蛋不新鲜所造成的。

六、思考题

1. 试述咸蛋的加工方法及注意事项。
2. 试述咸蛋的腌制机理。
3. 影响咸蛋质量的因素有哪些？

实验三　糟蛋的加工

一、实验目的

通过本次实验，要求了解糟蛋的加工原理、加工过程，并熟练掌握其加工方法。

二、实验原理

糟蛋是用优质鲜蛋在糯米酒糟中糟制而成的一类再制蛋。它的特点是品质柔软细嫩，气味芬芳，醇香浓郁，滋味鲜美，回味悠长。我国著名的糟蛋有浙江省平湖县的平湖糟蛋和四川省宜宾市的叙府糟蛋。糟蛋加工的原理是在糟制过程中，蛋内容物与醇、酸、糖等发生一系列物理和生物化学的变化而成。

三、实验材料与仪器设备

1. 实验材料

鸭蛋，糯米，酒药和食盐等。

2. 仪器设备

制酒糟缸，台秤或杆秤，竹片，蒸锅，放蛋容器，照蛋器等。

四、实验内容

1. 工艺流程

糯米清洗→蒸饭→淋饭→拌酒药→酿酒制糟
　　　　　　　　　　　　　　　　　↓
原料蛋→检验→洗蛋→晾蛋→击蛋壳→装坛→封坛→成熟→成品
　　　　　　　　　　　　　　　　↑
　　　　　　　　　　　　　　　　蒸坛

2. 操作要点

（1）糯米的选择与加工　选用米粒饱满、颜色洁白、无异味、杂质少的糯米。先将糯米进行淘洗，放在缸内用清水浸泡 24h。将浸好的糯米捞出后，用清水冲洗干净，倒入笼屉内摊平。锅内加水烧开后，放入锅内蒸煮，等到蒸汽从米层上升时再加锅盖。蒸 10min，用小竹帚在饭面上撒一次热水，使米饭蒸胀均匀。再加盖蒸 15min，使饭熟透。然后用清水冲淋 2~3min，使米饭温度降至 30℃左右。

（2）酿酒制糟　淋水后的米饭，沥去水分，倒入缸内，加上甜酒药和白酒药，充分搅拌均匀，拍平米面，并在中间挖一个上大下小的圆洞（上面直径约 30cm）。缸口用清洁干燥的盖子盖好，缸外包上保温用的材料。经过 22~30h，洞内酒汁有 3~4cm 深时，可除去保温层，每隔 6h 把酒汁用小勺舀泼在糟面上，使其充分酿制。经过 7d 后，将酒糟拌和均匀，静置 14d 即酿制成熟可供糟蛋使用。

（3）选蛋击壳　选用质量合格的新鲜鸭蛋，洗净、晾干。手持竹片（长 13cm、宽 3cm、厚 0.7cm），对准蛋的纵侧从大头部分轻击两下，在小头再击一次，要使蛋壳略有裂痕，而蛋壳膜不能破裂。

（4）装坛　糟蛋用的坛子事先进行清洗消毒。装蛋时，先在坛底铺一层酒糟，将击破的蛋大头向上排放，蛋与蛋之间不能太紧，加入第二层糟，摆上第二层蛋，逐层装完，最上面平铺一层酒糟，并撒上食盐，然后，用牛皮纸将坛口密封，外面用棕子叶包在牛皮纸上，再用绳子沿坛口绑结实即可。

（5）成熟　糟蛋从装坛到糟渍成熟，一般要经过 5 个月左右时间。为了控制糟蛋成熟质量，须逐月检查其质量状况。糟蛋在成熟过程中逐月正常变化情况如下：

第一个月，蛋的内容物与鲜蛋基本相仿，蛋壳带蟹青色，在击破裂缝处较为明显。

第二个月，蛋壳裂缝加宽，蛋壳与内蛋壳膜及蛋白膜逐渐分离，蛋白仍为液体状，蛋黄却开始凝结。

第三个月，蛋壳与壳下膜全部分离，蛋白开始凝固，蛋黄全部凝固。

第四个月，蛋壳与壳下膜脱开 1/3，蛋白呈乳白状，蛋黄带微红色。

第五个月，蛋糟渍成熟，蛋壳大部分脱落（仅有小部分附着，只要轻轻一剥即可脱落）。蛋白呈乳白色胶冻状，蛋黄呈橘红色的半凝固状态。至此，糟蛋已达完全成熟，即为成品。

五、产品评定

1. 糟蛋的感官指标

蛋形完整，蛋膜无破裂，蛋壳脱落或不脱落，蛋白呈乳白色、浅黄色，色泽均匀一致，呈糊状或凝固状，蛋黄完整，呈黄色或橘红色，半凝固状，具有糟蛋正常的醇香味，无异味。

（1）蛋壳脱落状况　糟蛋蛋壳与壳下膜完全分离，全部或大部分脱落。

（2）蛋白状况　蛋白乳白、光亮、洁净，并呈胶冻状。

（3）蛋黄状况　蛋黄软，呈橘红色或黄色的半凝固状，且与蛋白可明显分清。

（4）气味与滋味　具有糯米酒糟所特有的浓郁的酯香味，并略有甜味，无酸味和其他异味。

2. 糟蛋的理化指标（表3-5）

表3-5　糟蛋的理化指标

		指　标
砷（以As计）/（mg/kg）	≤	0.05
铅（以Pb计）/（mg/kg）	≤	1.0
锌（以Zn计）/（mg/kg）	≤	—
总汞（以Hg计）/（mg/kg）	≤	0.03
铜（以Cu计）/（mg/kg）	≤	—
食盐（以NaCl计）/%	≥	—
挥发性盐基氮/（mg/100g）	≤	—

3. 糟蛋的分级

糟渍成熟的糟蛋在达到质量要求的前提下，按重量进行分级。糟蛋质量分级标准，如表3-6所示。

表3-6　糟蛋质量分级标准

级别	1 000枚质量/kg	级别	1 000枚质量/kg
特级	77～85	二级	65～70
一级	70～77		

4. 废品糟蛋

常见的废品糟蛋有矾蛋、水浸蛋、嫩蛋。

（1）矾蛋　矾蛋即蛋壳变厚似燃烧后的矾一样，故得此名称。这类蛋的产生是由于蛋壳变质，坛内同一层蛋膨胀挤成一团，蛋不成形，糟成糊状，形成凝坛，不能取出蛋。

矾蛋的产生，一般是自上而下。所以，及早发现，下层还有好糟蛋，可取出另换坛换糟，减少损失。

矾蛋产生的原因，上面糟面过薄，盐粒未溶而落，致使蛋壳变质。坛有漏裂处，使糟液减少，蛋与蛋相互接触，挤压，这时醋酸与蛋壳发生作用，而使蛋与糟黏结成块，形成凝坛。另外，坛消毒不彻底或酒糟不良以及原料蛋不新鲜也是矾蛋产生的原因。

(2) 水浸蛋　水浸蛋的产生原因主要是由于酒糟质量次，含醇量过少，使蛋白凝固不良或仍呈液态状，色砖红，蛋黄硬实而有异味，不能做食用。

(3) 嫩蛋　嫩蛋即蛋黄已凝固，蛋白仍为液态。这种蛋产生的原因是因为加工时间过晚，蛋还未糟制成熟，气温已下降的缘故。补救方法是用沸水泡蛋或煮一会儿，使蛋白凝固，可食用，但失去了糟蛋固有的香味。

六、思考题

1. 糟蛋在加工过程中发生了哪些变化？
2. 你所制作的糟蛋有何成品特色？
3. 思考糟蛋的加工对其营养的影响。

实验四　液蛋的加工

一、实验目的

本实验要求熟练掌握液蛋制品的加工方法。

二、实验原理

液蛋制品是指将新鲜鸡蛋清洗、消毒、去壳后，将蛋清与蛋黄分离（或不分离），搅匀过滤后经杀菌制成的一类蛋制品。这类蛋制品易于运输，贮藏期长，一般用做食品原料。主要种类有全蛋液、蛋白液、蛋黄液3种。

三、实验材料与仪器设备

1. 实验材料

鸡蛋，消毒剂，乳酸，硫酸铝，包装材料。

2. 仪器设备

打蛋器，洗蛋盆，过滤机，预冷罐。

四、实验内容

1. 工艺流程

蛋壳清洗、消毒→打蛋、去壳→混合、过滤→预冷→杀菌→冷却→包装

2. 操作要点

(1) 蛋壳的清洗、消毒　为防止蛋壳中的微生物进入蛋液内，需在打蛋前将蛋壳清洗并杀菌。清洗：洗蛋水温要比蛋温高7℃以上，避免洗蛋水被吸入蛋内。同时，蛋温升高，在打蛋时蛋白与蛋黄容易分离，减少蛋壳内蛋白残留量，提高蛋液的出品率。消毒：洗涤过的蛋壳上还有很多细菌，因此必须进行消毒。常用的蛋壳消毒方法有以下3种：

①漂白粉消毒：配制漂白粉溶液有效氯含量为800~1 000mg/kg。消毒时将该溶液加热至32℃左右，可将洗涤后的蛋在该溶液中浸泡5min。经漂白粉消毒的蛋再用清水洗涤，除去蛋壳表面的余氯。

②氢氧化钠消毒法：用0.4%氢氧化钠溶液浸泡洗涤后的蛋5min。

③热水消毒法：将清洗后的蛋在78~80℃热水中浸6~8min，杀菌效果良好。但此法水温和杀菌时间稍有不当，易发生蛋白凝固。经消毒后的蛋用温水清洗，然后迅速晾干。

（2）打蛋、去壳　打蛋时，将蛋打破后，剥开蛋壳使蛋液流入分蛋器或分蛋杯内将蛋白和蛋黄分开。

（3）蛋液的预冷　将搅拌过滤的蛋液在预冷罐中进行预冷，蛋液在罐内冷却至4℃左右。

（4）杀菌　全蛋液、蛋白液、蛋黄液的化学组成不同，干物质含量不一样，对热的抵抗力也有差异。因此，采用巴氏杀菌条件各异。

①全蛋的巴氏杀菌：采用杀菌温度为64.5℃，保持3min的低温巴氏杀菌法。

②蛋黄的巴氏杀菌：蛋黄液的杀菌温度64.5℃，时间3min。

③蛋清的巴氏杀菌：添加乳酸和硫酸铝（pH=7）后对蛋清采用与全蛋液一致的巴氏杀菌条件。

乳酸-硫酸铝溶液的制备：将14g硫酸铝溶解在16kg的25%的乳酸中，巴氏杀菌前，在1 000kg蛋清液中加约6.5g该溶液。添加时要缓慢但需迅速搅拌，以避免局部高浓度酸或铝离子使蛋白质沉淀。添加后的蛋清pH值应在6.0~7.0，然后进行巴氏杀菌。

（5）液蛋的冷却　杀菌后的蛋液迅速冷却至2℃左右，然后再进行分装。

（6）包装、贮藏　冷却之后的蛋液移至洁净包装间进行无菌包装。包装材料应经过灭菌处理，使用前还要经过卫生处理。在0~4℃的条件下入库冷藏。

五、产品评定

液蛋制品应无异味，无杂质，状态均匀，色泽一致，气味正常。肠道致病菌（志贺菌属及沙门菌属）不得存在，不得有微生物引起的腐败变质现象。

六、思考题

1. 蛋壳消毒有几种方法？你认为哪一种最好？
2. 全蛋液、蛋白液、蛋黄液在杀菌时所需的杀菌温度一样吗？为什么？

实验五　蛋粉的加工

一、实验目的

本实验要求掌握蛋粉加工原理和工艺技术，了解影响蛋粉质量的主要因素。

二、实验原理

蛋粉是指鲜蛋经过打蛋、分离、过滤、脱糖、巴氏杀菌、喷雾干燥除去其中水分而制得的粉末状食用蛋制品，含水量为4.5%左右，从而可以长期保存。干蛋粉的贮藏性良好，我国主要生产全蛋粉和蛋黄粉，供食用和食品工业用，如在食品工业上生产糖果、饼干、面包、冰激凌、蛋黄酱等。

三、实验材料与仪器设备

鲜蛋，氢氧化钠，过氧化氢，葡萄糖氧化酶，筛布或其他过滤设备，加热装置，巴氏杀菌器，喷雾干燥机，筛粉机，包装设备等。

四、实验内容

1. 工艺流程

蛋液→搅拌→过滤→脱糖→巴氏杀菌→喷雾干燥→冷却→筛粉→晾粉→包装→成品贮存

2. 操作要点

（1）鸡蛋预处理　主要包括选蛋、洗蛋、消毒、打蛋。选用质量合格的鲜蛋，剔除次蛋、劣蛋、破损蛋。洗蛋的目的在于洗去蛋表面感染的菌类和污物，一般先用棕刷刷洗，后用清水冲净并晾干。将晾干后的鲜蛋放入氢氧化钠溶液中浸渍，消毒后取出再晾干。打蛋时须注意蛋液中不得混入蛋壳屑和其他杂质，更不得混入不新鲜的变质蛋液。

（2）蛋液搅拌过滤　目的是滤净蛋液中所含的碎蛋壳、蛋黄膜、系带等，并使蛋液组织状态均匀一致。若搅拌过滤不充分，其中的杂质很容易堵塞雾化器，将严重影响喷雾干燥的效果和效率。

（3）脱糖　目的在于干燥后贮藏期间，防止蛋中含有的游离葡萄糖的羰基与蛋白质的氨基发生美拉德反应。酶法脱糖是一种利用葡萄糖氧化酶把蛋液中葡萄糖氧化成葡萄糖酸且脱糖的方法。调整全蛋液pH值至7.0~7.3后加入0.01%~0.04%葡萄糖氧化酶，用搅拌机进行缓慢的搅拌，同时加入占蛋白液量0.35%的7%过氧化氢，以后每小时加入同等量的过氧化氢。发酵采用30℃左右或10~15℃两种，通常全蛋液pH至7.0~7.3后，4h内即可除糖完毕。

（4）巴氏杀菌　蛋液在脱糖后立即进行巴氏杀菌。蛋液经过64~65℃，3min，以使杂菌和大肠杆菌基本被杀死。杀菌后立即贮存于贮蛋液槽内，并迅速进行喷雾干燥。如蛋液黏度大，可少量添加无菌水，充分搅拌均匀，再进行喷雾干燥。

（5）喷雾干燥　在压力或离心力的作用下，通过雾化器将蛋液喷成高度分散的雾状微粒，微粒直径为10~50μm，从而大大增加蛋液的表面积，提高水分蒸发速度，微细雾滴瞬间干燥变成球形粉末，落于干燥室底部，从而得到干燥蛋粉。一般在未喷雾前，干燥塔的温度应在120~140℃，喷雾后温度则下降到60~70℃。在喷雾过程中，热风温度应控制在150~200℃，蛋粉温度控制在60~80℃范围之内。在喷雾干燥前，所有使用工具设备必须严格消毒，由加热装置提供的热风温度以80℃左右为宜。温度过高，使蛋粉具有焦味，溶解度受到影响；温度过低，蛋液脱水不尽，会使含水量过高。

（6）筛粉　用筛粉机筛除蛋粉中的杂质和粗大颗粒，使成品呈均匀一致的粉状。

（7）包装　蛋粉通常采用马口铁箱罐装，也可采用真空塑料袋包装。在包装前，包装室及室内用具必须无菌，马口铁箱及衬纸也必须经过严格的消毒处理。

五、产品评定

1. 状态

蛋粉要求为粉末状或极易松散的块状。

2. 色泽

全蛋粉要求为均匀的淡黄色，蛋黄粉为均匀的黄色。如果蛋粉色泽过深，可能是由于加工时，喷嘴孔径过大，喷出的液滴过大，造成粉粒粗大，则色泽较深；若蛋粉含水量过高，其色泽也深。如果蛋黄粉色泽过浅，可能是打分蛋时，混入了过多的蛋白。

3. 气味

全蛋粉和蛋黄粉均要求具有其特有的正常气味，不得有任何异味。

4. 杂质

蛋粉不得含有任何杂质。

5. 水分

全蛋粉（包括巴氏消毒全蛋粉）的含水量不得超过 4.5%，蛋黄粉的含水量不得超过 4.0%。若蛋粉水分含量过高，可能是由于喷雾干燥时的温度过低，水分未能彻底蒸发；或是由于加工时，喷嘴孔径过大，喷出的液滴过大，造成粉粒粗大，水分蒸发较慢而导致成品含水量过高。

6. 脂肪含量

蛋粉为含脂肪蛋品，而脂肪又是重要的营养素，因此，要求全蛋粉（包括巴氏消毒全蛋粉）的脂肪含量不得低于 42%，蛋黄粉的脂肪含量不得低于 60%。

7. 游离脂肪酸含量

蛋粉中游离脂肪酸是由于所用原料蛋不够新鲜，或加工方法不当，或贮藏时间过长所造成，游离脂肪酸含量高的蛋粉的质量较差，因此，要求蛋粉的游离脂肪酸含量不得超过 4.5%。

8. 细菌指标

蛋粉中不得检出致病菌。巴氏消毒全蛋粉细菌总数不得超过 10 000cfu/g，大肠菌群不得超过 90MPN/100g；全蛋粉细菌总数不得超过 50 000cfu/g，大肠菌群不得超过 110MPN/100g；蛋黄粉细菌总数不得超过 50 000cfu/g，大肠菌群不得超过 40MPN/100g。

六、思考题

1. 蛋粉加工过程中脱糖的原因是什么？主要采用什么方法进行脱糖处理？
2. 如果产品的检测指标不符合要求，如何调整实验的工艺参数？

实验六　蛋黄酱的加工

一、实验目的

通过本实验要求理解蛋黄酱制作中乳化操作的原理和方法；掌握蛋黄酱的制作工艺。

二、实验原理

蛋黄酱是以精炼植物油、食醋、鸡蛋黄为基本成分，通过乳化而制成的半流体食品，蛋黄酱中，内部或不连续相的油滴分散在外部或连续相的醋、蛋黄和其他组分之中，它属于一种水包油型（O/W）的乳化物。蛋黄在该体系中发挥乳化剂的作用，醋、盐、糖等除调味的作用外，还在不同程度上起到防腐、稳定产品品质的作用。

三、实验材料与仪器设备

1. 实验材料

鸡蛋，精炼植物油，食用白醋，白糖，食盐，奶油香精，山梨酸，柠檬酸，芥末粉等。

2. 仪器设备

泥料罐，加热锅，打蛋机，胶体磨，塑料封口机等。

四、实验方法

1. 工艺流程

醋、盐、糖、芥末粉、柠檬酸┐　┌山梨酸、精炼植物油

分离蛋黄→蛋黄杀菌冷却→打蛋机乳化→胶体磨均质→装袋、封口→成品

2. 配方

蛋黄150g，精炼植物油790g，食用白醋（醋酸44.5%）20g，白糖20g，食盐10g，奶油香精1mL，山梨酸2g，芥末粉5g，柠檬酸（少许）。

3. 操作要点

（1）加热精炼植物油至60℃，加入山梨酸，缓缓搅拌使其溶于油中，呈透明状冷却至室温待用。

（2）鸡蛋除去蛋清，取蛋黄打成匀浆，加热至60℃，在此温度下保持30min，以杀灭沙门菌，冷却至室温待用。

（3）用打蛋机搅打蛋黄，先加入1/3的醋，再边搅拌边加入油，油的加入速度不大于100g/min，搅打成淡黄色的乳化物。随后，依次加入剩余的醋和其他组分，搅打均匀。经胶体磨均质成膏状物。使用尼龙/聚乙烯复合包装，热合封袋即得成品。

五、产品评定

正常的产品是淡黄色、黏稠、连续的乳化物，无断裂、稀薄及油液分离的现象。

六、思考题

1. 各组分在蛋黄酱中的作用是什么？影响蛋黄酱稳定性的因素有哪些？
2. 乳化操作条件对产品的质量有何影响？
3. 蛋黄酱依靠什么防止微生物引起的腐败，而保持产品的稳定性？

实验七　蛋制品加工综合设计实验及实例

一、实验目的

参照本章相关实验检验禽蛋的新鲜度和加工食用品质，根据禽蛋的新鲜程度、当地饮食和消费习惯以及产品新颖性等要求，选择进行蛋制品的加工方法并对加工的产品品质进行评定，同时进行成本核算。使学生掌握主要蛋制品的加工生产方法，锻炼学生全面系统组织生产、解决实际问题的能力，培养学生在综合设计实验中的团队协作精神。

二、实验内容

1. 学习蛋制品新产品设计及加工流程

采用任课教师对学生集中培训及学生查阅相关资料相结合的方式，让学生熟悉和掌

握不同蛋制品的加工流程。

2. 实验要求

（1）对原料蛋进行检验，确定原料蛋的新鲜程度及品质。

（2）根据原料蛋的新鲜程度、品质状态和学生对所学理论教学中不同蛋制品的兴趣确定所加工蛋制品的种类，设计不同蛋制产品（皮蛋、咸蛋、湿蛋和其他）的加工工艺（即便是同一种蛋制品也可以采用不同的加工工艺）。

3. 制订实验计划

进行一个题目或多个题目的设计实验。从原辅料的选择及选用设备、配方的来源、工艺流程设计和操作要点都由学生来完成，由辅导老师参与、审核方案的可行性。

4. 实验实施

根据反复修改最终确定的生产工艺实施不同蛋制品的加工，对所生产的产品进行感官和理化检验，进行成本核算。

三、撰写实验报告

根据产品品质评定结果，对实验过程进行分析讨论，总结操作要点，核算加工成本，找出存在问题，提出改进意见，写出实验报告。

实例　五香鹌鹑蛋烘烤工艺

一、实验目的

在鹌鹑蛋传统加工工艺的基础上对鹌鹑蛋的烘烤加工工艺进行了研究，制成了琥珀色、光亮、有浓郁的烤香味、鹌鹑蛋独特的香味和五香蛋香味的混合香味的新产品，风味独特，有一定的利用价值。通过本次实验，要求掌握五香鹌鹑蛋烘烤的加工工艺优化方法。

二、实验原理

目前，鹌鹑蛋的加工仅停留在传统加工工艺方法上，一定程度上限制了鹌鹑蛋在市场上的占有量，不利于鹌鹑饲养业整体发展。本实验在传统加工工艺的基础上，采用新的调味料浸泡，在一定温度、一定时间下进行烘烤，使生产出的产品既具有鹌鹑蛋极佳的口味，还有烤香味、面包的色泽，很好的咀嚼感，蛋清劲道，蛋黄沙软且软中带脆，久嚼不腻，感官、风味、品质上都有较大的改观。

三、实验材料与仪器设备

1. 实验材料

调味料（花椒、大料、姜、茴香、桂皮等），鹌鹑蛋。

2. 仪器设备

远红外烤箱，锅，蛋检验设备，蛋清洗设备，浸泡缸。

四、实验内容

1. 工艺流程

选蛋→洗涤→煮制→剥皮→浸泡→烘烤→检验→包装→产品

2. 操作要点

（1）选蛋　本实验参照本章第一节实验二，从外观、密度、灯光照检3个方面进行选蛋。要求5d内的新鲜蛋，蛋壳灰白色，上有红褐色或紫色斑点，色泽鲜艳，蛋壳结构致密、均匀、光洁、平滑、蛋形正常，蛋重10~15g，剔除白色蛋、软壳蛋、畸形蛋、破损蛋等。

（2）清洗　检验合格的鲜蛋放入30℃左右水中浸泡5min，捞出鲜蛋，用清水洗去粘在蛋壳上的杂物、粪便等。

（3）煮制　将洗净的鹌鹑蛋放入水中进行煮制，一定时间后取出，激冷3min，剥皮。

（4）浸泡　本实验浸泡所用调味料为花椒、大料、姜、盐、茴香、桂皮、白酒。将花椒、大料、姜、茴香、桂皮根据不同处理要求分别放入水中煮沸，加入食盐，煮沸一定时间后，晾凉，加入白酒10mL。将煮熟剥皮的鹌鹑蛋浸入调味料液中，浸泡时间为22h。

（5）烘烤　将浸泡好的鹌鹑蛋放入远红外烤箱中烘烤，边烘烤边旋转，以便蛋体各部分受热均匀，感官品质较好。烘烤温度设定为24℃。

（6）包装　烘烤后的产品晾凉后，4个或6个一袋，采用塑料薄膜进行真空包装，使包装后的产品能显露出鹌鹑蛋烘烤后特有的色泽及椭圆形状。

3. 实验设计

（1）根据不同人口味的需要，本实验采用以下4个配方。

配方一：水500mL，食盐7g（A_1）。

配方二：花椒，大料，姜，茴香，桂皮各0.4g，盐5g，白酒10mL（A_2）。

配方三：花椒，大料，姜，茴香，桂皮各0.8g，盐7g，白酒10mL（A_3）。

配方四：花椒，大料，姜，茴香，桂皮各1.0g，盐10g，白酒10mL（A_4）。

（2）由于调味料煮沸时间不同，鹌鹑蛋浸泡以及烘烤后的色泽、风味均有所不同，对成品质量有很大影响。本实验确定煮沸时间分4个处理：煮沸后马上浸泡（B_1），煮沸2min后进行浸泡（B_2）；煮沸5min后进行浸泡（B_3）；煮沸10min后进行浸泡（B_4）。

（3）在240℃，一定时间下进行烘烤，蛋白表面会发生美拉德反应及焦糖化反应，若时间过短，则反应程度达不到要求，光泽不好，颜色浅；若时间过长，会发生炭化现象及因失水过多造成蛋体不同程度的收缩。因此，烘烤时间分4个处理：3（C_1）、6（C_2）、9（C_3）、12（C_4）min。

（4）本实验选取调料配方、调料煮沸时间、烘烤时间为研究因素，每个因素取4个水平，采取正交设计$L_{16}(4^3)$，如表3-7所示。通过正交试验确定最佳的生产工艺。

表 3-7　$L_{16}(4^3)$ 正交试验表

实验号	A（配方）	B（煮沸时间）	C（烘烤时间）	品尝得分
1	1	2	3	3
2	3	4	1	7
3	2	4	3	5
4	4	2	1	4
5	1	3	1	6
6	3	1	3	3
7	2	1	1	2
8	4	3	3	3
9	1	1	4	1
10	3	3	2	9
11	2	3	4	2
12	4	1	2	5
13	1	4	2	6
14	3	2	4	2
15	2	2	2	7
16	4	4	4	2
K_1				
K_2				
K_3				
K_4				
k_1				
k_2				
k_3				
k_4				
R				

注：评分标准：0~3 差；4~6 较差；7~8 较好；9~10 好。品尝小组有 20 人，品尝标准：色泽、光泽度、风味、质地。采用 10 分制。

五、产品评定

调料液配方不同，对产品的外观、风味、品质都有很大的影响。五香鹌鹑烤蛋色泽诱人，香味醇厚，且有烤蛋特有的烤香味，不得含有肠道致病菌。

六、思考题

比较烤鹌鹑蛋与烤鸡蛋的不同。

第二篇
园产食品综合实验

第四章　果品蔬菜品质评定及贮藏实验

实验一　果蔬原料的选择和分级

一、实验目的
掌握果蔬原料的分级方法和标准。

二、实验原理
果蔬原料作为农产品，其大小、色泽和成熟度均存在差异，而且极易受微生物的污染而发生腐烂和变质。因此，如果不经过挑选，直接将原料入贮，成熟度高的果实，尤其是呼吸跃变型果实，由于其成熟过程中乙烯的大量释放，会导致成熟度低的果实提前成熟，导致产品贮期缩短；腐烂的果实会通过病健果接触传染，导致产品大量腐烂，造成大量的损失。同时，通过挑选和修整，剔除有病、虫、伤及不符合商品要求的个体，可使产品整齐美观，便于包装和运输。

分级是指按一定的品质标准和大小规格将产品分为若干等级的措施，是水果蔬菜产品商品化和标准化不可缺少的步骤。水果蔬菜产品分级的意义在于挑选和分级后的产品在品质、色泽、大小、成熟度、清洁度等方面基本一致，便于在运输和贮藏时分别管理，有利于减少损耗，同时也便于在流通中按质论价，优质优价。符合要求的标准化商品可以保持和提高生产者的信誉。果蔬的分级包括大小分级、成熟度分级和色泽分级几种，视不同的果蔬种类及这些分级内容对果蔬加工品的影响而分别采用其中的一项或多项。

三、实验材料与仪器设备
1. 实验材料
苹果（红富士），青豌豆，辣椒，食盐。
2. 仪器设备
刻度尺，不锈钢刀，不锈钢盆，漏勺，电子天平，托盘秤。

四、实验内容
分别按照表4-1～表4-3中的标准对所提供的3种果蔬原料进行分级，并计算出各级别所占比例。

表 4-1　鲜食苹果（富士系）的分级标准

项目		优等品	一等品	二等品
果面缺陷		无缺陷	无缺陷	允许下列对果肉无重大伤害的果皮损伤不超过 4 项
刺伤（包括破皮划伤）		无	无	无
碰压伤		无	无	允许轻微碰压伤，不超过 $1.0cm^2$，其中最大处面积不得超过 $0.3cm^2$，伤处不得变褐，对果肉无明显伤害
磨伤（枝磨、叶磨）		无	无	允许不严重影响果实外观的磨伤，面积不超过 $1.0cm^2$
日灼		无	无	允许浅褐色或褐色，面积不超过 $1.0cm^2$
药害		无	无	允许果皮浅层伤害，面积不超过 $1.0cm^2$
雹伤		无	无	允许果皮愈合良好的轻微雹伤，总面积不超过 $1.0cm^2$
裂果		无	无	无
裂纹		无	允许梗洼或萼洼内有微小裂纹	允许有不超出梗洼或萼洼内有微小裂纹
病虫果		无	无	无
虫伤		无	允许不超过 2 处 $0.1cm^2$ 的虫伤	允许干枯虫伤，总面积不超过 $1.0cm^2$
其他小疵点		无	不允许超过 5 个	不允许超过 10 个
果锈			各种品种果锈应符合下列限制规定	
褐色片锈		无	不超出根洼的轻微锈斑	轻微超出根洼或萼洼之外的锈斑
网状浅层锈斑		允许轻微而分离的平滑网状不明显锈斑，总面积不超过果面的 1/20	允许平滑网状薄层，总面积不超过果面的 1/10	允许轻度粗糙的网状果锈，总面积不超过果面的 1/5
果径（最大横切面直径）mm	大型果	≥70	≥70	≥65
	中小型果	≥60	≥60	≥55
不符合本等级规定质量的允许度		≤5%	≤8%	≤10%
磨伤、碰压伤、刺伤不合格果之和的允许度		<2%	<5%	<7%
大小允许度		允许有 5% 高于或低于规定果径差别的范围，且只能是邻级果，不能是隔级果		
色泽		红或红条 >90%	红或红条 >80%	红或红条 >55%

表 4-2 青豌豆的分级标准（盐水浮选法）

级别	等外	一级	二级	三级
食盐含量/%	3	5.5	9.5	9.5
各级别的豆粒在盐水中的位置	浮在盐水上面	浮在盐水上面	浮在盐水上面	沉入盐水中

表 4-3 辣椒的分级标准

级别	一级	二级	三级
标准	无病斑； 果实全红，无杂色斑块； 果身直，允许果尖弯； 带青蒂； 果柄完全	可有 1~2 处微小疵点； 果全红，无杂色斑块； 果身弯曲度 2cm 以内； 带青蒂； 果柄完全	果皮上可有干疤点； 颜色允许有杂色斑块； 允许有弯曲； 大部分带果柄

五、思考题

1. 果蔬挑选和分级对于果蔬贮藏意义何在？
2. 果蔬常用的分级依据有哪些？

实验二　果蔬一般物理性状的测定

一、实验目的

了解果蔬一般物理性状的组成及其意义，了解不同果蔬种类和品种特点。掌握果蔬成熟度、新鲜度以及产品品质优劣的判定标准。

二、实验原理

果蔬物理性状包括果蔬的质量、大小、相对密度、硬度等物理指标，也包括如形状、色泽、新鲜度和成熟度等某些感官的反映。

果蔬的物理性状是区分和识别果蔬种类和品种属性的必要条件。因为果蔬在生长、发育、成熟、衰老等过程中，果蔬的物理性状都会发生一系列的变化，而且果蔬在采收、运输、贮藏及加工期间的物理特性也会发生变化，这些直接关系到果蔬的耐贮性、贮藏期限以及加工产品的质量。因此，测定果蔬物理性状，有助于了解果蔬生理变化和品质变化，也是确定采收成熟度，识别品种特性，进行产品标准化的必要措施。对于加工原料进行物理性状的测定，是了解其加工适应性与确定加工技术条件的依据。

三、实验材料与仪器设备

1. 实验材料

各种水果，蔬菜。

2. 仪器设备

卡尺，电子天平，果实硬度计，榨汁机，色差仪，排水筒，量筒等。

四、实验内容

1. 果蔬种类的确定

通过对各种果蔬的观察，认识果蔬的类型、分类原则及各类型果蔬的结构特征。根据园艺学上的分类，果实可以分为仁果类、核果类、坚果类、浆果类、柑橘类、聚花果（复果类）六大类。蔬菜根据其所食用部位不同，可以分为叶菜类、茎菜类、根菜类、果菜类、花菜类和食用菌类六大类。

2. 果实色泽的测定

（1）使用色差计测定　使用日本产 Minolta CR300/400 色差计（图4-1）进行测定，采用 D65 标准光源（色温为 6 504K 的正常日光，包括紫外线波长区），利用白板进行校正，测定记录 L^*，a^*，b^*，C^*，Ho 等几个颜色指标，每个果实测定 3 个点，每个处理至少测定 6 个样品，每个样品测定 2 次，测定结果直接输入计算机。

$L^*a^*b^*$ 色空间（CIELAB）中，L^* 为亮度，a^* 和 b^* 是色度坐标，在如图4-2所示的 a^*，b^* 色度图中，a^* 和 b^* 表示色方向，$+a^*$ 为红色方向，$-a^*$ 为绿色方向，$+b^*$ 为黄色方向，$-b^*$ 为蓝色方向，中央为消色区，当 a^* 和 b^* 值增大时，色点远离中心，色饱和度增大。C^* 值表示色度，$C^* = \sqrt{(a^*)^2 + (b^*)^2}$；Ho 值表示色泽，Ho = arctan(b/a)。

图4-1　CR-400型色差计

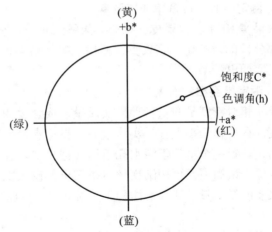

图4-2　色度图谱

具体使用方法：

①打开仪器电源；

②打开品质控制系统软件；

③指定样品文件名 XX；

④点击"仪器控制"→选取"白板校正"→将光源垂直放在白板上→点击"校正"按钮→校正完毕后→按"确定"按钮；

⑤点击"仪器控制"→选取"试样测量"→定编号，一般从001开始→开始将光源对准样品，按开关即可→测定后，按"存贮"按钮→继续测定，直到完毕→退出；

⑥选"色度"→全选→选定所需值→点击"导出"按钮→选取存取文件类型，应为.xcl→导出完毕；

⑦关闭软件和仪器电源，测定完毕。

（2）肉眼观察　肉眼观察是一种简便易行的方法。通常根据果实的着色面积大小把果实分为几个级别（一般分为5级），如1级为未着色，2级为1/3着色，3级为1/2~1/3着色，4级为2/3着色，5级为全着色。统计出各级的总果数后，再根据以下公式计算出转黄率和转黄指数。

$$转黄率 = （转黄果/检查的总果数）\times 100\%$$

$$转黄指数 = [\sum（转黄级别 \times 该级别个数）/最高级数 \times 检查总果数] \times 100\%$$

（3）颜色卡片　使用特制的颜色卡片，可将果实的颜色分成若干等级，果实因种类不同，成熟度不同，呈现的颜色也不同，通过将果实实际呈现的颜色与设定的等级进行比对，来确定颜色的级别。

3. 测定平均果重

取果实10个，分别放在电子天平上称重，记载单果重，并求出平均果重。

4. 测定果型指数

取果实10个，用卡尺测量果实横径（cm）、纵径（cm），分别求果形指数（即纵径/横径），以了解果实的形状和大小。此测定主要适合苹果、梨、番木瓜等果实。

5. 测定果实的可食率和出汁率

取果实10个，去果皮、果心、果核或种子，分别称取各部分的质量，求果肉（或可食部分）的百分比。浆果类、柑橘类等汁液多的果实，可将果汁榨出，称果汁质量，求该果实的出汁率。

6. 测定果实相对密度

果实相对密度是衡量各种果实质量、成熟度的重要指标之一。一般采用排水法求相对密度。在托盘天平上称果实质量m，将排水筒装满水，多余水由溢水孔流出，至不再滴水为止。置一个量筒于溢水孔下面，把果实轻轻放入排水筒的水中，此时，溢水孔流出的水盛于量筒内，再用细铁丝将果实全部没入水中，待溢水孔水滴滴尽为止，测量并记载果实的排水量，即果实体积V。用下式计算出果实的相对密度：

$$D = m/V$$

式中：D——果实相对密度（g/cm^3）；

　　　m——果实质量（g）；

　　　V——果实体积（cm^3）。

7. 测定果蔬的体积质量

果蔬的体积质量是指正常装载条件下单位体积的空间所容纳的果蔬质量，单位常用kg/m^3或t/m^3。体积质量与果蔬的包装、贮藏和运输的关系十分密切。可选用一定体积的包装容器，或特制一定体积的容器，装满一种果实或蔬菜，然后取出，称取质量，计算出该品种的果蔬的体积质量。由于存在装载密实程度的误差，应多次重复测定，取平均值。

8. 测定果实的硬度

测定果实的硬度，目前一般采用硬度计进行测定。

图4-3为硬度计结构图。测定前转动表盘，使指针与刻度2kg重合，随机的取果实10个，在果实待测部位用小刀薄薄地削去直径为10mm的果皮，将果实压头垂直地对准果面测试处，缓慢均匀地施加压力，使探头插入果实，深入至规定的标线为止。

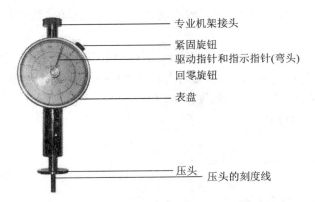

图 4-3　GY-1 型果实硬度计结构图

从表盘上直接读数即为果实硬度。GY-1 和 GY-2 型果实硬度计外圈刻度单位为 $\times 10^5$Pa，内圈刻度单位为 kg/cm^2，GY-3 型果实硬度计，连接小的压头时，用内圈刻度读数，连接大的压头时，用外圈刻度读数。注明压头直径数，取其平均值。

五、注意事项

（1）测定果实硬度，最好是测定果肉的硬度，因为果皮的影响往往掩盖了果实的真实硬度。不同个体之间应取相同的部位，以便于比较。

（2）量硬度时，应均匀缓慢插入，不得转动压入，更不能冲击测量。

（3）硬度计探头必须与果面垂直，不能倾斜压入。

六、思考题

采用果实硬度计测定果实硬度，为什么一定要注明压头直径？

实验三　果蔬呼吸强度测定

呼吸作用是果蔬采收后进行的重要生理活动，是影响贮运效果的重要因素。测定呼吸强度可衡量呼吸作用的强弱，了解果蔬采后生理状态，为低温和气调贮运以及呼吸热计算提供必要的数据。因此，在研究或处理果蔬贮藏问题时，测定呼吸强度是经常采用的手段。测定果蔬采后呼吸强度的方法很多，根据测定原理，可分为碱液吸收法、气相色谱法仪法和非色散红外分析法。碱滴定法灵敏度低，目前已不使用；气相色谱法仪器费用昂贵，因此，CO_2 分析仪法越来越受到人们的关注。本实验使用的为 CO_2/H_2O 分析仪。

一、实验目的

了解果蔬采后生理状态，为低温和气调贮运及呼吸热计算提供必要数据。

二、实验原理

LI-6262 CO_2/H_2O 分析仪（美国 LI-COR 公司生产）是基于红外分析的仪器。它是根据比尔定律和气体对红外线的选择性吸收原理设计而成的。CO_2 气体对红外线有其特定吸收带，其特征波长是 $4.26\mu m$，红外光源通过斩光器被调制成相差 180° 的两束 500Hz 的脉冲光，分别通过参比室和样品室，由于样品较参比有更大的吸收，一个周期内两次检测器的信号响应不同,通过容压转换、反相、鉴频、比较放大等电路处理,达到测定目的。

利用 LI-6262 CO_2/H_2O 分析仪测定封闭气室内 CO_2 浓度随时间的变化,在一段时间间隔内,CO_2 初始浓度和终了浓度的差值即为这段时间内被测果蔬的 CO_2 交换量($\mu mol/mol$),通过换算得出呼吸强度 [$mg\ CO_2/(kg \cdot h)$]。

三、实验材料与仪器设备

1. 实验材料

苹果,梨,柑橘,番茄,黄瓜,香蕉等。

2. 仪器设备

LI-6262 CO_2/H_2O 分析仪。

四、实验内容

1. 连接仪器、预热

选择体积合适的玻璃罐和可以密封的塑料盖,在盖上打两个小圆孔,分别插入橡皮管,其中一根需插到罐底,另一根插在罐口处,用两个铁夹夹住橡皮管。将 LI-6262 型 CO_2/H_2O 分析仪接通电源,打开预热 5min(此时气体循环泵是关闭的),并将数据显示模式调为 CO_2 浓度模式。

2. 测定

试验材料称重后密封于玻璃罐里,然后将两个通气口分别插入便携式 CO_2 分析仪的两个接口,移开铁夹,形成闭路循环,并打开气体循环泵,待仪器数字显示变化平稳后,记录该时间点的 CO_2 浓度,然后关闭气体循环泵,用铁夹夹住橡皮管,抽出分析仪的接口,以同样的方法测量另一罐中的 CO_2 浓度。记录每个罐在 30min 内每隔 5min 仪器数字显示的 CO_2 浓度值,平行测定 3 次。

3. 实验结果及计算

根据下式计算呼吸强度:

$$呼吸强度\ [mg\ CO_2/(kg \cdot h)] = \frac{(C_1 - C_2) \times V \times M \times 1\ 000}{V_0 \times m \times \frac{t_2 - t_1}{60}}$$

式中:C_1——t_1 时刻密闭容器中 CO_2 浓度($\mu mol/mol$);

C_2——t_2 时刻密闭容器中 CO_2 浓度($\mu mol/mol$);

V——密闭容器的容积(L);

M——CO_2 的摩尔质量(g/mol);

V_0——测定温度下 CO_2 摩尔体积(L/mol);

m——测定用果蔬的质量(kg);

t——记录 CO_2 浓度的时间点(min)。

实验四　果蔬的气调保鲜技术

一、实验目的

掌握气调保鲜袋的一般规格和制作方式；学会保鲜袋内气体成分的测定分析；观察不同果蔬对气调贮藏的反应；掌握气调保鲜的实验原理、特点及应用。

二、实验原理

果蔬的气调保鲜是指在低温贮藏的基础上，通过人为改变环境气体成分来达到对果蔬保鲜贮藏目的的一项技术。即：气调保鲜就是在保持适宜低温的同时，降低贮藏或包装环境中氧的含量，适当改变二氧化碳和氮气的组成比例。水果、蔬菜在收获后仍具有生命力，其生命活动所需能量是通过呼吸作用分解生长期积累的营养物质来获得的。因此，果蔬保鲜的实质是降低果蔬呼吸作用以减少营养物质的消耗。气调贮藏就是通过减少环境中呼吸作用所必需的氧气含量，可以显著地抑制呼吸强度，推迟跃变型果蔬呼吸高峰的出现；适当提高二氧化碳浓度可延缓果实硬度的降低和叶绿素的减少，从而保持果蔬良好的质地以及绿色蔬菜和果品的绿色。对多数果蔬而言，采用气调保鲜技术可使其在较长的贮藏期内较好地保持果蔬原有质地、风味和营养。气调保鲜可广泛用于果品蔬菜及肉制品的加工中。

三、实验材料与仪器设备

1. 实验材料

选取刚采收的果品和蔬菜。果品为富士苹果，皇冠梨；蔬菜为蒜薹和青椒（甜椒）；0.025mm 聚乙烯吹塑膜，规格 65cm×65cm；0.05mm 聚氯乙烯吹塑膜，规格 120cm×70cm；塑料扎口绳。

2. 仪器设备

高频热和机，氧、二氧化碳测定仪，果实硬度计（或质构仪）。

四、实验内容

1. 工艺流程

果蔬材料挑选→基础品质数据测定→冷库预冷降温→果蔬装袋扎口→测定并记载袋内气体成分→观察果蔬质量的变化→结束实验

2. 操作要点

（1）材料挑选　选取成熟度一致、大小均一、无病虫伤害和机械伤的果蔬。

（2）所有的实验果蔬在扎口进入气调状态前，必须认真预冷，使产品温度（品温）和贮藏尽量相近后，方可扎口封袋，这是防止袋内结水或结露的关键步骤。

（3）取气样测定时，要抖动袋子，使所取的气样具备良好的代表性。取气结束后，用透明胶带将针孔黏合。

（4）所实验果蔬的生产性参考贮藏期限为：富士苹果 6～7 个月，皇冠梨 4 个月，蒜薹 9～10 个月，青椒 1.5 个月。气体成分不适宜，特别是二氧化碳浓度高时，富士苹果和皇冠梨容易受高 CO_2 伤害，主要症状是果肉褐变；青椒对高 CO_2 也比较敏感；蒜薹对 CO_2 忍耐性较强，但是要根据测气情况，开袋放风。

3. 实验设计

（1）用 0.025mm 厚聚乙烯吹塑膜制作的规格为 65cm×65cm 的保鲜袋，每袋装富士苹果、皇冠梨和青椒 5kg，重复 4 次；规格 120cm×70cm、厚度为 0.05mm 聚氯乙烯吹塑膜，每袋装蒜薹 20kg，重复 4 次。

（2）富士苹果、皇冠梨的适宜贮藏低温为 $-1\sim0℃$，蒜薹的贮藏温度为 $-0.7\sim0℃$，而青椒的贮藏温度为 $(8\pm0.5)℃$。

（3）入贮的前 10d 左右，塑料袋内为微环境气体的建立期，所以宜 1~2d 测气 1 次；以后当袋内气体变化趋向平衡时，可每周测定 1 次气体成分。

（4）气调保鲜的效果评价是通过外观品质和内在品质综合进行的。比较简单且实用的评价指标是：果肉硬度、果实外观颜色和新鲜度、果实可溶性固形物含量，以及可滴定酸的含量。

（5）为了使对照果蔬（不进行气调处理）尽量保持与气调果蔬相近似的贮藏条件，对照果蔬也采用同样的包装袋包装，但是不扎口密封。

五、思考题

1. 简易气调贮藏和正规气调贮藏的最大区别是什么？
2. 气调过程中，氧、二氧化碳的相互作用效果如何？
3. 怎样避免低氧和高二氧化碳伤害？

实验五　臭氧杀菌技术

一、实验目的

学习臭氧水产生装置的使用、浓度的控制；了解臭氧处理果蔬后延长货架期的效果和不适宜浓度对果蔬的伤害作用等。

二、实验原理

臭氧在常温、常压下分子结构极不稳定，很快自行分解成氧气和单个氧原子，后者具有很强的活性，对病原菌有极强的氧化作用，可抑制其生长繁殖或将其杀死，多余的氧原子则会自行重新结合成为普通氧原子。因此，利用臭氧杀菌不存在任何有毒残留物，故称为无污染消毒技术。臭氧对多种细菌和病毒都有极强的杀灭能力，对杀死霉菌也有极好的效果。一般认为臭氧杀菌的基本原理有以下几个方面：

（1）臭氧分解细菌内部氧化葡萄糖所必需的葡萄糖氧化酶。

（2）直接与细菌、病毒发生作用，破坏其细胞器和核糖核酸，分解 DNA、RNA、蛋白质、脂质类和多糖等大分子聚合物，使细菌的新陈代谢受到破坏，导致细菌死亡。

（3）渗透胞膜组织，侵入细胞膜内作用于外膜脂蛋白和内部的脂多糖，使细胞发生通透畸变，导致细胞溶解死亡。

臭氧的强杀菌能力及无残留污染优点使其在食品行业的消毒除味、防霉保鲜方面得到广泛应用。

三、实验材料与仪器设备

1. 实验材料

植物性或动物性原料（以新鲜黄瓜和葡萄作为蔬菜和水果的代表）。

2. 仪器设备

高浓度臭氧水发生装置（采用氧气源、臭氧产量大于 10g/h，水中臭氧浓度不小于 5mg/L，如 TCA-20 高浓度臭氧水发生装置），高浓度臭氧水在线分析仪（一般分析测量，精度 5%；高精度研究测量，精度 1%），打孔 PE 包装袋，显微镜，塑料容器等。

四、实验内容

1. 工艺流程

果蔬实验材料挑选→臭氧水制备及其浓度测定→将实验材料在臭氧水中浸泡一定时间→沥去表面水分→打孔 PE 包装袋免口包装→常温或低温货架观察果蔬质量的变化

2. 操作要点

（1）材料挑选　选取成熟度一致、大小均一、无病虫伤害和机械伤的果蔬。

（2）不同臭氧水浓度的制备　可通过先制备高浓度臭氧水，随时间推移逐步得到所需浓度的方式。

（3）打孔 PE 包装袋　PE 包装袋包装的目的是为了减少臭氧水处理后的试材在观察期间的水分散失，便于效果观察，在包装袋上打孔且采用免口方式的目的是尽量排除包装的简易气调作用。

3. 实验设计

臭氧水的浓度、浸泡时间、臭氧水的温度都影响果蔬的杀菌效果，因此应采用正交试验的方法确定最佳工艺条件。参考处理浓度为 0.5~2.0mg/L，处理时间 2~5min，处理水温为常温，处理重复 3 次。

五、思考题

1. 为什么臭氧处理要综合考虑浓度与时间的综合效应？
2. 臭氧水处理参数不适宜的后果是什么？

实验六　果品蔬菜贮藏综合设计实验

一、实验目的

本实验旨在了解果蔬的贮藏特性、贮藏条件和适宜的贮藏方法，了解果蔬在贮藏中的生理、生化变化情况，初步掌握制订果蔬保鲜方案的基本方法，各项生理、生化指标的分析检测方法及各项贮藏性能指标的统计方法，掌握果蔬冷藏期间的管理技术。

二、预习准备

为了保证实验设计的科学性，首先需要复习巩固果蔬采后生理基础知识及贮藏保鲜技术，同时查阅相关资料。

三、实验材料与仪器设备

1. 实验材料

香蕉（6 成熟），蒜薹（或当地其他果品、蔬菜），0.015mm 厚聚乙烯塑料薄膜袋

（35mm×20cm），施保克等分析检测所需的各种试剂和药品。

2. 仪器设备

塑料果筐，折光仪，台秤，温度计，呼吸强度测定装置，冷藏库（也可采用恒温箱）。

四、实验内容

探求包装以及贮藏环境温度对香蕉、蒜薹（或当地其他果品、蔬菜）贮藏寿命的影响。

（1）设计包装对香蕉、蒜薹等果蔬贮藏的影响。

（2）设计不同贮藏温度（应包括冷害温度、最适温度和常温）对香蕉、蒜薹等果蔬贮藏寿命的影响。

（3）研究不同贮藏过程中香蕉、蒜薹等果蔬果实品质（包括色泽、硬度、水分、可溶性固形物、可滴定酸抗坏血酸）、腐烂率和主要呼吸强度的变化。

（4）实验完毕后，撰写实验报告。

五、思考题

1. 贮藏香蕉、蒜薹应掌握哪些技术要点？这些技术要点有何作用？
2. 你对香蕉贮藏有哪些合理化建议？哪些方面需作进一步深入研究？

第五章 果品蔬菜加工实验

实验一 防止果蔬在加工中的变色

果蔬的色泽及其变化是评价新鲜果蔬品质、判断成熟度及加工制品品质的重要感官指标。因此，加工前需要熟悉果蔬色泽变化的原因，掌握控制色素变化的方法，以便在加工中采取切实有效的措施，防止和控制果蔬在加工中的色泽变化，从而保证生产出高质量的产品。

一、实验目的
掌握新鲜果蔬发生色泽变化的原因及控制变色的方法。

二、实验原理
果蔬的色素主要由叶绿素、类胡萝卜素、花青素和黄酮类色素四类色素构成。在加工中由于容易受到光、热、酸、碱等加工处理的影响而发生色泽变化。果蔬的色泽发生变化主要有两种形式：褐变及叶绿素的变化。因此，防止果蔬在加工过程中的变色主要基于两方面的原理。

1. 褐变的防止

褐变可分为酶褐变和非酶褐变。

（1）酶褐变的防止　果蔬组织中含有丰富的酶类和其作用底物酚类，在氧气的作用下，酚氧化酶作用于酚类底物导致果蔬色泽发生变化，因此，防止酶促褐变的发生，主要从控制氧和酶两方面入手。

①钝化酶的活性：采用热烫、抑制剂等手段作用于酶，使其活性丧失或减弱。

②改变酶作用的条件：通过控制 pH 值及改变水分活度等手段来改变酶作用的最适条件，使其活性丧失或受到抑制。

③隔绝氧气的接触：在有氧的条件下，果蔬原料中的酚类化合物在多酚氧化酶的作用下，迅速氧化成邻醌，转而又迅速地聚合生成黑褐色的类黑精。通过隔绝氧，就能有效地阻断这一反应的发生。

④使用抗氧化剂：使用抗坏血酸、二氧化硫等抗氧化剂，中和氧气。

（2）非酶褐变的防止　非酶褐变是指不需要经过酶的催化而产生的一类褐变，如美拉德反应、抗坏血酸氧化、脱镁叶绿素褐变等。非酶褐变一般可用降温、加二氧化硫、改变 pH 值、降低成品浓度、使用较不易发生褐变的糖类（蔗糖）等方法加以延缓及抑制。具体措施有：防止过度热力杀菌，以 70~75℃ 为宜，杀菌 3~5min 后立即冷却；pH 值控制在 6 以内；贮藏温度控制在 10~15℃ 为宜。

2. 防止叶绿素的变化

叶绿素是一种天然色素，对光、热、酸、碱等比较敏感。因此，在加工或贮藏过程中常易褪色或变色，对蔬菜成品感官质量影响巨大。叶绿素的防护措施有：

①碱处理：将蔬菜在0.01%的氢氧化钠等稀碱溶液中浸泡20~30min，叶绿素生成叶绿酸盐、叶绿醇等，颜色仍为鲜绿色。但这种方法保绿时间不太长，会导致营养成分的严重损失。

②用铜或锌取代叶绿素中的镁，生成铜和锌的衍生物，可以长期保持绿色。

三、实验材料与仪器设备

1. 实验材料

马铃薯，苹果，菠菜，1.5%愈创木酚，3%过氧化氢，1%邻苯二酚，亚硫酸钠，柠檬酸，食盐，0.5%碳酸氢钠，0.5%氧化钙，0.1%盐酸。

2. 仪器设备

电磁炉，不锈钢锅，水果刀，漏勺，搪瓷盘子，烘箱，天平。

四、实验内容

1. 酶活性的检验及防止酶促褐变

（1）观察酶促褐变的色泽

①马铃薯去皮后，切成3mm厚的薄片，取一片在切面上滴2~3滴1.5%的愈创木酚，再滴2~3滴3%的过氧化氢。由于马铃薯中过氧化氢酶的存在，愈创木酚和过氧化氢在酶的作用下脱氢形成褐色的络合物。

②苹果去皮后，切成3mm厚的薄片，取一片在切面上滴2~3滴1%的邻苯二酚。由于苹果中多酚氧化酶的存在，使原料变成褐色或深褐色的络合物。

（2）防止酶促褐变

①热烫：高温可以使氧化酶丧失活性，因而生产中常采用热烫的方式防止酶促褐变。

将马铃薯片投入沸水中，待再次沸腾后计时，每隔1min取出1片，在切面上分别滴2~3滴1.5%的愈创木酚，再滴上2~3滴3%的过氧化氢，观察其变色的速度和程度，直至不变色为止，将剩余的马铃薯片投入冷水中及时冷却。

②化学试剂处理：一些化学试剂可以降低介质的pH值或减少溶解氧，起到抑制氧化酶活性的作用，防止和减少变色。

将切片的苹果分别取3~5片投入到1% NaCl、0.2% Na_2SO_3、0.5% $C_6H_8O_7 \cdot H_2O$ 和 0.5% $K_2S_2O_5$ 溶液中护色20min，取出沥干，观察其色泽。

③将去皮后的马铃薯、苹果各取3片置于空气中10min，观察其色泽变化。

④将上述①、②、③处理的马铃薯和苹果片置于55~60℃的恒温干燥箱中干燥，观察干燥前后的色泽变化情况，并进行记载。

2. 叶绿素变化及护绿

（1）取数片洗净的菠菜叶分别在0.5% $NaHCO_3$、0.1% HCl 和 0.05% Zn(Ac)$_2$ 溶液中浸泡30min，捞出沥干明水。将经以上处理的菠菜放入沸水中处理2~3min，取出立即在冷水中冷却，沥干明水。

（2）将洗净的菠菜在沸水中热烫2~3min，捞出立即冷却，沥干明水。

（3）取洗净的新鲜菠菜4~5片。

（4）将以上（1）、（2）、（3）处理的菠菜置于55~60℃的恒温干燥箱中干燥，观察不同处理产品的色泽，并进行记载。

五、思考题
1. 除实验中所列方法外，还有哪些方法可以防止果蔬的褐变？
2. 叶绿素变化的原因是什么？

实验二 真空冷冻脱水果蔬的加工

一、实验目的
通过实验了解真空冷冻干燥的基本知识及设备的操作过程。

二、实验原理
水有3种相态，即固态、液态和气态，3种相态之间既可以相互转换又可以共存。真空冷冻干燥是把新鲜的食品（如蔬菜、肉类、水产品等）预先快速冻结，并在真空状态下，将食品中的水分从固态升华成气态，再解吸干燥除去部分结合水，从而达到低温脱水干燥的目的。冻干食品不仅保持了食品的色、香、味、形，而且最大限度地保存了食品中的维生素、蛋白质等营养成分。冻干食品具有良好的复水性，食用时只要将该食品加水即可在几分钟内复原。

真空冷冻脱水香蕉片的加工就是利用香蕉片在冰点以下冷冻，水分即变为固态冰，然后在较高真空下使冰升华为蒸汽而除去，达到脱水干燥的目的。此法可广泛应用于蔬菜类、水果类、肉禽类、水产品、保健食品、饮料类以及食品添加剂的加工中。

三、实验材料与仪器设备
1. 实验材料
市售成熟的香蕉，包装袋等。

2. 仪器设备
速冻设备（-38℃以下），真空冷冻干燥机，真空包装机，台秤，天平等。

四、实验内容
1. 工艺流程
原料→前处理→速冻→真空脱水干燥→后处理

2. 操作要点
（1）前处理 将新鲜成熟的香蕉切成4~5mm厚片，称重后放在托盘中（单层铺放）。

（2）速冻 将装好的香蕉片速冻，温度在-35℃左右，时间约2h，冻结终了温度约在-30℃，使物料的中心温度在共晶点以下（溶质和水都冻结的状态称为共晶体，冻结温度称为共晶点）。

（3）真空脱水干燥 包括升华干燥和解析干燥两个阶段。

①升华干燥：将冷库面冷至-35℃，打开干燥仓门，装入预冻好的香蕉片并关上仓门，启动真空机进行抽真空，当真空度达到30~60Pa时，进行加热，这时冻结好的物料开始升华干燥。但加热不能太快或过量，否则香蕉片温度过高，超过共熔点，冰晶融

化，会影响质量。所以，料温应控制在-20~25℃之间，时间的为3~5h。

②解吸干燥：升华干燥后，香蕉片中仍含有少部分的结合水，拉牢固。所以必须提高温度，才能达到产品所要求的水分含量。料温由-20℃升到45℃左右，当料温与板层温度趋于一致时，干燥过程即可结束。

真空干燥时间为8~9h，此时水分含量减至3%左右，停止加热，破坏抽真空，出仓。如此干燥的香蕉片能在80~90s内用水或牛奶等复原，复原后仍具有类似于新鲜香蕉的质地、口味等。

(4) 后处理　当仓内真空度恢复接近大气压时打开仓门，开始出仓，将已干燥的香蕉片立即进行检查、称重、包装等。

冻干食品的包装是很关键的。由于冷冻食品保持坚硬，外逸的水分逸出留出孔道，冻干食品组织呈多孔状，因此与氧气接触的机会增加，为防止其吸收大气水分和氧气可采用真空包装或充氮包装。为保持干制食品含水量在5%以下，包装内应放入干燥剂以吸附微量水分。包装材料应选择密闭性好、强度高、颜色深的。

3. 实验设计

在真空冻干过程中影响因素很多，如物料厚度、预冻温度和升华真空度等条件，可进行多因素多水平的试验设计。通过实验结果确定最佳工艺参数。

五、产品评定

1. 产品的脱水率

$$冻干产品的脱水率 = \frac{W_1 - W_2}{W_1} \times 100\%$$

式中，W_1——冻干前的质量（g）；

W_2——冻干后的质量（g）。

2. 产品评价

感官指标：外观形状饱满（不塌陷）；断面呈多孔海绵状；保持了原有的色泽；具有浓郁的芳香气味。复水较快，复水后芳香气味更浓。

卫生指标：应符合国家标准。

六、思考题

1. 加热升华时温度是不是越低越好？为什么？
2. 冻干食品与传统干燥食品相比有哪些优点？

实验三　黄花菜的干制

黄花菜又名金针菜、萱草，是百合科多年生宿根草本植物。黄花菜花蕾既能药用又可食用，黄花菜是一种多年生草本植物的花蕾，味鲜质嫩，营养丰富，含有丰富的花粉、糖、蛋白质、维生素C、钙、脂肪、胡萝卜素、氨基酸等人体所必需的养分，其所含的胡萝卜素甚至超过西红柿的几倍。

一、实验目的

掌握蔬菜干制品的加工方法和设备。

二、实验原理

采用加热干燥（也叫热风干燥），以空气为干燥介质，利用太阳能、电能、燃煤等将空气加热，热空气和物料进行热交换，促使物料中的水分蒸发，从而达到干制的目的。

三、实验材料与仪器设备

1. 实验材料

黄花菜，亚硫酸氢钠。

2. 仪器设备

电磁炉，不锈钢盆，不锈钢锅，电热鼓风恒温干燥箱，托盘台秤，电子天平。

四、实验内容

1. 工艺流程

原料验收→烫漂→晒干→硫处理→烘烤→包装→入库

2. 操作要点

（1）黄花菜的采收　要获得黄花菜较高的成品率和提高产品的质量，必须掌握好收获的季节与摘采时间。成熟时的花蕾呈黄绿色，花体饱满，花瓣上纵沟明显。

①收获季节：黄花菜的品种不同，生长的气候、地理环境不同，其成熟期不同，收获季节不同。如湖南的四月花，6月上旬收获，而中秋花要到9月上旬才能收获；江苏的大叶比小叶收获季节早。

②采收时间：黄花菜须在花蕾待放前及时采摘干制，采收过早，花蕾小、产量低，加工后干制品颜色易发黑，产品质量差；采收过晚，花蕾已经开放，产品质量也差。湖南早黄花、江苏的大叶必须在早晨采摘，过后花蕾开放则影响质量。菜子花与江苏的小叶在午前1~2h采摘。阴雨天花蕾开放早，可适当提前采摘。

（2）原料的验收　用做干制的黄花菜要选择花蕾大、黄色或橙黄色的品种。选择花蕾充分发育而尚未开放，外形饱满，颜色由青绿转黄，花蕾有弹性，花瓣结实不虚的黄花菜为原料，剔除已经开放或尚未发育好的花蕾及其他杂质。并按成熟度进行分级。验收后马上加工，以免花蕾继续开放，影响品质。

（3）烫漂

①蒸汽烫漂：用蒸汽蒸15~20min，当菜蒸软而往下塌陷，色泽由深黄变成浅黄时，停止加热。

②沸水烫漂：沸水中处理数分钟，待花蕾颜色由黄色变成淡黄色，用手捏住柄部，花蕾向下垂，即可捞出沥干。

（4）干制

①自然晒干：晾晒方法是将黄花菜摊在水泥晒场上或晒席上，摊晒的厚度要适当，不能过厚。晒时要经常翻动（每隔2~3h翻动一次），使之干燥均匀。晚上将摊晒的黄花儿菜收回，以免因受潮而影响产品色泽。2~3d即可晒干，当用手抓紧再松开，花随着松开时，说明已经晒干，即可收回包装。

②人工干制：有烘房干制和电热鼓风干燥箱干制两种。

烘房干制：先将经热烫过的黄花菜放入烘盘中，厚度要适当。干燥时先将烘房温度升至85~90℃，然后把盛有黄花菜的烘盘放入烘房。此时黄花菜大量吸热，烘房内温度下降至60~65℃时，在此温度下保持10~12h，最后将温度自然降至50℃，直至烘干为止。当烘房内的相对湿度达到70%以上应立即进行通风排湿，当相对湿度降到60%以下时结束通风排湿。在干燥期间注意倒换烘盘和翻动黄花菜，防止黄花菜黏于烘盘或烘焦。整个干制期间倒盘翻菜3~4次。

电热鼓风干燥箱干制（实验室）：将干燥箱的温度设定为65℃，待干燥箱的温度达到设定温度后，将经热烫过的黄花菜放入干燥箱中，厚度要适当。在恒温下进行鼓风干燥，在干燥期间注意翻动黄花菜，每隔1~2h翻动一次，防止黄花菜黏于烘盘或烘焦。整个干制期间倒翻菜3~4次。

（5）回软均湿　烘干后的黄花菜，由于含水量低，极易折断，且黄花菜个体间的干燥程度不一，含水量不均匀，所以，烘制结束后应立即放到密闭容器中进行回软均湿。当以手握不易折断，手松开时能恢复弹性时，即可进行包装。

（6）包装　回软均湿后的含水量为15.5%，即可包装。用聚乙烯袋每250g或500g小包装。干燥率一般为（3.5~5）:1。

五、产品评定

1. 感官指标

干制黄花菜要求色泽均匀，表面无杂质。

2. 理化指标

评定产品的出品率（%）、色泽、形状、复水性。

3. 微生物检验（略）

六、思考题

1. 黄花菜干制前期为什么要采用高温干燥？
2. 黄花菜干制过程中对水分蒸发起控制作用的是什么？

实验四　微波膨化苹果片的加工

一、实验目的

掌握微波膨化苹果片的加工方法、关键技术和设备；利用微波干燥技术干燥果蔬原料；掌握微波加工技术及其合理的利用。

二、实验原理

微波加热技术既干燥又膨化，微波加热的原理基于微波与物质分子相互作用被吸收而产生的热效应。果蔬原料含水量高，水为吸收性介质，微波在其中传播时会显著地被吸收而产生热，水能强烈地吸收微波，所以用微波技术加工果蔬产品，产品不仅复水性好，且能很好地保持产品的色泽，同时又不改变食品品质和风味。膨化苹果片的加工，采用加热干燥使物料的含水量达到15%~20%的水平，然后再用微波加热，由于微波加热速度快，物料内部气体温度急剧上升，而传质速率慢，受热气体处于高度受压状态而有膨化的趋势，达到一定的压强时，物料就会发生膨化。

三、实验材料与仪器设备

1. 实验材料

苹果，维生素 C，柠檬酸，氯化钠。

2. 仪器设备

不锈钢盆，不锈钢锅，电磁炉，去皮机/不锈钢刀具，切片机/不锈钢刀具，电热鼓风干燥箱，微波炉，真空干燥箱，天平，托盘台秤，糖度计。

四、实验内容

1. 工艺流程

原料验收→分拣、清洗→去皮、去核、切分→分选、修整→护色→气流干燥→微波膨化（MD）干燥→真空干燥→分选→包装

2. 操作要点

（1）原料品种要求　应选择糖分较高（以折光计 8～10° Brix）、糖酸比适中、口感甜脆、不易褐变、水分适中（86%～88%）、耐贮存的品种为宜，如红富士、国光等，另外原料应大小均匀、果形整齐、成熟度适中（8 成左右）、无病虫害、无内外伤。

（2）验收　原料对感官指标及糖分、水分进行验收，感官验收按 0.5%～3% 进行抽样检查，糖度指标采用折射仪快速测定，水分指标也用快速监测仪测定。

（3）分拣、清洗　原料进行分拣，剔除霉烂、病虫、畸形果，并按大小进行分级。分选后的原料按大小级别分别采用清洗机进行清洗，去除表面泥土和附属物。

（4）去皮、去核、切分

①去皮：经过清洗后的原料用相应的工具或机械进行去皮，去皮厚度要均匀，尽可能控制在 1mm 左右，去皮后的苹果如不能及时转入下一道工序，则投入护色液中，以防褐变。

②去核：去完皮的苹果再去核，去核应根据苹果大小采用相应的去核工具进行去核，既要保证彻底去核，又要尽量减少果肉损失，最好选用能同时去皮、去核的工具机械，去核后的苹果要立即切分，否则应投入护色液中。

③切分：切分应根据要求的形状（如苹果圈、月牙形片、苹果瓣等）、厚度（一般 6～8mm）等规格，用手工或相应的机械进行切分。去皮、去核、切分所用的刀具材料必须是不锈钢。

（5）分选、修正　切分后的苹果片（圈）要及时分选，去除断片、碎片、严重褐变、厚薄不均等不合格品。对局部有斑点、带皮、含核粒等苹果片用不锈钢小刀进行修整去除，以保证全部合格品进入下道工序。

（6）护色　经切分分选修正后的苹果片要及时进行护色。

护色液配方：0.3% 维生素 C +0.2% 柠檬酸 +1.0% 氯化钠。

护色时间：0.5～1h。

护色液与物料的比例 1.5∶1，并保证所有物料都浸泡在护色液中，否则应加盖压物（如不锈钢筛、塑料网盘等）。

（7）气流干燥

①装筛：经护色后的苹果片，捞出后装框，用自来水冲洗净表面的护色液后及时装筛，装筛时必须单层均匀摆放，不可重叠。

②干燥：将装好筛的苹果片置于电热鼓风干燥箱中，在65~70℃恒温条件下进行干燥。

③干燥终点的控制：干燥终点是以物料含水量为标准确定的，本阶段的最终含水量要求控制在20%~25%，时间需1.5~2h。

④均湿：经过气流干燥后的物料由于上下层及每一层不同部位之间差别，造成苹果片之间的水分不完全一致，因此要进行水分平衡处理，处理方法：将上述干燥好的苹果片迅速装入密闭容器内，使片与片之间的水分逐步达到平衡一致。

(8) 微波干燥 经过水分平衡后的苹果片进行微波干燥，微波干燥的主要目的是通过微波的作用使苹果片产生一定的膨化效果，同时也具有干燥脱水作用。

微波功率应严格控制，不同物料所需的参数不同，应通过不断调试加以确定，以最终实现理想的膨化效果又不导致物料烤焦（产生糊味）为准，一般来说微波干燥时间为3~5min，通过微波干燥，使物料水分下降5%~10%，最终含水率为10%~15%。

经微波干燥后的苹果片要进行分选，剔除烤焦、碎片、严重变形等不合格片，剩余的合格品及时进入下一道工序（真空干燥）。

(9) 真空干燥 经过微波干燥并分选后的苹果片要及时尽行真空干燥。

进行真空干燥时应先将物料均匀的摆放在烘盘上，厚度2~3cm然后把烘盘放入烘箱的每一层中，放置烘盘时按先上后下的顺序，放置烘盘的速度要快，尽量一次放完，然后关闭箱门，启动真空泵并加热干燥。

真空干燥温度控制在50~55℃，真空度不低于0.8MPa，干燥可设置每隔0.5h，自动破真空，以保持苹果片的膨化效果。

真空干燥终点控制以物料含水率3%~5%为准，具体干燥时间应通过不断试验及目测法加以确定，以苹果片冷却后酥脆为基本判断依据，一般来说，苹果片的真空干燥时间为2~3h。

(10) 分选、包装 从真空干燥箱出来的苹果片要及时进行分选，不允许长时间曝露在空气中（不宜超过30min）以防回潮。

3. 实验设计

由于微波的功率、干燥时间、物料厚度等因素都影响到干燥率，采用正交试验的方法确定最佳工艺条件。

4. 含水量的计算

$$含水量 = \frac{m_0 - m_g}{m_0} \times 100\% \qquad 干燥速率 = \frac{\Delta m}{\Delta t}$$

式中：m_g——干物质质量；

m_0——物料初始质量；

Δm——相邻两次测量的失水质量；

Δt——相邻两次测量的时间间隔。

五、产品评定

对微波膨化苹果片的评定有出品率、色泽、形状、口感、风味，此外还包括含水量、重金属含量及微生物的测定。

六、思考题

1. 膨化苹果片在干燥时发生膨化的原理是什么？

2. 苹果片为什么要护色？
3. 除了微波功率、时间，还有哪些因素影响干燥速率及产品品质？

实验五　果蔬速冻加工

一、实验目的
掌握果蔬速冻及冷冻保藏的基本原理及方法。

二、实验原理
果蔬速冻加工后，能很好地保持原料原有的风味和营养成分，并且由于速冻后低温下可以极大地抑制微生物的活动，也可以有效抑制果蔬中酶的活性，使速冻品保存期延长。

三、实验材料及仪器设备

1. 实验材料

菠菜，葡萄，食盐，维生素 C。

2. 仪器设备

不锈钢刀，不锈钢锅，塑料袋，台秤，可控温冰箱，可控温低温冰柜，速冻机。

四、实验内容

（一）速冻菠菜加工

1. 工艺流程

选料→清洗→切根→剔选→烫漂→冷却→沥水→摆盘→速冻→挂冰衣→整形、包装→冻藏

2. 操作要点

（1）选料　色泽深绿色、鲜嫩、无病虫害、无黄枯叶、无损伤和腐烂，高度 25～35cm。

（2）清洗、切根　在清水中清洗干净，洗去泥沙和杂草，切去菜根，留根茬 0.2～0.3cm。根较粗时，在根的截面用小刀划"十"字，以利烫漂、沥干水分。

（3）烫漂　用 5% 的食盐水（护色和增加硬度）将温度控制在 98℃ 左右进行烫漂，烫漂时间为根部 70s、叶部 50s，烫漂温度和烫漂时间要严格控制，防止烫漂不足和烫漂过度。

（4）冷却　烫漂后将菠菜立即用自来水进行冷却，沥干水分。

（5）摆盘、预冷　按长度分级摆放在冷冻盘中（根朝向一端，表面压平，并挤去过多水分），然后放入冰箱中进行预冷，直至菠菜温度降至 0～5℃。

（6）速冻　将预冷后的菠菜迅速放入 -35℃ 的冰柜中进行速冻，使菠菜中心温度达到 -18℃ 以下即可。

（7）挂冰衣　将速冻好的菠菜在 0～2℃ 冷水中浸泡片刻，使表面结成一层冰衣，以利于保护成品。

（8）整形、包装　整理表面使其整齐美观后，装入塑料袋，放入冷库中贮藏，要求在 -18℃ 低温下贮藏和运输。

（二）速冻葡萄粒的加工

1. 工艺流程

原料→脱粒、拣选→清洗、沥水→消毒、冲洗、沥水→护色、沥水→预冷→速冻→包装、冻藏

2. 操作要点

（1）选料　原料采用无病虫害、无疤痕、无机械损伤、着色好、饱满、果香浓郁葡萄穗。

（2）脱粒　用剪刀将葡萄粒逐个剪下，不碰伤葡萄果粒，并剔除不合格果粒。

（3）清洗　用自来水冲洗剪下的葡萄果粒5~6遍，洗至无杂质后沥干水分。

（4）消毒　将洗净的葡萄粒浸入0.05%的高锰酸钾溶液中，保持5min，然后用自来水冲洗5~6遍，沥干水分。消毒对原料进行消毒的目的是延长其保质期。

（5）护色　将消毒后的葡萄粒用0.05%维生素C水溶液浸泡3~5min后，捞出沥干水分。护色的目的是抑制酶活性，控制氧化作用，防止褐变。

（6）预冷　将护色并沥水的葡萄粒迅速放入2℃的冰箱内预冷，直到葡萄粒温度降至0~5℃。

（7）速冻　将预冷后的葡萄粒平铺在大盘中，放入-35℃冰柜冻结30min，要求30min内冻品中心温度达到-18℃以下，速冻好的产品要求互不粘连。

（8）包装、冻藏　将速冻好的葡萄粒迅速放入包装袋中，用抽真空包装机包装，在-18℃下冻藏，并尽量保持恒温。

五、产品评定

速冻果蔬产品评定指标有原料重、净料重、出品率、速冻效果。

微生物指标符合国家标准中的规定，致病菌不得检出。

六、思考题

1. 影响速冻制品品质的因素有哪些？
2. 叶菜速冻应注意什么问题？挂冰衣有何作用？

实验六　冷冻粉碎技术

一、实验目的

利用冷冻粉碎技术生产蔬菜粉。

二、实验原理

冷冻粉碎技术是利用物料在低温状态下的"低温脆性"，即物料随温度的降低，其硬度和脆性增加，而塑性和韧性降低，在一定温度下用一个很小的力就能将其粉碎。物料的"低温脆性"与玻璃化转变现象密切相关。首先使物料低温冷冻到玻璃化转变温度或脆化温度以下，再用粉碎机将其粉碎。

三、实验材料与仪器设备

1. 实验材料

常温下易褐变的蔬菜或水果，以山芋为例。

2. 仪器设备

振荡筛或离心机，冷冻粉碎机，天平等。

四、实验内容

1. 工艺流程

选料→清洗→切片→护色→烫漂→冷淋→沥水→速冻→粉碎→包装→冷藏

2. 操作要点

(1) 选料、清洗、切片　选取新鲜山芋，用流动的水清洗干净。去皮后切成厚度为2mm的薄片。

(2) 护色、烫漂　将山芋片立即放入护色液中进行护色，护色液由柠檬酸0.5%、食盐1.5%组成，在95～100℃的水中预煮2min，以减弱酶活力并排除组织中的氧气，从而抑制褐变发生。

(3) 冷淋、沥水　烫漂后，将山芋片迅速放入冷水中冷淋，降低温度，然后用振荡筛或离心脱水。

(4) 速冻、粉碎　将山芋片置于－35～－30℃的温度下冻结15min后，放进冷冻粉碎机在低温状态下将冻菜粉碎成粉末。

(5) 包装、贮藏　称量与包装在－5℃的环境中进行。包装材料需预冷和进行紫外线杀菌，成品在－25～－18℃的冷库中贮藏即可。

3. 实验设计

由于物料的性质，如含水量、含糖量、软度等不同，呈现冷脆性的玻璃化温度也不同，因此也将会有不同的冷冻温度。再加上粉碎的温度、粉碎机转速大小以及冷源的选择（空气或液氮）等对产品的粉碎粒度、营养物质的损失等品质均有影响，因此需要采用正交试验的方法确定最佳工艺条件。

五、产品评定

将粉碎后的山芋称重，并测量粒度。冷冻粉碎的山芋应颗粒细小均一，具有山芋颜色、香气和口感，微生物及理化指标应符合相关国家标准。

六、思考题

1. 为什么说蔬菜水果采用冷冻粉碎更好？
2. 影响粉碎后的蔬菜水果品质的因素有哪些？

实验七　泡菜的加工

一、实验目的

通过实验操作，了解泡菜加工的基本原理，掌握泡菜的加工技术。

二、实验原理

泡菜是以多种新鲜蔬菜为原料，浸泡在加有多种香料的低浓度盐水中，经发酵作用而成的制品，其加工的基本原理是：在泡菜坛的厌氧条件下，蔬菜中的糖分等营养成分在蔬菜表面的乳酸菌（或直接加入的乳酸菌）的作用下，产生乳酸等风味物质，加上香辛料和食盐的添加，使得泡菜的具有独特的香气和滋味，并提高其保藏性。

三、实验材料与仪器设备

1. 实验材料

各种蔬菜，食盐，大蒜，干红椒，花椒，生姜，黄酒，白酒等。

2. 仪器设备

泡菜坛子，电子天平，不锈钢刀，案板。

四、实验内容

1. 工艺流程

$$坛子→洗净→消毒$$
$$↓$$
$$原料选择→洗涤→整理、切分→装坛→发酵→成品$$
$$↑$$
$$沸水+食盐→冷却→6\%\sim8\%稀盐水+调料$$

2. 操作要点

（1）原料选择　选用组织紧密、质地脆嫩、肉质肥厚而不易软化的新鲜蔬菜，如萝卜、胡萝卜、甘蓝、白菜、莴苣、刀豆、四季豆、豇豆、嫩姜、青辣椒等。

（2）原料处理　新鲜蔬菜经过充分洗涤后，进行整理和切分，剔出粗筋、须根、老叶、黑斑、腐烂等不可食部分，体形过大的原料可适当切成块或丝，沥干。

（3）配制盐水　按原料∶盐水＝1∶1配制6%～8%食盐水，配制的盐水煮沸、过滤、冷却。为了增进泡菜的品质，可在配制盐水时加入2.5%黄酒，0.5%白酒，3%蔗糖，1%干辣椒，5%生姜，还可加入各种香料：如花椒0.05%、八角0.1%等（各种香料最好用纱布包好），以增进泡菜的风味。

（4）装坛　多种蔬菜可装一坛浸泡，将准备好的原料投入洗净、消毒过的坛中，各种蔬菜的比例根据各人的喜好而定，装到半坛时可将香料包放入，再装原料至距坛口6cm时为止，用竹片将原料卡压住，随时灌入配制好的盐水淹没菜面，最后在坛口处加入少量的醋，以抑制其他杂菌的生长，促进乳酸发酵的进行。在坛口边的外槽中加注清洁的水或盐水，再扣上扣碗，形成水封口。

（5）管理　暖季将坛置于阴凉处，冷季则置于温暖处，进行自然发酵，1～2d后坛内因食盐的渗透压作用，使原料体积缩水，原料体积和盐水下降。此时，可再加原料和盐水，使液面保持距坛口3cm。待泡菜具有应有的浓郁香气，咸酸适度，稍有甜味和鲜味则为成熟，即可食用。夏季一般3～4d即可成熟，冬季10d左右才能成熟。

泡菜在泡制过程中，由于乳酸菌的发酵作用，发酵产物乳酸不断累积，因此可以根据微生物的活动情况和乳酸累计量，将泡菜发酵过程分为3个阶段。

发酵初期：蔬菜刚入坛时，其表面带入的微生物主要是不抗酸的大肠杆菌和酵母菌进行的异型乳酸发酵和微弱的酒精发酵，发酵产物为乳酸、乙醇、醋酸和二氧化碳等。发酵消耗氧气，产生二氧化碳，使得泡菜坛逐渐形成厌氧环境。随着二氧化碳的增加，泡菜坛中的气体压力大于大气压，就有二氧化碳气泡从坛沿的水槽中溢出。此时泡菜的含酸量为0.3%～0.4%，是泡菜的初熟阶段，菜质咸而不酸、有生味。

发酵中期：由于厌氧环境的形成，乳酸菌发酵开始活跃，并进行同型乳酸发酵。这时，乳酸的累积量达到 0.6%~0.8%，pH 值为 3.5~3.8，大肠杆菌、腐败菌、酵母菌和霉菌的活动受到抑制。这期间为泡菜的完全成熟阶段，菜质酸而清香，常以这个阶段作为泡菜的成熟期。

发酵后期：随着乳酸发酵的继续进行，乳酸含量继续增加。当乳酸含量达到 1.2% 以上时，乳酸杆菌的活性受到抑制，发酵速度逐渐变缓甚至停止。此阶段泡菜酸度过高，风味不协调。

五、产品评定

1. 感官指标

具有泡菜固有的色、香和酸味，咸淡适中，质地脆嫩，无杂质，无其他不良风味，不得有霉菌斑点和白膜。

2. 理化指标（表 5-1）

表 5-1　泡菜的理化指标

项　目		指　标
食盐浓度（以 NaCl 计）/%		2~4
总酸（以乳酸计）/%		0.4~0.8
砷（以 As 计）/（mg/kg）	≤	0.5
铅（以 Pb 计）/（mg/kg）	≤	1
亚硝酸盐（以 $NaNO_2$ 计）/（mg/kg）	≤	10.0

3. 微生物指标（表 5-2）

表 5-2　泡菜的微生物指标

项　目		指　标
细菌总数/（cfu/100g）	≤	90
大肠杆菌/（MPN/100g）	≤	30
致病菌（沙门菌、志贺菌、金黄色葡萄球菌）		不得检出

六、思考题

1. 泡菜加工的基本原理是什么？
2. 影响泡菜脆性的因素有哪些？如何进行泡菜的保脆？
3. 制作泡菜时，坛口不密封可以吗？为什么？
4. 影响泡菜中的亚硝酸盐含量的因素有哪些，如何防止泡菜中亚硝酸盐的生成。

实验八　方便榨菜的加工

一、实验目的

通过本实验熟悉榨菜加工的工艺流程，理解蔬菜腌制原理，掌握方便榨菜的加工方法。

二、实验原理

蔬菜腌制的原理主要是利用食盐的防腐保藏作用、微生物的发酵作用、蛋白质的分解作用以及其他的生物化学作用，抑制有害微生物活动和增加产品的色、香、味。其变化过程复杂而缓慢。

榨菜作为我国腌制菜的一个重要品种，是以茎用芥菜膨大的茎（青菜头）为原料，经去皮、切分、脱水、盐腌、拌料装坛（或入池）、后熟等工艺加工而成，由于脱水方法不同又有四川榨菜（川式榨菜）与浙江榨菜（浙式榨菜）之分，前者为自然晾晒（风干）脱水，后者为食盐脱水，形成了两种榨菜品质上的差异。

三、实验材料与仪器设备

1. 实验材料

（1）原料　茎用芥菜（青菜头要求基部膨大、质地细密、粗纤维少）。

（2）辅料　食盐、辣椒粉、花椒、八角、山奈、生姜、肉桂、甘草、白胡椒、砂果。

（3）包装袋　三层复合袋（PET/AC/PP），氧气和空气透过率为0，袋口表面平整、光洁。

2. 仪器设备

夹层锅，真空封口机，台秤，天平，腌菜缸等。

四、实验内容（以川式榨菜为例）

1. 工艺流程

2. 配方

洁净的青菜头32kg；盐1.624kg；辣椒粉0.11kg；花椒1.5g；混合香料5.3g（其中：八角占55%、山奈占10%、干姜占15%、砂头占4%、肉桂占8%、胡椒粉占5%，甘草3%）；红盐24g（其中：食盐19.2g、辣椒粉4.8g）。

3. 操作要点

（1）分类划块　依原料质量进行分级，并进行划块，使块型大小均匀，老嫩兼顾。

（2）晾晒　先将菜块的粗皮老筋剥掉，然后按菜块大小，分别穿串，挂于特制的晒架晾晒至菜块表面皱缩，周身柔软，无硬心。

（3）剥皮　将晾晒好的菜块剥去全部老皮并修整。

（4）初腌　每12.16kg脱水菜块用盐0.547kg。按一层菜一层盐，逐层压实的操作方法。直至缸（池）满，撒上盐盖上盖，压紧腌制72h。

（5）翻菜　菜块盐渍后捞出，上囤、压紧、压榨。经24h后，收得初腌咸坯。

（6）复腌　初腌成坯计量入缸（池），每11.5kg初腌菜坯用食盐0.557kg，按一层菜一层盐，逐层压实的操作方法，至缸（池）满，撒盐盖盖，压紧。24h后，早、晚压菜各一次，7d 后捞出上囤，再压实、压榨，收得复腌咸坯。

（7）修剪　复腌菜坯上囤 24h 后，撤囤，用剪刀修去老皮，挑出老筋，剪掉菜耳，除去斑点，使菜坯光滑整齐。

（8）整形分等　经过改刀整形，使菜块大小均匀，形状美观。

（9）淘洗　用盐渍菜卤的澄清液，将修剪整形菜块反复淘洗 3 次，洗净泥沙杂物。

（10）压榨脱水　经淘洗后的菜块，立即上囤，踩实压紧。靠自重压力脱水 24h。

（11）配料　将淘洗上囤的菜块，按每 9.45kg 压榨脱水菜坯加盐 0.52kg，再加入辣椒粉 0.11kg、花椒 1.5g 及混合香料粉 5.3g，拌和均匀。

（12）装坛　将拌好辅料的菜坯分 5 层装入坛内，层层用木棒捣实，按每坛装配料菜坯 2.5kg 计，每坛在坛口撒上红盐 6g，再用苞谷壳 2~3 层，交错盖好。最后用经盐渍拌和辅料的长梗菜叶或苞谷壳扎好坛口，转入发酵后熟。

（13）发酵后熟　将装好菜坯的菜坛置阴凉干燥处，经 2 个月后熟，即为成品。后熟时，在 20d 左右，应打开坛口检查，发现菜块下落，要立即添加同级的新菜坯；发现发霉要立即挖出，另换新菜坯。

（14）切分　将腌制好的榨菜原料按成品要求切分为片状、丝状或颗粒状。

（15）装袋　按（100±2）g 进行装料，装料结束，用干净抹布擦净袋口油迹及水分。

（16）封口　0.09~0.10MPa 的真空度下，4~5s 抽空封口，热合带宽度应大于 8mm，封口不良的袋，拆开重封。

（17）杀菌　封口后及时进行杀菌，采用 85℃，8min 蒸汽杀菌。

（18）冷却　杀菌后立即投入水中进行冷却，以尽量减轻加热所带来的不良影响。

五、产品评定

1. 感官指标

味鲜、微辣、咸淡适口、回味返甜、无异味；质地嫩脆、无老筋；块状、大小基本一致。

2. 理化指标

水分 ≤6%；食盐含量 ≤10%；含酸量（以乳酸计）≤1.0%。

按照 GH/T 1012—2007《中华人民共和国供销合作行业标准　方便榨菜》操作。

六、思考题

1. 榨菜香气与滋味的形成途径有哪些？
2. 比较川式榨菜与浙式榨菜工艺上的区别，并以此来分析两种榨菜品质上的不同。
3. 生产上要提高方便榨菜的保藏性可从哪几方面采取哪些措施？

实验九　酱菜的加工

一、实验目的

通过实验操作，掌握酱菜加工的基本原理，了解酱菜的加工技术。

二、实验原理

酱菜加工包括盐腌（原料预处理）和酱渍两个步骤，是以盐腌加工制备的咸坯菜，经过去咸排卤后，再进行酱渍加工而成的一种非发酵型蔬菜腌制品，其加工的基本原理是：新鲜的蔬菜在收获季节先采用大量的食盐制备成含盐量高达20%~22%的咸菜坯，延长了保质期，然后经过脱盐工艺，使得含盐量降低到10%左右，添加豆酱或甜面酱等酱料进行酱渍，使得酱料中的各种营养成分、风味成分和色素，通过渗透、吸附作用进入蔬菜组织内，从而形成滋味鲜甜、质地脆嫩的酱菜。

酱菜加工利用了食盐的防腐保藏作用、微生物的发酵作用、蛋白质的分解作用以及其他生物化学作用，抑制有害微生物活动和增加产品的色、香、味。

三、实验材料与仪器设备

1. 实验材料

新鲜蔬菜，食盐，稀甜酱。

2. 仪器设备

恒温鼓风干燥箱，台秤，陶瓷缸（搪瓷缸或不锈钢缸），不锈钢刀，菜板，手持糖度计。

四、实验内容

1. 工艺流程

原料选择→盐渍→曝晒→初酱→复酱→成品

2. 操作要点

（1）原料选择 制作酱菜的蔬菜品种有40余种，多以不怕压、挤，含水量较少，肉质坚实的萝卜、芥菜头等为原料。若以萝卜为原料，需挑选圆形、色白、皮薄、大小均匀、组织致密、质地脆嫩的新鲜小萝卜，每千克50个以上，将鲜萝卜分为大、中、小3级，分别洗净加工。

（2）盐渍 按照每100kg蔬菜用盐7~9kg，一层菜一层盐，下少上多的方式盐渍，缸满为止。以后每隔12h转缸一次，并将原盐水淋浇在菜面上。如此进行4次后出缸。

（3）烘干（曝晒） 将起缸的咸坯置入烘箱，在50~60℃烘烤，或者摊开曝晒5~7d，至表皮呈现皱纹，收得率35%左右，即可堆放在室内避阳处密封贮藏备用。

（4）初酱 选用腌制好的咸坯，剔除空心，削净头尾及根须，用水洗净后进行初酱。将咸萝卜坯装入布袋，按照100kg新鲜蔬菜用甜面酱100kg进行酱渍，每天开袋翻缸一次，2~3d后出缸，沥干盐水。

（5）复酱 将初酱过的蔬菜按照每100kg新鲜蔬菜用甜面酱100kg进行复酱，每日开袋翻缸1次，酱渍15d左右即为成品。

五、产品评定

1. 感官指标

具有酱腌菜固有的色、香、味，无杂质，无其他不良气味，不得有霉斑白膜。

2. 理化指标（表5-3）

表 5-3 酱腌菜的理化指标

项 目		指 标
总砷（以 As 计）/（mg/kg）	≤	0.5
铅（Pb）/（mg/kg）	≤	1
亚硝酸盐（以 $NaNO_2$ 计/（mg/kg）	≤	20

3. 微生物指标（表5-4）

表 5-4 酱腌菜的微生物指标

项 目		指 标
大肠菌群/（MPN/100g）散装	≤	90
大肠菌群/（MPN/100g）瓶（袋）装	≤	30
致病菌（沙门菌、志贺菌、金黄色葡萄球菌）		不得检出

六、思考题
1. 简述酱菜腌制品的色、香、味形成机理。
2. 简述食盐的保藏作用机制。

实验十 果脯的加工

一、实验目的
通过实验操作，进一步理解果脯蜜饯的糖制原理，掌握果脯蜜饯加工技术。

二、实验原理
果脯是一种果蔬的糖制品，是以新鲜的果品蔬菜为主要原料，经过预处理、糖煮、糖渍和烘干等工序加工而成的制品，其加工的基本原理是：在糖煮和糖渍过程中，果蔬中的水分和气泡被糖分取代，使得产品一方面具有高的渗透压和较低的水分活度，抑制微生物的腐败，延长贮藏期，另一方面赋予产品特有的晶莹剔透、饱满的外形和特有香气和滋味。

三、实验材料与仪器设备
1. 实验材料
苹果，柠檬酸，白糖，亚硫酸钠，氯化钙，氢氧化钠。

2. 仪器设备
pH 计，手持糖度计，热风干燥箱，不锈钢锅，电炉（煤气灶、电磁炉、电饭锅），挖核器，不锈钢刀，台秤，天平等。

四、实验内容
1. 工艺流程
原料的选择、分级→清洗→去皮→切分、去核→护色、硬化、硫处理→糖煮、糖渍→烘干→整形→包装→成品

2. 操作要点

（1）原料选择　首先选用适宜加工的苹果品种，要求果心小，果实含水量较少，固形物含量较高，酸分偏多，褐变不显著，耐煮，果实颜色美观，肉质细嫩并具有韧性的品种，如红玉、倭锦、国光等品种。其次选用新鲜饱满，成熟度为九成熟，无病虫害和腐烂的苹果。

（2）分级　按果实横径的大小分级，其中75mm以上为一级，65～74mm为二级，64mm以下为三级。分级后的果品要分别进行加工处理。

（3）清洗、去皮　先用1%的稀盐酸或1%的碳酸钠稀溶液浸洗，除去附在表面的农药。然后用手工去皮、去皮机去皮或碱液去皮，去皮厚度不得超过1.2mm。碱液去皮时碱液（氢氧化钠）的浓度为12%～15%，方法是将苹果浸入煮沸碱液中1～2min，迅速捞出放入冷水中冲洗，擦去表面残留皮层。去皮后马上浸入1%～2%的盐水中护色。

（4）切分、去核　二级、三级果纵切为2瓣，一级果纵切为3瓣，分别放置，用挖核器挖净籽巢与梗蒂，修去残留果皮，用清水洗涤1～2次。

（5）护色、硬化、硫处理　将切分好的苹果瓣浸入质量分数为0.1%的氯化钙（或质量分数为1.5%的石灰液）和质量分数为0.3%的亚硫酸氢钠溶液中，进行硬化与护色处理，时间为20～25min，肉质坚硬的苹果可不做硬化处理。经过处理的果瓣，要充分漂洗，脱除残留的化合物。

（6）糖煮、糖渍　用水和白砂糖配制成质量分数为40%～50%的糖液，经煮沸后，将已处理好的果块投入煮沸的糖液中。将果块煮沸数分钟后，开始逐次撒入白砂塘，加糖次数2～3次，直到糖液中的可溶性固形物含量达到65%以上，糖煮结束加入10%转化糖浆。全部糖煮过程需要30min左右，待果块被糖液所浸透呈透明时，立即出锅，捞入缸中，尽快降低糖液温度到70℃以下。将糖液和果块浸泡24～48h。再将果块及糖液回锅加热到80～90℃后，捞出果块摆放烤盘上，沥干。

（7）烘烤　温度65～70℃，期间翻盘、整形2次，烘至果块含水量18%～20%，总糖65%～70%即为终点。

（8）包装　挑出焦片、碎块等不合格产品，根据苹果脯质量标准进行分级、包装。

五、产品评定

1. 感官指标

（1）色泽　浅黄、橙黄或黄绿，基本一致，有透明感。

（2）组织与形态　块形完整、基本一致，组织饱满，质地柔软、有韧性，不定糖、不流糖。

（3）滋味与气味　甜酸适口，具有原果味，无异味。

（4）杂质　不允许有外来杂质。

2. 理化指标

（1）水分　16%～20%。

（2）总糖（以转化糖计）　60%～70%。

3. 微生物指标

细菌总数≤100cfu/g，大肠杆菌≤30MPN/100g，致病菌不得检出。

六、思考题

1. 制作苹果脯的过程中，防止返砂和流糖的主要措施有哪些？
2. 随着人们生活水平的提高，人们对"高糖、高盐和高脂肪"食品提出了新的要求，新型的低糖果脯成为发展的趋势。请对低糖果脯生产中可能出现的问题进行分析，并提出相应的解决办法。

实验十一　果酱的加工

一、实验原理

通过实验操作，进一步理解果酱加工的原理，掌握果酱加工技术。

二、实验原理

果酱是一种以食糖的保藏作用为基础，同时利用果胶的胶凝作用生产的一种高糖、高酸制品，呈泥状或块状，其加工原理，一方面利用果胶在pH值低于3.5和蔗糖（脱水剂）含量高于50%时，脱水，电性中和，胶凝而成凝胶，使得果酱丰满晶莹，有流体感，香甜宜人；另一方面利用高糖溶液的高渗透作用、降低水分活度作用、抗氧化作用来抑制微生物发育，提高维生素的保存率，改善品质色泽和风味。

三、实验材料与仪器设备

1. 实验材料

草莓，白糖，柠檬酸。

2. 仪器设备

夹层锅，不锈钢刀，台秤，天平，精密pH试纸（3~3.5），手持糖度计，四旋瓶等。

四、实验步骤

1. 工艺流程

原料选择→清洗→去杂→浸糖、预煮→加热浓缩→趁热装罐→趁热杀菌→冷却→成品

2. 操作要点

（1）原料选择　要求草莓必须新鲜，八至九成熟，果皮红色占果皮面积的70%以上，无霉烂、病虫害、僵果及死果，宜采用含果胶量多及含酸量多，芳香味浓郁的品种，如鸡心、鸭嘴等品种。

（2）清洗　倒入流动水中浸泡3~5min，分装于孔筐中，在流动水或通入压缩空气的水槽中清洗，去净泥沙污物。

（3）去杂　拣去杂物和不合格果实，去梗、萼片后，再用水清洗，然后沥去水分。

（4）浸糖、预煮　向不锈钢锅中加入草莓质量50%的水，加入白糖，搅拌至白糖溶解，可溶性固形物达到50%左右。将上述处理过的草莓倒入糖液中，浸糖20min。加热糖液至95℃，保持3~5min，进行预煮和杀酶。

（5）加热浓缩　向夹层锅中再次加入新鲜草莓质量50%的白糖，继续加热、搅拌，

浓缩至可溶性固形物含量大于67%（含糖量大于60%），加入柠檬酸溶液调整pH值小于3.5，加入山梨酸，浓缩结束，出锅。此过程应尽快进行，避免草莓的花青素在高温下过度分解，有条件的单位可进行真空浓缩。

（6）趁热装罐　将瓶盖、玻璃瓶先用清水洗净，然后用沸水消毒3~5min，在装罐前预热至65℃。果酱出锅后，迅速装罐，保证装罐后果酱温度保持在85℃以上，并用干净的纱布迅速擦干净黏附在瓶口的果酱，迅速拧紧瓶盖，并检查封口是否严密。此过程应尽快完成，切忌果酱低温装罐和低温封盖。

（7）趁热杀菌、冷却　封盖后的果酱罐头采用水浴杀菌。将罐头至于沸水中保温15min，然后分别在80℃、60℃、40℃的水中分段冷却至室温。

五、产品评定

1. 感官指标

酱体呈紫红色或红色，有光泽，均匀一致。具有草莓酱罐头应有的滋味及气味，果实香味浓，酸甜适口，无异味。酱体呈黏胶状，徐徐流散，有部分果块、果实，无果蒂，无汁液析出。

2. 理化指标

可溶性固形物含量>65%（按开罐时折光计）；总糖量>60%（以还原糖计）。

3. 重金属含量

符合GB 11671—2003的要求。

4. 微生物指标

符合罐头食品商业无菌要求。

六、思考题

1. 草莓酱加工中，预煮的目的是什么？
2. 草莓酱加工中，调节pH值的目的是什么？加入白糖的目的是什么？
3. 果胶的凝胶条件是什么？
4. 果胶的胶凝机理是什么？影响胶凝的因素有哪些？
5. 果酱类制品的加工要点有哪些？
6. 果酱产品若发生汁液分离是何原因？如何防止？
7. 制作果酱过程中切块后，为什么要进行预煮？

实验十二　罐头类果品蔬菜加工

一、实验目的

通过实验操作，进一步理解果蔬罐头的加工原理，掌握果蔬罐头的加工技术。

二、实验原理

果蔬罐藏是将原料经过预处理和调味后，装入特制的密封容器中，经过加热、排气、密封、杀菌等工序，使罐内微生物死亡或失去活力以达到商业无菌的状态，使原料本身所含的各种酶类失去活性以防止各种氧化作用的进行，使灭菌、灭酶后的果蔬与外界隔绝以防止微生物再污染和氧气等因子引起的物理化学变化，从而使制品得以长期保存。随着果蔬保鲜和加工技术的发展，传统意义的果蔬罐头产品消费量有所下降，但是果蔬罐藏的原理和方法是果品蔬菜加工的重要内容，在包装材料和包装形式等方面得到广泛的发展。

三、实验材料与仪器设备

青豌豆（或各类果蔬），白糖，精盐，柠檬酸，封口机，灭菌锅等。

四、实验内容

1. 工艺流程

剥壳分级→盐水浮选→预煮漂洗→复选→配汤装罐→排气密封→杀菌冷却→擦水入库

2. 操作要点

（1）豌豆　供罐藏的豌豆品种最好是产量高、成熟整齐，同株上的豆荚成熟度一致。采收时豆荚膨大饱满，荚长5~7cm，内部种子幼嫩，色泽鲜绿，风味良好。含糖及蛋白质高，如菜豌豆、白豌豆。

（2）剥壳分级　用剥壳机或人工去壳，并进行分级。

①分级机分级：按豆粒大小分成四号，如表5-5所示。

表5-5　青豌豆罐头分级机分级表

号数	一	二	三	四
豆粒直径/mm	7	8	9	10

②盐水浮选法：随着采收期及成熟度不一，所用盐水浓度不同，一般先低后高，如表5-6所示。

表5-6　青豌豆罐头盐水浮选法分级表

采收期		豆粒等级			
		1	2	3	4
前期	密度（15℃/4℃）	1.014~1.020	1.028~1.034	1.035~1.049	1.056~1.066
	质量百分比	2~3	4~5	5.3~7	81~95
	波美/°Bé	2~3	4~5	6~7	8~9
后期	密度（15℃/4℃）	1.056~1.066	1.072~1.083	1.090~1.099	1.107~1.115
	质量百分比	8.1~9.5	10.3~11.5	12.5~13.3	14.8~16
	波美/°Bé	8~9	10~11	12~13	14~15

（3）预煮漂洗　各号都分开煮，在100℃沸水中按其老嫩烫煮3~5min，煮后立即投入冷水中浸漂（为了保绿可加入0.05%碳酸氢钠在预煮水中）。浸漂时间按豆粒的老嫩而定，嫩者30min，老者1~1.5h，否则杀菌后，豆破裂汤汁浑浊。

（4）复选　挑选各类杂色豆、斑点、虫蛀、破裂豆及杂质、过老豆，选后再用清水淘洗一次。

（5）配汤装罐　配制2.3%沸盐水（也可加白糖2%）。入罐时汤汁温度高于80℃。

（6）豆粒按大小号和色泽分开装罐。要求同一罐内大小、色泽基本一致。装罐量

450g 瓶装青豆 240~260g，汤汁 190~210g。

(7) 排气密封　排气中心温度不低于 70℃。

(8) 抽气密封　40kPa（300mmHg）。

(9) 杀菌冷却　450g 瓶装杀菌式 10min – 35min/118℃ 分段冷却。

五、产品评定

1. 感官指标（表 5-7）

表 5-7　青豌豆罐头的感官指标

项目	指标
色泽	豆粒为青黄色或淡绿色，允许汤汁略有浑浊
滋味及气味	具有青豌豆罐头应有的滋味及气味，无异味
组织及形态	组织软硬适度，同一罐中豆粒大小均匀，允许污斑豆、红花豆、虫害豆的总量不超过固形物重的 1%，轻度污斑豆不超过 4%，破片豆不超过 8%，黄色豆不超过 1.5%，外来植物性物质不超过 0.5%，但以上 5 项的总量不超过 10%
杂质	不允许存在

2. 理化指标（表 5-8）

表 5-8　青豌豆罐头的理化指标

项目	指标
净重	每罐（瓶）允许公差 ±3%，但每批平均不低于净重
糖水浓度	0.8%~1.5%（以 NaCl 计）
固形物	≥55%

3. 微生物指标

细菌总数 ≤10cfu/mL；大肠菌群 ≤6MPN/100mL；致病菌无检出。

六、思考题

1. 果蔬罐头杀菌的温度和时间应根据哪些因素决定？
2. 写出罐头杀菌公式，并解释其含义。
3. 制作罐头为何要排气？罐头密封和杀菌的目的是什么？
4. 罐头制品杀菌后为何要迅速冷却？

实验十三　　果品蔬菜加工综合设计实验及实例

一、实验目的

本实验旨在培养学生具有独立开展食品研究开发的能力，培养学生独立思考、独立操作、理论联系实际和融会贯通的能力，为以后的毕业论文的开展打下坚实的基础。

二、实验选题

设计实验选题原则，一是实验的内容和难度要适宜，要考虑整个实验的时间限制在 2~3 周内完成，不可太少、太易，也不可太多、太难；二是实验的可控制性，要考虑到课程性质是"实验"课，因此要强调实验的可控制性，不可过于创新，否则难以完成整个环节训练；三是选题的新颖性，要考虑到当前果品蔬菜加工过程的前沿性问题，以提高学生进行实验的积极性。表 5-9 中的实验题目可供参考。

表 5-9　"果品蔬菜加工综合设计实验"题目

序号	实验题目	内容提要
1	蒜片热风（真空）干燥工艺研究	采用热风干燥或者真空干燥的方法，研究干燥介质温度、切片厚度、装料量 3 个因素对蒜片干燥效果的影响，经过单因素试验和正交试验，探讨各因素对蒜片干燥效率的影响规律，得到最佳的工艺条件
2	低糖苹果脯加工工艺研究	针对传统果脯高糖的问题，采用真空渗糖的方法，研究糖的种类、糖液浓度、填充剂种类和用量等对低糖苹果脯的饱满度、透明度、滋味等感官指标的影响，通过单因素试验和正交试验，得到最佳的工艺条件
3	泡菜发酵工艺的优化	研究食盐浓度、接种量、蔗糖浓度、发酵温度等因素对泡菜产酸及风味的影响，经过单因素试验和正交试验，探讨各因素的影响规律，得到最佳的工艺条件
4	一种新型果酱的加工工艺	以当地的一种特有果品蔬菜为原料，研究增稠剂浓度、柠檬酸浓度、蔗糖浓度等因素对新型果酱的感官品质的影响，通过均匀设计，得到各因素的影响规律，得到最佳的配方
5	蘑菇罐头的加工工艺研究	针对当前食用菌漂白护色多半采用亚硫酸盐处理，产品中可能存在二氧化硫残留超标，导致这类保鲜产品不易被消费者所接受的问题，选用柠檬酸、抗坏血酸和食盐进行护色和汤汁配制，研究各因素对罐头护色效果和罐头感官指标的影响，确定最佳的护色剂和汤汁配方

注：根据仪器设备的情况和实验室条件，从上述项目中选作一项或多项。

三、实验工作安排

果品蔬菜加工设计实验工作量大，提前做好实验计划显得非常重要。表 5-10 列示了设计实验进度安排。

表 5-10　实验进度安排表

序号	工作内容	时间	备注
1	教师启动会	实验正式开始前 5 周	实验指导小组商讨实验的组织形式，商定学生分组情况，确定实验题目，并按照题目分工
2	学生动员会	实验正式开始前 5 周	对学生进行分组，指定小组长，指定实验题目，协调学生分工合作，安排学生查阅资料并拟订实验方案
3	确定实验方案	实验开始前 3 周	在教师的指导下，商定实验方案，确定实验用到的化学分析方法和感官评定方法
4	准备实验材料	实验开始前 3 周	根据实验要求，检查所需的仪器设备状态，加以检修，购买所需的化学试剂和玻璃仪器
5	制订计划	实验开始前 1 周	按照实验内容，制订每天每节课的实验内容
6	采购实验原料	实验开始前 1 天	采购实验所需的果品蔬菜新鲜原料
7	实验实施	第 1 周~第 2 周	学生在教师的指导下，按照制订的实验计划进行实验，遇到问题及时讨论并解决
8	数据处理与实验报告的撰写	第 3 周	在教师的指导下，学生独立处理数据，并按照科技论文的撰写格式完成实验报告的撰写
9	总结交流会	第 3 周	全体教师和学生参加，以多媒体的形式交流实验成果和心得
10	评分	第 3 周	教师根据学生参与实验的积极性和主动性，出勤率、实验的完成效果等方面综合给出成绩

四、撰写实验报告

设计实验是培养学生科学研究能力培养的重要内容。科学研究的成果最终要以科技论文的形式体现，因此，设计实验的实验报告应以科技论文的格式进行，包括题目、作者、单位、中英文摘要、关键词、引言、材料与方法、结果与分析、结论、参考文献等内容。

下面介绍一种典型果品蔬菜加工的设计实例，供参考。

实例　芹菜干制（绿叶、绿茎菜类）

一、实验目的

通过将原料分别用不预煮、清水预煮、0.2% 的石灰水预煮 3 种方法对比的实验设计，观察不同处理的干燥实验结果。掌握含叶绿素的原料（绿叶、绿茎菜类）的护绿的原理和方法，学会利用该类原料生产干制品的方法。

二、实验原理

本实验利用的是水分干燥和碱性条件保护叶绿素的原理。

三、实验材料与仪器设备

1. 实验材料

芹菜，食用级石灰等。

2. 仪器设备

远红外干燥箱，不锈钢盆，不锈钢刀具。

四、实验内容

1. 工艺流程

每组取洗净、去杂的芹菜 3kg,分成三组→一组不预煮,一组用沸水预煮 1min,一组用烧开的 0.2% 的石灰水预煮 1min→对后二组处理者,分别用冷却水冷却→沥干(甩干)→于 50~70℃ 下烘干→分别称重→比较产品的色泽→记录实验数据→进行实验分析

2. 操作要点

（1）原料要求新鲜、脆嫩。
（2）预煮要适度,煮透即可,不宜过头。
（3）干燥温度合适,50~60℃。
（4）翻动及时。
（5）观察仔细,认真记录。
（6）石灰水浓度要准确,用石灰水预煮后要立即冷却,并漂洗干净。
（7）烘烤时间适当,若时间过长,产品易变黄甚至变褐。

3. 干燥结果记录

表 5-11　芹菜干制结果记录表

组别	预煮水组成	原料重/g	净重/g	产品重/g	预煮温度/℃	预煮时间/min	烘烤温度/℃	烘烤时间/h	产品颜色与光泽	出品率/%
一组	不煮									
二组	清水									
三组	石灰水									

五、产品评定

1. 感官指标

（1）色泽　产品为深绿色。
（2）外观形态　表面干缩,质硬。
（3）香气和滋味　气味清香,甘甜、微咸。

2. 理化指标

砷 $\leqslant 0.5$mg/kg；铅 $\leqslant 1.0$mg/kg；一般含水量 15%~20%。

3. 微生物指标

细菌总数 $\leqslant 100$cfu/mL；大肠菌群 $\leqslant 6$MPN/100mL；致病菌无检出。

第六章 饮料加工实验

实验一 果蔬汁的澄清实验

一、实验目的
通过果蔬汁的澄清实验，了解诱发果蔬汁浑浊或沉淀的因素和性质，掌握常用的几种果蔬汁澄清处理方法，了解其澄清原理和操作要点。

二、实验原理
在生产澄清型果蔬汁工艺中，澄清是其核心环节。用澄清方法将果蔬汁中的果胶、多糖、蛋白质等胶体物质及果肉微粒、纤维素、半纤维素等悬浮物质除去，避免出现沉淀或浑浊现象。常用的澄清方法包括离心分离澄清、澄清剂澄清和过滤澄清3种方法。本实验采用添加澄清剂的方法处理果蔬汁，来实现澄清的目的。

1. 酶法澄清

新榨出的果蔬汁一般都是一个稳定的胶体系统，主要是因为果蔬汁中含有果胶，果胶的黏性对胶体起保护作用，也能阻止果蔬汁中的蛋白质和多酚物质之间发生反应，使果汁保持稳定的浑浊度，阻碍果蔬汁的澄清。而且果胶与其他高分子物质由于分解或与金属离子结合及其他作用，在贮藏过程中会凝固沉淀，影响果蔬汁的质量和稳定性。因此，在过滤之前必须先经澄清处理。加入果胶酶降解果胶包括原果胶分解和溶解果胶降解两个过程。在酶解初始阶段，部分不溶于水的原果胶在酶的作用下变成可溶性果胶，此时原果胶量不断减少，水溶性果胶在增加。随后水溶性果胶被分解，果蔬汁的黏度急剧下降，原来的胶体系统就失去了稳定性，原本悬浮于果蔬汁中的物质极容易沉淀下来，达到澄清的目的。

2. 明胶单宁法澄清

明胶单宁澄清法是利用单宁与明胶或鱼胶、干酪素等蛋白质物质络合形成明胶单宁酸盐络合物的作用来澄清果蔬汁的。当果蔬汁液中加入单宁和明胶时，便立即形成明胶单宁酸盐络合物，随着络合物的沉淀，果汁中的悬浮颗粒被缠绕而随之沉淀。此外，果汁中的果胶、纤维素、单宁及多聚戊糖等带有负电荷，在酸性介质中明胶带正电荷，正负电荷微粒相互作用、凝结沉淀，也使果汁澄清。

三、实验材料与仪器设备

1. 实验材料

新鲜苹果，果胶酶，抗坏血酸，明胶，单宁，酒精等。

2. 仪器设备

榨汁机，可见分光光度计（浊度计），台式离心机，布氏漏斗，水浴锅，循环水真空泵等。

四、实验内容

（一）酶法澄清

1. 工艺流程

原料选择→清洗→破碎→榨汁→粗滤→加果胶酶→灭酶→过滤→清汁

2. 操作要点

（1）原料选择　选择新鲜、成熟度适当、无病虫害、适于取汁的品种为原料，不宜用贮存时间长、有霉烂的苹果。

（2）洗净、去皮、修整、切块　用水冲洗，洗净原料表面泥土、杂物和微生物；人工去皮、去核，后切分成2~3cm的果块。

（3）榨汁、粗滤　将切分好的果块放入榨汁机，同时在榨汁时放入苹果质量0.1%的抗坏血酸溶液护色，榨出的果汁经纱布粗过滤。

（4）果胶酶澄清　在明确出不同酶加入量、作用温度对果胶酶作用效果的前提下，采用酶的加入量为0.15%，作用温度为50℃，作用时间1h后，查看酶的作用情况。

（5）灭酶、过滤　将酶处理后的果汁迅速加热至80℃，处理5min后取出后冷却过滤，得清汁待测。

3. 澄清效果检测

采用可见分光光度计或浊度仪，以蒸馏水做阴性对照，未经酶处理果汁做阳性对照，在660nm下测定不同处理苹果汁的透光率，以透光率来表示苹果汁的澄清度。

（二）明胶单宁澄清法

1. 工艺流程

原料选择→清洗→破碎→榨汁→粗滤→加明胶、单宁→过滤→清汁

2. 操作要点

（1）原料选择　选择新鲜、成熟度适当、无病虫害、适于取汁的品种为原料，不宜用储存时间长、有霉烂的苹果。

（2）洗净、去皮、修整、切块　用水冲洗，洗净原料表面泥土、杂物和微生物；人工去皮、去核，后切分成2~3cm的果块。

（3）榨汁、粗滤　将切分好的果块放入榨汁机，同时在榨汁时放入苹果质量0.1%的抗坏血酸溶液护色，将榨出的果汁经纱布粗过滤。

（4）明胶、单宁澄清　将单宁配制成1%的溶液，加入量为果汁量的1%，充分搅拌溶解后加入明胶，加入量为单宁的2倍，搅拌均匀后静置。

（5）过滤　将澄清剂处理后的果汁迅速加热至80℃，处理5min后取出后冷却过滤，得清汁待测。

3. 澄清效果检测

采用可见分光光度计或浊度仪，以蒸馏水做阴性对照，未经明胶、单宁处理的果汁做阳性对照，在660nm下测定不同处理苹果汁的透光率，以透光率来表示苹果汁的澄清度。

五、产品评定

记录不同处理后清汁的透光率以考察果蔬汁的澄清效果，见表6-1。

表 6-1　不同样品的透光率

项目	蒸馏水	原果汁	酶处理	澄清剂处理
透光率/%				

六、思考题

1. 影响果胶酶澄清的因素有哪些？
2. 明胶单宁法澄清的原理是什么？
3. 比较酶法澄清和明胶单宁法澄清的优缺点？

实验二　软饮料的稳定性检验

一、实验目的

通过本实验的学习了解提高饮料稳定性的方法及其原理，熟悉软饮料中常用稳定剂的种类、不同稳定剂的作用效果和使用原则。

二、实验原理

许多软饮料的汁液呈现均匀混浊状态，因汁液中保留有果肉的细小颗粒，故其色泽、风味和营养都保存得较好。如何在饮料贮藏过程中仍然保持其稳定性，不发生分层沉淀现象，是软饮料生产中要面对的问题，常用的方法有物理方式（均质）和化学方式（添加稳定剂）。均质可使果蔬汁饮料中所含的悬浮颗粒进一步破碎，使微粒大小均一，促进果胶的渗出，使果胶和果蔬汁亲和，均匀而稳定地分散于果蔬汁中，保持果蔬汁的均匀混浊度，获得不易分离和沉淀的果蔬汁。而稳定剂，其水溶液有黏性，具有胶体保护作用，能缩小两相的密度差，提高溶液的黏度，在分散粒子表面形成一层膜。本实验就不同稳定剂以及物理处理方式对饮料稳定性的影响进行考察。

三、实验材料与仪器设备

1. 实验材料

新鲜西瓜，蔗糖，黄原胶，羧甲基纤维素钠（CMC-Na），海藻酸钠，藻酸丙二醇酯（PGA）等。

2. 仪器设备

榨汁机，黏度仪，均质机，高速离心机，电子天平等。

四、实验内容

1. 化学稳定剂对果汁稳定性实验

将西瓜榨汁粗滤后，分别用黄原胶、羧甲基纤维素钠、海藻酸钠、藻酸丙二醇酯按一定配比加入果汁进行稳定性实验。

（1）黄原胶对果汁的稳定性实验　取 50mL 的小烧杯 5 个，分别加入 20mL 果汁，之后再分别加入 0.05%、0.1%、0.15%、0.2%、0.25% 的黄原胶，充分溶解混匀，测其黏度，于 3 000r/min 离心处理 10min，观察是否出现分层情况，弃其上清液，记录离心管中沉淀的质量。

（2）羧甲基纤维素钠对果汁的稳定性实验　取 50mL 的小烧杯 5 个，分别加入

20mL 果汁，之后再分别加入 0.02%、0.04%、0.06%、0.08%、0.10% 的羧甲基纤维素钠，充分溶解混匀，测其黏度，于 3 000r/min 离心处理 10min，观察是否出现分层情况，弃其上清液，记录离心管中沉淀的质量。

（3）海藻酸钠对果汁的稳定性实验　取 50mL 的小烧杯 5 个，分别加入 20mL 果汁，之后再分别加入 0.05%、0.1%、0.15%、0.2%、0.25% 的海藻酸钠，充分溶解混匀，测其黏度，于 3 000r/min 离心处理 10min，观察是否出现分层情况，弃其上清液，记录离心管中沉淀的质量。

（4）藻酸丙二醇酯对果汁的稳定性实验　取 50mL 的小烧杯 5 个，分别加入 20mL 果汁，之后再分别加入 0.01%、0.015%、0.02%、0.025%、0.03% 的藻酸丙二醇酯，充分溶解混匀，测其黏度，于 3 000r/min 离心处理 10min，观察是否出现分层情况，弃其上清液，记录离心管中沉淀的质量。

2. 均质对果汁稳定性实验

将已经调配好的果汁加热至 50℃，分别在 15MPa、25MPa、35MPa 下进行均质 2 次，后于 3 000r/min 离心处理 10min，观察是否出现分层情况，弃其上清液，记录离心管中沉淀的质量，以不均质的果汁作为对照。

3. 均质与复配化学稳定剂共同对果汁稳定性实验

将果汁加入如下复配化学稳定剂，黄原胶 0.15%、羧甲基纤维素钠 0.06%、海藻酸钠 0.15%、藻酸丙二醇酯 0.02%，充分溶解混匀后，于 50℃下，在 25MPa 下进行均质 2 次，测其黏度，后于 3 000r/min 离心处理 10min，观察是否出现分层情况，弃其上清液，记录离心管中沉淀的质量。

五、产品评定

对不同处理后果汁的稳定性进行评定，主要包括果汁黏度、分层情况、沉淀量 3 个方面，见表 6-2~表 6-7。

表 6-2　黄原胶对果汁的稳定性实验

项目	0.05%	0.1%	0.15%	0.2%	0.25%	对照
果汁黏度/（Pa·s）						
分层情况						
沉淀量/g						

表 6-3　羧甲基纤维素钠对果汁的稳定性实验

项目	0.02%	0.04%	0.06%	0.08%	0.10%	对照
果汁黏度/（Pa·s）						
分层情况						
沉淀量/g						

表 6-4　海藻酸钠对果汁的稳定性实验

项 目	0.05%	0.1%	0.15%	0.2%	0.25%	对照
果汁黏度/（Pa·s）						
分层情况						
沉淀量/g						

表 6-5　藻酸丙二醇酯对果汁的稳定性实验

项 目	0.01%	0.015%	0.02%	0.025%	0.03%	对照
果汁黏度/（Pa·s）						
分层情况						
沉淀量/g						

表 6-6　均质对果汁稳定性实验

项 目	15MPa	25MPa	35MPa	对照
果汁黏度/（Pa·s）				
分层情况				
沉淀量/g				

表 6-7　均质与复配化学稳定剂共同对果汁稳定性实验

项 目	复配剂+均质	对照
果汁黏度/（Pa·s）		
分层情况		
沉淀量/g		

六、思考题

1. 有哪些方式可以增加饮料的稳定性？
2. 饮料生产中如何选择稳定剂？
3. 使用稳定剂的注意事项有哪些？

实验三　苹果汁饮料的加工

一、实验目的

本实验以苹果为原料对其进行取汁制饮料，通过本实验的学习熟悉混浊汁、澄清汁等果蔬汁饮料生产的工艺流程和生产操作，比较不同类型的果蔬汁生产工艺和设备的异同，了解主要生产设备的性能和正确的使用方法以及防止出现质量问题的措施。

二、实验原理

苹果所含营养丰富，是世界公认的对健康有利的十大水果之首，本实验对其取汁，制成澄清型和浑浊型苹果汁饮料。在制作澄清型苹果饮料时，选择适宜的澄清工艺，以保证苹果汁在贮藏期间的澄清性。制作浑浊型苹果饮料时，选择适宜的稳定剂和均质处理，来维持贮藏期间苹果汁的稳定性。

三、实验材料与仪器设备

1. 实验材料

新鲜苹果，果胶酶，抗坏血酸，黄原胶，羧甲基纤维素钠，白糖，柠檬酸，硅藻土等。

2. 仪器设备

榨汁机，板框过滤器，水浴锅，可见分光光度计，均质机，胶体磨，真空干燥箱，高压灭菌锅，封口机等。

四、实验内容

（一）澄清苹果汁

1. 工艺流程

原料选择→清洗→破碎→热烫→榨汁（加抗坏血酸护色）→粗滤→加果胶酶→灭酶→精滤→调配→装罐→杀菌→冷却→成品

2. 操作要点

（1）选果清洗　选择成熟度好、适于取汁的品种为原料，以国光、富士为主要原料，剔除病虫害果、机械损伤及腐败果，色泽正常，表面光滑的新鲜果实。用清水彻底清洗干净，必要时洗液中加入适量的高锰酸钾配成稀释液，然后用清水漂洗数遍。

（2）破碎热烫　苹果经破碎后，迅速进行热烫处理，以使苹果中的多酚氧化酶失活抑制褐变，热烫温度为95℃，热烫时间2min，热烫后果实迅速冷却。

（3）榨汁粗滤　用螺旋压榨机将预处理好的苹果进行压榨，榨汁时添加抗坏血酸进行护色处理，用量为苹果原料的0.1%。将榨出的苹果汁经滤布粗滤。

（4）加酶澄清　将粗滤完的苹果汁中加入果胶酶，用量为0.15%，在45℃下处理2h，之后加热灭酶。

（5）精滤　将灭酶后的苹果汁经板框过滤机进行精滤，硅藻土做助滤剂。

（6）调配　将果汁加入白糖和柠檬酸调味，白糖和柠檬酸事先经溶解过滤处理，将调配好的苹果汁定量灌装后密封。

（7）杀菌　灌装密封后的苹果汁于85℃下杀菌15min，后分段冷却至室温。

（二）浑浊苹果汁

1. 工艺流程

原料选择→清洗→破碎→热烫→榨汁（加抗坏血酸护色）→粗滤→调配→均质→脱气→调配→装罐→杀菌→冷却→成品

2. 操作要点

（1）选果清洗　选择成熟度好、适于取汁的品种为原料，以国光、富士为主要原料，剔除病虫害果、机械损伤及腐败果，将色泽正常、表面光滑的新鲜果实用清水彻底清洗干净，必要时洗液中加入适量的高锰酸钾配成稀释液，然后用清水漂洗数遍。

（2）破碎热烫　苹果经破碎后，迅速进行热烫处理，以使苹果中的多酚氧化酶失活抑制褐变，热烫温度为95℃，热烫时间2min，热烫后果实迅速冷却。

（3）榨汁粗滤　用螺旋压榨机将预处理好的苹果进行压榨，榨汁时添加抗坏血酸进行护色处理，用量为苹果原料的 0.1%。将榨出的苹果汁经滤布粗滤。

（4）调配　将蔗糖、柠檬酸、抗坏血酸、稳定剂加入果汁中进行调配，首先将黄原胶和羧甲基纤维素钠与白糖充分混合，倒入水中加热溶解，加热过程中要均匀搅拌，将有机酸在热水中溶解，然后加入果汁中，混匀；再将果汁与稳定剂料液进行混合，最后补充水分。

（5）均质脱气　将调配好的果汁加热至 60℃，趁热进行均质，均质压力为 20MPa，均质 2 次。均质后的苹果汁放入真空脱气罐中进行脱气处理，真空度为 80MPa。

（6）灌装、杀菌　将苹果汁定量灌装于玻璃瓶中，于 85℃ 下杀菌 15min，后分段冷却至室温。

五、产品评定

根据果汁色泽、气味、滋味、组织状态对成品进行评定，并测定澄清苹果汁 660nm 处的 OD 值和浑浊苹果汁离心沉淀量（3 000r/min 离心处理 10min），记录结果见表 6-8。

表 6-8　苹果汁的品质评定

项目	气味	色泽	口感	组织状态	OD 值	离心沉淀量
澄清苹果汁						
浑浊苹果汁						

六、思考题

1. 制作澄清苹果汁过程中有哪些注意事项？
2. 影响澄清苹果汁澄清度的因素有哪些？
3. 影响浑浊苹果汁稳定性的因素有哪些？

实验四　茶饮料的加工

一、实验目的

通过本实验的学习，掌握茶汁的提取或茶汤的制备过程及解决茶汤冷后混浊的措施和方法，掌握茶饮料的生产工艺，尤其是茶饮料制作过程中保持茶汁的澄清透明，原茶叶的色、香、味等品质特征的方法。

二、实验原理

茶饮料加工的基本过程包括原料的选择、浸提、过滤与澄清、调配、杀菌、灌装等基本生产工序，其中茶的提取、过滤与澄清是茶饮料生产的核心环节。提取的料液比、浸提温度与时间等因素直接影响茶汤质量。茶汤是一种复杂的胶体溶液，为保证其在后续加工与贮存中的稳定性，需选用适宜的方法对其进行过滤和澄清处理。

三、实验材料与仪器设备

1. 实验材料

绿茶叶，去离子软化水，白糖，抗坏血酸，柠檬酸，磷酸氢二钠，磷酸二氢钠，酒石酸钾钠，硫酸亚铁等。

2. 仪器设备

高温蒸汽灭菌锅，过滤机，浸提锅，调配锅，水处理设备，灌装机等。

四、实验内容

1. 工艺流程

茶叶原料→浸提→过滤→调配→澄清、过滤→杀菌→灌装→成品

2. 操作要点

（1）原料选择　原料选择各种绿茶均可，一般应以炒青绿茶为主。将其经粉碎机粉碎，粉碎度以过 40 目筛为宜，水选用去离子软化水。

（2）浸提　将已备好的茶叶，按配比称量，盛于不锈钢浸提锅中，用 90~95℃ 去离子纯水浸泡 3~5min，其茶水比例 1:100。

（3）过滤　将茶汤经板框过滤机进行过滤，以硅藻土和活性炭 1:1 的比例做助滤剂，用量为 0.5%。

（4）澄清　采用低温沉淀法将茶汤于 5℃ 下冷沉过夜，后过滤。也可采用调酸沉淀法，使用柠檬酸调节 pH 值到 3~4，充分沉淀后过滤。

（5）调配　将处理好的原茶汁进行调配，有如下配方：茶浸提液 15%~20%、抗坏血酸 0.05%~0.1%、白糖 2%~5%，各固体辅料添加时需用适量水溶解、过滤后使用。

（6）杀菌灌装　采用 UHT 杀菌，在 121℃ 下，处理 30s，冷却至 85~90℃ 后趁热灌装密封，后迅速冷却。

五、产品评定

对所得茶饮料进行感官品质评价和茶多酚的测定，记录于表 6-9 中，茶多酚的测定依照国家标准 GB/T 8313—2008 测定。

表 6-9　茶饮料品质评定

茶饮料	气味	色泽	口感	组织状态	茶多酚/（mg/L）

六、思考题

1. 促使茶饮料产生沉淀的原因是什么？
2. 有哪些方法可以解决茶沉淀的产生？
3. 茶饮料对浸提用水有什么要求？

实验五　膜分离技术（超滤技术）

一、实验目的

通过实验进一步了解膜分离技术的应用；掌握超滤设备的原理和基本操作；熟悉超滤技术在软饮料加工中的应用。

二、实验原理

膜分离技术是近几十年迅速发展起来的一类新型分离技术。膜分离技术是用天然或

人工合成的高分子薄膜，以外界能量或化学位差为推动力，对双组分或多组分的溶质与溶剂进行分离、分级、提纯和富集的方法。膜分离过程具有无相态变化、设备简单、分离效率高、占地面积小、操作方便、能耗少、适应性强等优点。它主要包括超滤、微滤、纳滤、反渗透、电渗析等方法。

超滤是介于微滤与纳滤之间的一种膜过程。是指应用孔径为 1.0~20.0nm（或更大）的超滤膜来过滤含有大分子或微粒粒子的溶液，使大分子或微粒粒子从溶液中分离的过程。它是一种以膜两侧的压力差为推动力，利用膜孔在常温下对溶液进行分离的膜技术，所用静压力差一般为 0.1~0.5MPa，料液的渗透压一般很小，可忽略不计。超滤膜一般为非对称膜，要求具有选择性的表皮层，其作用是控制孔的大小和形状。它对大分子的分离主要是筛分作用。

三、实验材料与仪器设备

1. 实验材料

市售茶叶，200目滤布等。

2. 仪器设备

超滤设备，台秤，天平，容器，烧杯等。

四、实验内容

1. 工艺流程

茶叶→热水浸泡→过滤→冷却→超滤→澄清茶汁

2. 操作要点

（1）茶汁的制备　根据实验用量，配制2%的茶汁。先称取一定量的茶叶放入容器中，加入开水浸泡，保持温度在85~95℃，时间约30min。然后用200目滤布过滤，冷却后备用。

（2）超滤膜的选择　在茶饮料的生产过程中，由于技术原因，茶制品存放一段时间后呈浑浊状态，出现絮状物，俗称"冷后浑"。经研究发现，"冷后浑"现象与茶叶中所含有的咖啡碱、多酚类物质及高相对分子质量蛋白质、多糖、果胶等物质有关。超滤法是在保证茶饮料原有风味的前提下，保持茶饮料良好的澄清状态。可选用截留分子质量为 70 000~100 000 的超滤膜，使茶叶中的蛋白质、果胶、淀粉等大分子物质得以分离，从而获得低黏度、澄清、稳定的茶饮料。

（3）操作压力的确定　在采用超滤技术过滤时，随着时间的延长，膜内所截留的大分子和胶体物质增多，阻碍了膜的通量。此时，不能用提高操作压力的措施加快通量，否则，在较强的压力差的作用下，超滤膜会破裂，虽茶汁通量增加，但滤液质量会受很大影响。一般采用0.3~0.35MPa 的操作压力效果较好。

3. 实验设计

影响超滤速度的因素很多，如膜的相对分子质量截流值，料液的浓度、操作温度、操作压力等，可进行多因素多水平的正交试验方法，分析出最佳条件。

五、产品评定

1. 感官指标

具有原有的茶色，茶香较浓，清澈透明，无沉淀。

2. 理化指标

茶多酚≥100mg/L；咖啡因≥20mg/L；蛋白质含量≥0.4%；果汁含量≥5.0%；食品添加剂按 GB 2760—2011 规定。

3. 微生物指标

菌落总数≤10 000cfu/mL；大肠菌群≤40MPN/100mL；霉菌≤10cfu/mL；酵母≤10cfu/mL；致病菌（沙门菌、志贺菌、金黄色葡萄球菌）不得检出。

六、思考题

1. 超滤是否会使茶中的风味物质、茶多酚、咖啡碱损失？为什么？
2. 超滤膜的清洗和保养方法有哪些？

实验六　冷杀菌技术（超高压技术）

一、实验目的

利用超高压技术可以杀菌，保持产品特有风味。本实验利用超高压技术对哈密瓜汁进行冷杀菌处理。

二、冷杀菌技术的原理

食品工业采用的杀菌方法主要有热杀菌和冷杀菌两大类。传统热杀菌虽可杀死微生物、钝化酶活力、改善食品品质和特性，但同时也造成了食品营养与风味成分的很大损失，特别是食品中热敏性成分。与传统热杀菌比较，冷杀菌是指在常温或小幅度升温的条件下进行杀菌，不仅能杀灭食品中的微生物，且能较好地保持食品固有的营养成分、质构、色泽和新鲜度，符合消费者对食品营养和风味的要求。

冷杀菌技术可以分为物理杀菌和化学杀菌。物理杀菌方法主要有：超高压杀菌、高压脉冲电场杀菌、高压脉冲磁场杀菌、脉冲强光杀菌、超声波杀菌、辐照杀菌、紫外线杀菌等；化学杀菌方法主要有：臭氧杀菌、高压二氧化碳杀菌、二氧化氯杀菌、生物杀菌等。下面以常用的超高压杀菌为例说明冷杀菌的原理和实验过程。

超高压杀菌（ultra high pressure processing，UHP）简称高压技术（high pressure processing，HPP）或高静水压技术（high hydrostatic pressure，HHP），是指将包装好的食品物料放入液体介质（通常是食用油、甘油、油与水的乳液）中，在200MPa以上（通常为200~1 000MPa）压力下处理一段时间使之达到灭菌要求的杀菌技术。

超高压状态下，使微生物的形态结构、生物化学反应、基因机制以及细胞壁膜发生多方面的变化，从而影响微生物原有的生理活动机能，甚至使原有的功能破坏或发生不可逆变化致死，从而达到灭菌和食品贮藏的目的。

高压使蛋白质原始结构伸展，体积发生改变而变性，酶钝化或失活；高压可使淀粉改性；常温下加压到100~200MPa，油脂基本变为固体，但解除压力后，仍能恢复到原状；高压对食品中的风味物质、维生素、色素及各种小分子物质的天然结构几乎没有影响。

当细胞周围的流体静压达到一定值时，细胞内的气体空泡将会破裂；细胞的尺寸也会受压力的影响，譬如被拉长；加压有利于促进反应向减小体积的方向进行，推迟了增大体积的化学反应；在高压作用下，细胞膜的双层结构的容积随着磷脂分子横截面的收缩，表现为细胞膜通道性的变化。

三、实验材料与仪器设备

1. 实验材料

植物性或动物性原料，以哈密瓜为例。

2. 仪器设备

600MPa 超高压装置，HL-60 榨汁机，胶体磨，均质机，超净工作台，pH 38 型酸度计，糖度计。

四、实验内容

1. 工艺流程

哈密瓜→挑选、清洗→臭氧水消毒→去皮、籽→切分（2cm×8cm）→打浆→胶磨（10~15μm）→调配→瞬时升温→脱气→均质→冷却→UHP 处理→无菌灌装→检验

2. 操作要点

（1）哈密瓜原料质量　哈密瓜要求 8~9 成熟，糖度大于 12°Brix，香气浓郁，肉色橘红，可利用率为 70% 以上，无腐败变质。

（2）原料初菌数的控制　最大限度地控制并减少食品原料中的初菌数有助于提高超高压杀菌的效果和效率，延长食品的保质期。原料初菌数主要受原料种植、采后处理及在车间生产线上的挑选、清洗消毒、去皮、切分、打浆、贮料温度等因素和加工环节的影响。新鲜哈密瓜用臭氧水清洗消毒可将原料的初菌数控制在 10^4 cfu/mL 左右。切分、破碎温度控制在 15~18℃，果汁待料时间小于 30min，这样可降低哈密瓜榨汁后微生物的繁殖速度。

（3）脱气、均质和冷却　哈密瓜经过打浆、胶磨后会产生大量空气泡沫，采用瞬时升温 60~65℃、450~470kPa 脱气除去空气泡沫，避免超高压过程中压缩的高浓度氧对哈密瓜香气成分造成氧化破坏。40MPa 压力均质后可保持产品组织状态的均一性。冷却的目的是降低哈密瓜汁超高压加工过程的温度，减轻加热对哈密瓜香气的破坏。

（4）样品超高压处理　将经过冷却的哈密瓜汁装到 100mL 的复合袋中热封口，设计超高压处理条件，高压条件设计为 400MPa 和 500MPa，处理时间设计为 5min、10min、15min 和 20min。超高压设备有效体积 3L，升压速度 100MPa/min，解压时间 12s，腔内油温 20~22℃。

（5）包装材料和贮藏条件　超高压杀菌时根据物料特点和设备条件可将食品包装后杀菌或杀菌后再包装。若采用将食品包装后杀菌的方式，则要求包材有一定的柔韧性和可变形性，生产中一般采用复合软包装袋。若采用杀菌后再包装的方式，则包材只要适合食品无菌包装的要求即可，如饮料可使用利乐包、铝箔无菌袋、PET 瓶、玻璃瓶等。

一般超高压处理不能使微生物、酶完全致死和失活，因此，超高压食品贮藏、运输、销售的条件要比传统热力杀菌的食品要严格得多。超高压食品需冷链系统的支持才可保持食品优良的品质和商业无菌的状态。实验结果表明，在 2~8℃ 的冷藏条件下可

使超高压处理后的哈密瓜汁中残存的微生物的活力限定到最低程度，而对食品的品质没有影响。

3. 实验设计

由于超高压的压力和处理时间会影响到杀菌效果，因此采用压力和时间不同组合来确定最佳工艺条件。按国家标准 GB 4789.2—2010 菌落总数测定方法检测哈密瓜汁的细菌数，按照饮料感官评价来评判果汁杀菌效果和风味。

五、产品评定

超高压处理的哈密瓜汁外观为黄色或绿黄色、透明的液体，具有哈密瓜的天然香气和柔和的清鲜气味，符合饮料食品的卫生安全要求。

六、思考题

1. 超高压杀菌是否压力越高、时间越长杀菌效果越好？
2. 冷杀菌技术的优缺点有哪些？

实验七　蛋白饮料的加工

一、实验目的

通过本实验了解蛋白饮料的制作工艺及其操作要点，掌握蛋白饮料的特色及控制加工过程中蛋白饮料品质稳定性的措施。

二、实验原理

蛋白饮料是以乳或乳制品、或有一定蛋白质含量的植物的果实、种子或种仁等为原料，经加工或发酵制成的饮料。银杏果仁营养丰富，研究表明，银杏果仁中除了含有 60%~70% 淀粉，10%~20% 蛋白质，2%~4% 脂肪以及 0.8%~1.2% 胶质（均为干重）外，还含有黄酮、内酯等活性成分。目前，饮料市场中银杏蛋白饮料不多见，本实验以银杏果为原料，经磨浆、调配、均质、脱气等工艺后制得银杏蛋白饮料。

三、实验材料与仪器设备

1. 实验材料

新鲜白果，果胶酶，抗坏血酸，黄原胶，羧甲基纤维素钠，白糖等。

2. 仪器设备

砂轮磨，板框过滤器，水浴锅，可见分光光度计，均质机，胶体磨，真空干燥箱，高压灭菌锅，封口机等。

四、实验内容

1. 工艺流程

原料白果→挑选→清洗→脱壳、去内种皮→预煮→磨浆→调配→均质→脱气→灌装→杀菌→冷却→抹瓶→成品→检验

2. 操作要点

（1）挑选　选择颗粒饱满、表皮干净、无霉烂变质、无虫蛀、无硬心的白果作为实验原料，采用清水漂洗的方法去除硬心变质的白果，即将白果浸泡在清水中清洗，并将漂浮在水面的白果去除。

（2）去壳　机械破壳，经过微波加热后去除外壳和种皮，并挤压去除白果仁内芯，以避免产品有苦味，提高产品品质。

（3）预煮　剥好皮的白果在100℃下煮5min，起到软化细胞提高出汁率和灭酶的作用。

（4）磨浆　白果经预煮后组织内部已基本软化，表面稍有一定的弹性和韧性。采用两次磨浆法制作白果浆液，首先将白果以料水比1:15经砂轮磨进行粗磨，其浆液再用胶体磨进行进一步细磨，使白果浆更细腻，颗粒度更细小。

（5）调配　按白果5%~8%，蔗糖5%~8%，乳化稳定剂（CMC-Na 0.1%、黄原胶0.15%、海藻酸钠0.2%）。乳化稳定剂加入时应先与其5倍质量的糖混合均匀，加适量水加热溶解后，再与白果浆液混合均匀。

（6）均质　将添加了稳定剂、调配好的饮料加热到60℃，于20MPa下经均质机均质两次，使饮料更加均匀稳定。

（7）脱气　利用真空干燥箱将饮料进行脱气处理，以减少饮料中氧含量，去除附着于悬浮微粒上的气体，减少或避免微粒上浮，同时可防止或减少杀菌时和灌装时产生的泡沫。

（8）灌装、杀菌　灌装后立即拧盖密封，用立式压力蒸汽灭菌锅杀菌，121℃，10min。

（9）冷却、抹瓶　所用的专用饮料瓶，为防止爆裂需进行逐级冷却，直至室温，抹干瓶盖上的水滴，防止生锈。

五、产品评定

从白果蛋白饮料的色泽、气味、滋味、组织状态对成品进行评定，并测定白果饮料于3 000r/min下离心30min的沉淀量。

1. 感官指标

色泽呈乳黄或淡黄色，具有白果特有的香气和滋味，不得有异味、异臭以及肉眼可见的杂质，可允许有少量脂肪上浮及蛋白质沉淀。

2. 理化指标

总砷（以As计）≤0.2mg/L；铅（Pb）≤0.3mg/L；铜（Cu）≤5.0mg/L；蛋白质≥0.5g/100mL。

3. 微生物指标

菌落总数≤100cfu/mL；大肠菌群≤3MPN/100mL；霉菌和酵母≤20cfu/mL；肠道致病菌（沙门菌、志贺菌、金黄色葡萄球菌）不得检出。

六、思考题

1. 白果蛋白饮料与普通浑浊型果汁在制作工艺上有何区别？
2. 影响白果蛋白饮料稳定性的因素有哪些？
3. 植物蛋白饮料与动物蛋白饮料制作工艺上有何差别？

实验八 软饮料综合设计实验及实例

本实验旨在培养学生运用软饮料加工开发的基本理论和基础操作方法，利用当地特色资源或优势资源，设计制作新产品的创新能力。

具体包含如下几方面的训练。

一、实验目的

通过查阅相关文献资料，明确拟研发饮料的国内外研究进展，明确出本实验的研究重点和方向，阐明本研究的目的和意义。

二、实验内容

依据拟定的题目，结合饮料加工开发的基本理论和原则，设计出该饮料的工艺路线和参数，认真考虑其方案的合理性和可行性，并在实施过程中根据进展情况随时进行修订。从实验准备、预备实验到正式实验，全面系统地制订出实验方案和方法，并记录实验结果。

三、结果分析及产品评价

在实验过程中，对所选工艺和参数进行考核，并对实验结果进行记录和分析。实验结束后，对所研制产品从感官指标、理化指标和微生物指标等方面进行综合评价。

四、撰写实验报告

依照科技论文写作的要求，撰写该设计实验的研究报告。

下面介绍一种软饮料的设计制作实例，供参考。

实例 草莓果肉饮料的制作

一、实验目的

培养学生运用软饮料加工开发的基本理论和基础操作方法。

二、实验原理

草莓果实营养丰富，酸甜适口，色泽诱人，是鲜食果中的佳品，但由于草莓属于浆果，汁多皮薄，贮藏保鲜期极短，为此，根据草莓的加工特性，研究果肉型饮料的生产工艺，尽可能极大程度地保持草莓果汁原有的色、香、味和营养成分。果肉果汁属于混浊果汁，其原料经过打浆、磨细、粗滤、加糖加酸及其他辅料调整，并经脱气、均质工序制作而成。一般成品的原果浆或原果汁量不低于30%，果肉为细小的胶粒状态悬浮于汁液中，汁液呈均匀混浊状态。本实验通过草莓果肉饮料的制作，熟悉混浊型果肉饮料的生产工艺过程和生产操作，了解生产设备的性能和正确使用方法及防止出现质量问题的措施。

三、实验材料与仪器设备

1. 实验材料

草莓，抗坏血酸，蔗糖，柠檬酸，琼脂，黄原胶，羧甲基纤维素钠，草莓香精。

2. 仪器设备
电子天平，榨汁机，胶体磨，均质机，杀菌机，封盖机等。

四、实验内容
1. 工艺流程

稳定剂、酸味剂、甜味剂溶解→过滤
↓
草莓→清洗→挑选去杂→打浆→胶体磨→调配→均质→脱气→灌装→杀菌→冷却→检验→成品

2. 操作要点
（1）原料选择　选择新鲜、成熟度适宜的草莓，剔除变质草莓。

（2）预处理　以洗果机或浸渍槽将附着于草莓果实表面的泥沙、杂质及昆虫等洗净，挑选出腐烂果、霉变果，将草莓中的杂质、萼叶、蒂把去除，并在流动水中冲洗干净，进行瞬时热处理灭酶。

（3）打浆榨汁　将灭酶后的草莓果实进行打浆处理，选用适宜的筛网，去除草莓籽、细小纤维和较粗大的果肉微粒。榨汁后汁液由于空气混入而容易使营养成分氧化变质，破碎榨汁后应迅速进行后续处理。

（4）胶体磨处理　果肉的沉降速度与颗粒直径平方呈正比，因此打浆后的果浆经胶体磨微粒化处理将增加果肉饮料的悬浮稳定性。

（5）混合调配　将白糖溶解后过滤，稳定剂、柠檬酸溶解后与果浆混合调配，其中黄原胶和 CMC-Na 需提前用 80℃ 温水搅拌使其充分溶解。各配料可按如下配比调配：草莓汁 30%，蔗糖 6%，柠檬酸 0.1%~0.2%，黄原胶 0.08%，羧甲基纤维素钠 0.2%，抗坏血酸 0.02%，草莓香精 0.001%。

（6）均质　均质是混浊型果汁加工的关键工序之一，它可使大小不一的果肉颗粒的悬浮液均匀化，促进果胶的渗出，使果胶和果汁亲和，均匀而稳定地分散于果汁中；能进一步破碎悬浮的固形物，使粒子大小分布均匀，保持果汁稳定的混浊度，防止浆液分层、沉淀，获得稳定的果肉果汁。一般采取 20MPa 的压力经两次均质。

（7）脱气　加工过程中混入的大量空气会使草莓汁的营养成分氧化损失，也会使果汁色泽变化，故须用真空脱气机脱除草莓汁中的空气，防止或减轻草莓汁中的天然色素、维生素 C、香气成分和其他物质的氧化，防止饮料品质降低。可用真空喷雾式脱气机或薄膜式脱气机，脱气效果均较理想；脱气时脱气罐内真空度一般为 0.08~0.09MPa；物料温度热脱气为 50~70℃，常温脱气为 25~30℃；脱气时间 10~60s。

（8）灌装、封盖、杀菌、检验　脱气后的果汁容易发生细菌污染和发酵变质，需要立即进行高温瞬时杀菌，杀菌温度 93~95℃，保温 30~40s，然后在 90℃ 左右温度下热灌装，密封后冷却至室温。也可以先将草莓汁加热到 60℃ 左右进行低温罐装，密封后进行二次杀菌，杀菌温度 95~100℃，保温 15min，然后分段冷却至室温，但这样会引起大量沉淀产生，饮料稳定性差。现在一般采用 115℃ 或 121℃ 杀菌 5s，然后冷却无菌灌装，采用此法杀菌饮料营养成分损失少，稳定性高，有利于保持草莓汁的原有风味。

（9）检验与品评　将冷却后的产品于 37℃ 恒温箱中保温一周，对其理化指标和微生物指标进行测定,若无变质和败坏现象,则该产品的货架期可达一年。对产品进行感官品评,从色、香、味、形等几方面对产品进行评判。

五、产品评定

1. 感官指标

色泽:草莓特有的红色,色泽亮丽。

香气:具有草莓特有的果香气、无异味。

滋味:酸甜适中,口感细腻、爽口。

形态:均匀一致,有一定混浊度,久置允许有少量果肉沉淀。

2. 理化指标

原果汁含量≥30%;可溶性固形物≥15%;总酸≥0.3%;总糖≥11.0g/100mL;重金属含量:符合GB 11671—2003规定;食品添加剂:符合GB 2760—2011规定。

3. 微生物指标

细菌总数≤100cfu/mL;大肠菌群≤6MPN/100mL;致病菌不得检出。

六、思考题

1. 在软饮料的设计中如何将饮料的创新性和可行性结合?
2. 上述实验所研制的新型饮料与市售现有饮料相比有什么优势?
3. 所拟工艺路线在实际实施中出现什么问题,如何解决?

实验九 果酒的加工

一、实验目的

以葡萄为原料,采用传统发酵工艺酿制红葡萄酒,通过红葡萄酒制作的工艺实验,使学生在理论知识的基础上,掌握红葡萄酒酿造过程和操作要点,提高学生的动手能力。

二、实验原理

葡萄酒是以葡萄为原料,经发酵制成的酒精性饮料。在发酵过程中将葡萄中的发酵性糖类经酒精发酵作用生成酒精,再在陈酿澄清过程中经酯化、氧化、沉淀等作用,制成酒液清晰、色泽鲜美、醇和芳香的产品。干葡萄酒是指含糖量小于或等于4.0g/L,或者当总糖与总酸的差值小于或等于2.0g/L时,含糖量最高为9.0g/L的葡萄酒。

三、实验材料与仪器设备

1. 实验材料

葡萄、白糖、酵母、亚硫酸、果胶酶等。

2. 仪器设备

榨汁机,过滤器,离心分离机,台秤,比重计,温度计,自动控温发酵罐,无菌贮罐,配料罐,手持折光仪等。

四、实验内容

1. 工艺流程

原料挑选→分选→除果梗→破碎→装缸→亚硫酸处理→主发酵→过滤压榨→换容器进行后发酵→陈酿（除渣换桶）→澄清处理→过滤包装→干红葡萄酒

（成分调整↓ 在装缸之后）

2. 操作要点

（1）容器准备　容器可以用木桶、陶瓷缸、坛，使用前应充分清洗干净，然后用小铁盒盛硫黄少许，投入一块烧红的煤渣，放入容器中，使硫黄燃烧，盖严容器，进行消毒。

（2）原料处理　进行选果，剔出腐烂坏果，并除去果梗，然后破碎，装入发酵缸中。注意不可装的过多，以免发酵果汁外溢，应留出总容积的 1/5 的空隙。葡萄破碎以后，取汁液用折光仪或比重计测其可溶性物质浓度。若葡萄汁中含糖量低于应生成的酒精含量时，必须提高糖度，发酵后才达到所需的酒精含量。

（3）成分调整　一般情况下，含糖量为 1.7g/100mL 生成 1°酒精，按此计算，一般干酒的酒精在 11°左右，甜酒在 15°左右，若葡萄汁中含糖量低于应生成的酒精含量时，必须提高糖度，发酵后才达到所需的酒精含量。

（4）亚硫酸处理　葡萄汁中成分调整以后，立即在发酵容器中加入亚硫酸溶液，以防止杂菌繁殖，保证酵母菌正常繁殖和活动。加入亚硫酸的量以容量计算，使其中含 SO_2 0.01% 为好，亚硫酸过多也会影响酒酵母的繁殖。

（5）主发酵　经过亚硫酸处理的葡萄在 20~25℃ 下开始进行自然发酵（如有条件最好进行人工接种），发酵罐装入量为容器的容积的 4/5，然后加入酵母 200mg/L。达到旺盛发酵的时间因果实含糖量的多少及室内温度高低而异，一般为 4~10d。开始发酵的 2~3d，每天将容器中葡萄浆上下翻搅 1~2 次，以便供给发酵所需的氧气。主发酵过程中发酵液的温度和可溶性物质的含量不断变化，在旺盛发酵时期品温升至最高，以后又逐渐下降。当品温降至接近室温，可溶性物质约等于 1% 时发酵即将结束。

（6）过滤及压榨　主发酵完成后，先将容器中清澈的酒液滤出，并将酒渣中酒液压出，然后将其转入细口的容器或木桶中封严（如为木桶，应将桶塞紧），半个月后，用虹吸管将酒液吸至另一容器中，装满封严，再经半个月倒换一次，以除去沉渣。

（7）陈酿　经过两次倒换容器的新酒，即可转入较低温（20℃）处进行陈酿贮存，让其自然老熟，酒体绵软适口，醇厚香浓，减少新酒的刺激性、辛辣味。在陈酿过程中，要经常检查容器情况，以减少酒液蒸发损失，每隔若干时间添入同等质量的酒液，使容器经常装满，贮存至少要五六个月。

（8）成品灌装　6个月至2年贮存的葡萄酒，用虹吸管吸出，测量酒精含量（如果酒精度不够，应加食用酒精，调整至约 12°），经膜过滤除菌，灌装后即得成品。

五、产品评定

1. 感官指标

（1）色泽　可呈紫红、深红、宝石红、红微带棕色、棕红色等色；澄清、有光泽，无明显悬浮物。

（2）香气　具有纯正、优雅、怡悦、和谐的果香与酒香，陈酿型的葡萄酒还应具有陈酿香或橡木香。

（3）滋味　具有纯正、优雅、爽怡的口味和悦人的果香味，酒体完整。

2. 理化指标

酒精度（20℃）（体积分数）≥7.0%；总糖（以葡萄糖计）≤4.0g/L；干浸出物≥18.0g/L；挥发酸（以乙酸计）≤1.2g/L；柠檬酸≤1.0g/L；铁≤8.0mg/L；铜≤1.0mg/L；总二氧化硫≤250mg/L；铅≤0.2mg/L。

3. 微生物指标

菌落总数≤50cfu/mL；肠菌群≤3MPN/100mL；肠道致病菌（沙门菌、志贺菌、金黄色葡萄球菌）不得检出。

六、思考题

1. 氧在葡萄酒酿造中的作用是什么？
2. 葡萄酒发酵过程中如何进行管理以提高葡萄酒的品质？
3. 观察记录并绘制主发酵过程中的室温及品温的变化及果汁发酵液比重变化的曲线图。

实验十　果醋加工

一、实验目的

通过实验，可以使学生了解果醋的酿造原理，熟悉果醋的酿造工艺过程及操作要点。

二、实验原理

果醋是以水果为主要原料，利用微生物细胞内的各种酶类，经酒精发酵和醋酸发酵而制成的一种营养丰富、风味优良的新型保健酸性调味品。果醋富含多种对人体有益的有机酸，有解除疲劳、预防动脉硬化等保健作用，具有促进肝病、胃炎等疾病康复的功效。果醋酸味温和，口感优良，具有果香，近年来成为食醋家族的新宠。

三、实验材料与仪器设备

1. 实验材料

苹果，砻糠，麸皮，食盐，白糖，蜂蜜，柠檬酸，干酵母，果醪。

2. 仪器设备

发酵缸（池），淋醋缸（池），酒母罐，果蔬破碎机。

四、实验内容

1. 工艺流程

干酵母→活化→扩大培养→10%酵母醪 ┐
苹果→清洗→切半→去心→破碎→调整成分→酒精发酵→（麸皮＋砻糠）醋酸发酵→淋醋→过滤→杀菌→调配→成品

2. 参考配方

苹果 65kg，砻糠 150kg，麸皮 25kg，食盐 4kg，白糖 20kg，蜂蜜 5kg，柠檬酸 0.5kg，干酵母适量，果醪适量。

3. 操作要点

（1）原料　要求苹果成熟度适当，含糖量高，肉质脆硬，无病及霉烂，一般多采用国光、红玉等品种。

（2）清洗　把病虫害和腐败果剔除，伤果除去烂的部分。用水把果实上的泥土、微生物和农药洗净。

（3）去心　把苹果用刀切成两瓣，挖去果心。

（4）破碎　用果蔬破碎机将苹果破碎，破碎粒度为 3~4mm。

（5）调整成分　首先测果醪中糖、酸含量，用蜂蜜和白糖调整糖度为 15%~16%，用柠檬酸调整酸度 0.4%~0.7%。

（6）酒精发酵　把干酵母按 2% 的量加到杀过菌的 500mL 三角瓶果醪中进行活化，果醪装入量为 97g，温度是 32~34℃，时间为 2h，活化完毕后把其按果醪 10% 的量加入到 50L 的酒母罐中进行扩大培养，温度为 30~32℃，经过 2h，培养完毕后即为成熟酒母，并把它按 10% 的量加入到发酵缸中进行酒精发酵，保持温度 32~35℃，经过 64~72h 后，待酒精体积分数达到 7%~8% 后酒精发酵结束。

（7）醋酸发酵　酒精发酵结束后立即进行醋酸发酵，按酒醪的 30% 拌入砻糠质量 50kg，按酒醪 5% 拌入麸皮 25kg。然后闷醅 72h，待温度达到 32~35℃ 时进行第一次倒缸，以后每天倒缸 1~2 次，控制温度在 38~40℃ 之间，经 12~15d 发酵，缸内温度降至 32℃ 以下，进行酸度检测，如酸度连续 2d 不再升高即可淋醋。

（8）淋醋　淋醋采用三态循环法，每次向醋醅加入与醋醅相同量的水，浸泡 5~6h，直至醋醅残留酸在 0.1% 以下。淋醋后向果醋加 1%~2% 食盐。

（9）杀菌　把生醋加热至 75~80℃ 保持 10min。

（10）澄清　把果醋加入大缸内，让其自然澄清，然后吸出上层澄清的果醋。

（11）调配　调醋酸为 3.5%~5%，加入适量的苹果香精，即为苹果醋成品。

五、产品评定

1. 感官指标（表 6-10）

表 6-10　苹果醋感官指标

项目	要求
色泽	微黄色
香气	具有苹果醋特有的香气
滋味	酸味柔和，无异味
体态	无悬浮物及杂质

2. 理化指标（表6-11）

表6-11　苹果醋理化指标

项　目		指　标
总酸（以醋酸计）/（g/100mL）	≥	3.50
氨基酸态氮/（g/100mL）	≥	0.08
总砷（以As计）/（mg/kg）	≤	0.5
铅（Pb）/（mg/kg）	≤	1.0

3. 微生物指标（表6-12）

表6-12　苹果醋微生物指标

项　目		指　标
菌落总数/（cfu/mL）	≤	5 000
大肠菌群/（MPN/100mL）	≤	3
致病菌（沙门菌、志贺菌、金黄色葡萄球菌）		不得检出

六、思考题

1. 果醋与食醋在工艺上有何不同？
2. 在酒精发酵前为什么要进行成分调整？怎样进行成分调整？
3. 果醋的保健功效有哪些？

实验十一　果酒综合设计实验及实例

本实验由学生综合利用果酒加工开发的基本理论和前面各单科实验的操作技能，自行选择方向，设计方案，确定方法，实施完成。在选题上要求新颖，要求设计市面上未见的新型果酒。原材料以当地特色果蔬资源或优势资源为宜，以实验室现有条件为基础选择研制该产品所需设备。工艺路线要求符合该原料特点，科学合理。对产品进行品质评定和检测，综合评判其研发情况。

具体包含如下几方面的训练。

一、选题目的和意义

通过查阅相关文献资料，了解研发果酒的国内外研究进展，确定本实验的研究重点和方向，阐明本研究的目的和意义。

二、研究内容

依据拟定的题目，结合果酒加工开发的基本理论和原则，设计出该果酒的工艺路线和参数，论证其方案的合理性和可行性，并在实施过程中根据进展情况随时进行修订。从实验准备、预做到正式实验，全面系统地制订出实验方案和方法，最终确定出该果酒研制时所需的原料预处理、成分调整、发酵、陈酿、澄清、调配等工艺参数，并记录实验结果。

三、结果分析及产品评价

在实验过程中,对所选工艺和参数进行考核,并对实验结果进行记录和分析。实验结束后,对所研制产品从感官指标、理化指标和微生物指标等方面进行综合评价。

四、撰写研究报告

依照科技论文写作的要求,撰写该设计实验的研究报告。

下面介绍一种典型果实发酵酒的设计实例,供参考。

实例 蓝莓果酒的制作

一、实验目的

掌握果酒的制作原理及操作要点;熟悉果酒制作的工艺流程。

二、实验原理

果酒是水果本身的糖分被酵母菌发酵成为酒精的酒,含有水果的风味与酒精。本实验选用蓝莓为原料对其进行酒精发酵,蓝莓中含有丰富的营养成分,除了糖、酸、维生素 C 外,还含有大量的维生素 A、维生素 E、超氧化物歧化酶(SOD)、微量元素等成分,果实中所含的花青素也是位于常见的水果之首。将其酿造成果酒,既可解决蓝莓旺季不易保存过剩的问题,又可大大提高蓝莓的附加值,全面开发蓝莓资源。

三、实验材料与仪器设备

1. 实验材料

蓝莓,酵母,白糖,柠檬酸,亚硫酸盐等。

2. 仪器设备

榨汁机,过滤器,离心分离机,自动控温发酵罐,无菌贮罐,配料罐,手持折光仪等。

四、实验内容

1. 工艺流程

果胶酶、亚硫酸　白糖、柠檬酸
↓　　　　　　↓

蓝莓果分选→清洗→破碎→果浆→调整成分→接种→主发酵→渣液分离→后发酵→陈酿→澄清处理→蓝莓原酒→均衡调配→杀菌→灌装→成品

2. 操作要点

(1) 蓝莓果的分选　选择果型完整,充分成熟,无霉烂变质的蓝莓作为原料。

(2) 取汁　将蓝莓果进行清洗除去表面泥沙后,经榨汁机进行榨汁破碎,在此期间加入果胶酶和亚硫酸。果胶酶用量为 0.25%,亚硫酸添加量为 50mg/L。

(3) 调整成分　蓝莓果汁中的含糖量偏低,不利于酒精发酵,需另外添加白糖使其含糖量提高到 18°Brix。

(4) 接种　在蓝莓汁中加入 2%~4% 的活性酵母液。活性酵母液可用 2% 的蔗糖溶液在 35℃下加入 10% 干酵母,复水活化 30min。

(5) 主发酵　接种后的蓝莓汁于 25℃下进行发酵,持续 7d 左右,主发酵结束后进行渣液分离。

（6）后发酵　主发酵完的蓝莓汁于 20℃ 下继续发酵 14d，发酵结束后即时换桶，进行陈酿。

（7）陈酿　新发酵完的果酒口感不醇和，需要进行后续的陈酿使其品质进一步提高。一般温度控制在 15~18℃，时间 3 个月，陈酿时酒罐要储满，防止酒的氧化。

（8）澄清调配　通过明胶单宁法进行澄清处理，明胶加量为 20~100mg/L，之后进行过滤处理，即得蓝莓原酒，测定原酒的酒精度、酸度，并根据原酒的色、香、味和监测数据进行调配。

（9）灭菌灌装　采用瞬时灭菌法进行灭菌处理，无菌灌装后即得成品。

五、产品评定

对成品酒进行感官、理化指标等评定。

六、思考题

1. 该实验所研制果酒有何特色？
2. 果酒研制过程中出现什么问题？如何解决？
3. 观察记录制作葡萄酒和苹果酒过程中出现的问题，试分析其产生的原因。
4. 比较苹果酒与葡萄酒制作的异同。

第三篇

农产食品综合实验

第七章 粮食加工实验

第一节 谷物的品质评定

实验一 粮食新鲜度的检测

一、实验目的
加深理解谷物陈化的原因,掌握粮食新鲜度的检测原理和方法。

二、实验原理
谷物入库时,进行新陈鉴定是不可缺少的一个重要环节。一般来说,品质正常的粮食都有其固有的色泽、气味和口味。因此,通过色泽、气味和口味等感官鉴定,就可以初步判断粮食的新陈度和有无异常变化。

谷物籽粒中含有过氧化物酶,它是可以直接催化氧化物的氧化还原酶类,其活动度在籽粒胚部和皮层较强。随着粮食贮藏时间的延长,籽粒活力渐小,过氧化物酶的活性也逐渐降低。在过氧化氢存在下,愈创木酚被过氧化物酶氧化,氧化产物呈红棕色。谷物越新鲜,过氧化物酶的活力越大,反应产物的颜色就越深,依此可进行谷物新陈度的判断。

三、实验材料与仪器设备
1. 实验材料
按照谷物扦样法扦取的谷物样品,1.0%愈创木酚,3.0%过氧化氢,2.0%对苯二胺。

2. 仪器设备
天平(分度值1g),谷物选筛,贴有黑纸的平板(20cm×40cm),广口瓶,试管,水浴锅。

四、实验内容
1. 感官鉴定
(1)色泽鉴定 分取20~50g样品,放在手掌中均匀地摊平,在散射光线下仔细观察样品的整体颜色和光泽。对色泽不易鉴定的样品,根据不同的粮种,取100~150g样品,在黑色平板上均匀地摊成15cm×20cm的薄层,在散射光线下仔细观察样品的整体颜色和光泽。正常的粮食、油料应具有固有的颜色和光泽。

(2)气味鉴定 分取20~50g样品,放在手掌中用哈气或摩擦的方法,提高样品的温度后,立即嗅其气味。对气味不易鉴定的样品,分取20g样品,放入广口瓶,置于60~70℃的水浴锅中,盖上瓶塞,颗粒状样品保温8~10min,粉末状样品保温3~

5min，开盖嗅辨气味。正常的粮食、油料应具有固有的气味。

（3）口味鉴定

①方法一：先将少量干净的粮粒碾碎，取碾碎的粮样 2g 左右，放入口中慢慢细嚼辨别滋味，或将试样制成熟食辨别滋味，其味显较浓。

②方法二：成品粮应先做成熟食品，然后通过品尝其味道来判断是否正常。

2. 粮食新、陈实验

（1）愈创木酚反应法

①一般粮食：取粮食试样 50~100 粒置于试管内，加入 1% 愈创木酚溶液（将原液用水稀释 100 倍）2mL 振动后，再加 3% 过氧化氢溶液 1~3 滴，振动后放置片刻，粮粒和溶液便显色。同时做对照实验比较。

②稻米：取稻米约 5g 置于试管中，加 1% 愈创木酚溶液 10mL，振动 20 次左右，将愈创木酚液移入另一试管中，静置后，加入 1% 过氧化氢溶液 3 滴，在静置状态下，观察愈创木酚液显色程度。

（2）愈创木酚与对苯二胺并用法　取试样 50~100 粒置于试管内，加入 1% 愈创木酚溶液 4mL，振动后静置 2min 左右。再加入 3% 过氧化氢溶液 3~4 滴，振动后，加入 2% 对苯二胺溶液 3mL，振动，静置后倒掉试管中溶液，用水冲洗试样进行观察。

五、实验结果

1. 感官鉴定结果表示

粮食的色泽、气味鉴定结果以"正常"或"不正常"表示，对"不正常"的应加以说明。

稻谷、大米、小麦、玉米口味鉴定结果以"正常"或"不正常"表示。品尝评分值不低于 60 分的为"正常"，低于 60 分的为"不正常"。对"不正常"的应加以说明。

2. 粮食新、陈实验结果表示

（1）愈创木酚反应法

①一般粮食：显色越深，表示酶的活力越强，说明粮食新鲜程度较大。

②稻米：如是新米，经过 1~3min，白浊的愈创木酚溶液从上部开始呈浓赤褐色；陈米则完全不着色。如是新、陈米混合，新米比例大，呈色反应快，而且呈浓赤褐色；陈米比例大，呈色反应慢，而且呈淡赤褐色。

（2）愈创木酚与对苯二胺并用法　新粮，酶活力强，显色深；陈粮，酶活力弱，着色慢而浅。

六、思考题

1. 小麦的新陈度对其食用品质有何影响？
2. 稻米的新陈度对其食用品质有何影响？
3. 愈创木酚反应法和愈创木酚与对苯二胺并用法的区别是什么？

实验二 小麦粉面筋含量及品质测定

一、实验目的

加深理解小麦面筋的组成和性质；掌握小麦粉面筋含量及品质的检测方法。

二、实验原理

小麦面筋主要由麦胶蛋白和麦谷蛋白组成，约占干面筋的80%。这两种蛋白质之所以能形成面筋，是由于它们不溶于水，吸水力强，吸水后发生膨胀，分子互相连接形成网络状整体的结果。面筋在面团形成过程中起非常重要的作用，能决定面制食品的感官品质。小麦和小麦粉发生异常变化时，对面筋的含量和性质均有影响。面筋的含量和性质，是衡量小麦粉品质的重要标志。

根据面筋不溶于水，并形成胶黏性网络结构的特性，将小麦粉加适量水和成面团，待面筋网络形成后用水洗掉面团中的淀粉和可溶性组分，剩下的就是湿面筋。对湿面筋的含水量、弹性、延伸性等进行测定，可对小麦粉的加工品质进行预测。

三、实验材料与仪器设备

1. 实验材料

专用粉，特制粉，标准粉，碘液（0.2g 碘化钾和 0.1g 碘溶于 100mL 蒸馏水中）。

2. 仪器设备

天平，烧杯，表面皿，玻棒，直尺（30cm），烘箱，量筒。

四、实验内容

1. 湿面筋含量测定

称取面粉 10~20g（特粉 10g，标粉 20g），置于小盆中，在盆内加水（15~20℃）5~10mL（特粉 5mL，标粉 10mL），加入 2% 的食盐。用玻璃棒或两个指头（拇指和食指）将样品捏成较光滑的面团，置常温水中静置 20min。拿面团于手掌中，在常温水中捏揉，以水洗除去面团中的淀粉，直至洗面筋的水不呈现白色淀粉为止，注意不要使小块面团和面筋流失。将面筋内残留水用手挤出，滴入表面皿中，用碘液实验不显蓝色，则说明面筋中已不含淀粉，然后再用手挤水分至稍感黏手时对其进行称重。

2. 面筋吸水量测定

面筋是一种能在水中吸水膨胀的典型胶体，面筋吸水量在 17%~21% 之间（占干面筋重）。硬质小麦面筋比软质小麦面筋的吸水量高。通常采用烘干的方法测定面筋的吸水量。

先将已知烘至恒重的 10cm×15cm 的玻璃板烘热，然后将已称重的湿面筋在热玻璃板上摊成薄层（在冷凉的玻璃板上摊成薄层时面筋容易复原），送入 50℃ 烘箱中烘 1h 后，再在 105℃ 下烘至前后两次质量差不超过 0.01g 为止。

3. 面筋颜色及气味鉴定

湿面筋的颜色呈淡灰色或深灰色，其中以淡灰色为好。加热煮熟的面筋为灰白色。品质正常的面筋，略有小麦粉气味。

4. 面筋的质量测定

面筋质量的优劣，主要是根据弹性和延伸性进行测定。

湿面筋的弹性，就是面筋在拉伸或按压后恢复到原来状态的能力。弹性强的面筋，不黏手，复原能力快，指压后不留指印。弹性以强、中、弱表示。

湿面筋的延伸性，就是面筋拉伸时所体现的延伸性能。通常以4g湿面筋，先在25~30℃水中静置15min，然后取出，搓成5cm长条，用双手的拇、食、中三指拿住两端，左手放在直尺的零点处，右手沿直尺拉伸到断裂为止，记录拉断时的长度。长度在15cm以上为延伸性长，在8~15cm为延伸性中等，在8cm以下为延伸性短。洗后的面筋，静置时间的长短与延伸长度关系很密切，静置时间长，延伸长度随之增长。

按照弹性和延伸性，将面筋分为以下3等：

上等面筋：弹性强、延伸性长或中等；

中等面筋：弹性强、延伸性短，或弹性居中而延伸性不限；

下等面筋：没有弹性，拉伸时易断，或不易黏聚。

五、实验结果

1. 湿面筋含量

$$湿面筋（\%）= \frac{M_1}{M} \times 100$$

式中：M_1——湿面筋质量（g）；

M——供试小麦粉质量（g）。

面筋测定结果精确到小数点后一位。双实验允许差不超过1%，取其平均数作为测定结果。

2. 面筋吸水量测定

$$干面筋吸水量（\%）= \frac{M_1 - M_2}{M_2} \times 100$$

式中：M_1——湿面筋质量（g）；

M_2——干面筋质量（g）。

3. 面筋颜色、气味及质量

将湿面筋的颜色、气味及质量结果填入表7-1。

表7-1 面筋含量及品质测定结果

原料	湿面筋含量/%	吸水量/%	颜色气味	面筋品质	
				弹性	延伸性
专用粉					
特制一等粉					
特制二等粉					
标准粉					

六、思考题

1. 小麦粉中面筋的作用是什么？
2. 面包、蛋糕、饼干、馒头等面制食品对小麦粉中面筋含量及质量有何要求？
3. 各种小麦粉面筋有何差异，为什么？
4. 洗面筋过程中有哪些注意事项？

实验三 谷物品质评定综合设计实验（面粉蒸煮品质研究）

一、实验目的

提高谷物品质的自主研究能力，加深理解面粉的蒸煮品质；掌握谷物品质研究的方法。

二、实验原理

蒸煮品质是衡量小麦加工品质的直接指标，结果客观、可靠。蒸煮品质主要指馒头、面条、水饺等蒸煮食品加工对小麦面粉品质要求。蒸煮品质如通过馒头的品质指标来反映，主要包括馒头体积、比容、馒头的纹理和质构、馒头评分等。由于对蒸煮品质的研究历史较短，评价方法尚不统一。

本实验通过在给定的几种蒸煮食品中选择一种，通过查阅文献，根据食品的加工工艺和食用品质选择适宜的测定途径。根据文献资料和预实验选择适宜的原辅料和用量，制备出合格的产品，并选择合适的评价方法对其蒸煮品质进行评价分析，达到综合运用所学各种知识和提高独立工作能力的目的。

三、实验材料与仪器设备

1. 实验材料

小麦粉，食盐，活性干酵母，白糖，水饺馅料。

2. 仪器设备

天平，烧杯，量筒，托盘，和面机，醒发箱，电磁炉，面条机，蒸锅。

四、实验内容

1. 选题

实验以3~4人为一组，由教师命题或自行命题，查阅资料文献，灵活运用所学知识和技能设计实验（教师应介绍实验室所具备的实验条件，明确选题的范围，指导学生选题）。

2. 设计实验

查阅资料文献后，以小组为单位讨论，写出实验设计方案，交教师审阅、修改、完善（实验方案要在实验前2~3周交给老师审阅）。

实验设计内容：实验目的、基本原理、实验材料与用量、实验试剂与用量、仪器设备、器具与数量、实验方法与步骤（实验测试手段要建立在自己的认知水平上）。

3. 实施

根据实验设计，进行实验准备工作，包括实验器具和实验材料的准备（本人难以解决的实验材料可在实验前与教师商量解决）。按实验设计的方法步骤，在规定时间内完成实验的全过程，并做实验记录。

五、实验结果

实验报告以论文的形式写作，内容包括摘要、关键词、前言、材料与方法、实验结果与分析（或讨论）、结论、参考文献等几部分。论文要用计算机打印后递交。

在实验报告中应提供完整的配方、制备工艺、工艺流程、评价指标及其选择依据、评价的详细过程和最终结果分析。

第二节　谷物类食品的加工

实验一　韧性饼干的加工

一、实验目的

本实验通过韧性饼干的制作，了解并掌握韧性饼干制作的基本原理、加工工艺流程及操作要点；熟悉饼干加工设备的使用。

二、实验原理

饼干是以小麦面粉为主要原料，添加糖类、淀粉、油脂、乳品、蛋品、香精、膨松剂等辅料，通过和面机调制成面团，再经辊轧机轧成面片，成型机压成饼坯，最后经烤炉烘烤制得。根据配方和生产工艺的不同，饼干可分为韧性饼干和酥性饼干两大类。韧性饼干因需长时间调粉，以形成韧性极强的面团而得名。其特点是印模造型多为凹花，表面有针眼。制品表面平整光滑，断面结构有层次，口嚼时有松脆感，耐嚼，松脆为其特有的特色。韧性饼干的糖和油脂的配比较酥性饼低。

三、实验材料与仪器设备

1. 实验材料

面粉，白糖，食用油，奶粉，食盐，香兰素，碳酸氢钠，碳酸氢铵（泡打粉）等。

2. 仪器设备

饼干机，和面机，烤箱，烤盘，台秤，烧杯等。

四、实验内容

1. 工艺流程

原辅料预处理→调粉→辊轧→成型→烘烤→冷却→包装→成品

2. 操作要点

（1）原辅料预处理　将糖600g，奶粉200g，食盐20g，香兰素5g，碳酸氢钠和碳酸氢铵各20g，加水800mL溶化。

（2）调粉　将面粉4 000g，辅料溶液，食用油400mL，水200mL倒入和面机中，和至面团手握柔软适中，表面光滑油润，有一定可塑性而不黏手即可。

（3）辊轧　将和好后的面团放入饼干机的辊轧机，多次折叠、反复并旋转90°辊轧至面带表面光滑、形态完整即可。

（4）成型　通过饼干机压模将面带成型。

（5）烘烤　将饼干放入刷好油的烤盘中，入烤箱180~220℃烘烤8~10min。

（6）冷却、包装　饼干刚出炉时，由于表面层的温度差较大，为了防止饼干破裂、收缩和便于贮存，必须待其冷却到30~40℃后，进行包装。

五、产品评定

详见本节实验三。

六、思考题

1. 韧性饼干的特点是什么？
2. 面团调制时需要注意哪些问题？
3. 根据你制作的饼干质量，总结实验成功与失败的原因是什么。

实验二 酥性饼干的加工

一、实验目的

通过实验加深理解酥性饼干生产的基本原理、工艺和操作要点；掌握酥性饼干的制作技术；熟悉酥性饼干加工设备的使用。

二、实验原理

酥性饼干是以小麦粉、糖、油脂为主要原料，加入膨松剂和其他辅料，经冷粉工艺调粉、辊轧或不辊轧、成型、烘烤制成的表面花纹多为凸花、断面结构呈多孔状组织、口感酥松或松脆的饼干。与韧性饼干的原料配比相反，在调制面团时，白糖和油脂的用量较多，而加水极少。在调制面团操作时搅拌时间较短，尽量不使面筋过多地形成，常用凸花无针孔印模成型。成品酥松，一般感觉较厚重，常见的品种有甜饼干、挤花饼干、小甜饼、酥饼等。

三、实验材料与仪器设备

1. 实验材料

面粉，精炼植物油，磷脂，白糖，奶粉，食盐，小苏打，碳酸氢铵，香草香精。

2. 仪器设备

和面机，天平（感量为1g），烤箱，烤盘，烧杯，辊筒，刮刀，塑料刮板等。

四、实验内容

1. 工艺流程

原辅料预处理→面团调制→辊轧→成型→烘烤→冷却→包装→成品

2. 操作要点

（1）原辅料预处理　称取面粉4 000g、奶粉160g、小苏打12g、碳酸氢铵8g，置于塑料盘中，并用塑料刮板将其混合均匀。其中，奶粉、小苏打和碳酸氢铵如有团块，应事先研成粉末。用烧杯称取植物油800g、磷脂80g、蔗糖1 600g、食盐20g，并用滴管滴入香草香精4g。

（2）面团调制　将烧杯称取的辅料倒入和面机中，用适量水冲洗烧杯，一并倒入和面机中。快速搅拌2min左右。将粉料倒入和面机，继续以快速搅拌4min。

（3）辊轧　将调制好的面团取出，置于烤盘上，用面轧筒将面团碾压成薄片，然后折叠为四层，再进行碾压2~3次，最后压成薄厚度为2~3mm均匀薄片。

（4）成型　用饼干模子压制饼干坯，并将剩余面头分离，再进行辊轧和成型。

（5）烘烤　将装置饼干坯的烤盘放入烤箱中进行烘烤，烘烤温度取240℃，时间为4~5min，具体看饼干上色情况而定。出炉颜色不可太深。

（6）冷却、包装　烤盘出炉后迅速用刮刀将饼干铲下，并置于冷却架上进行冷却。

冷却到 30~40℃后，进行包装。

五、产品评定
详见本节实验三。

六、思考题
1. 酥性饼干的特点是什么？
2. 面团调制时需要注意哪些问题？
3. 韧性饼干与酥性饼干制作工艺有何异同？
4. 根据你制作的饼干质量，总结实验成功与失败的原因是什么？

实验三　饼干的品质评定及质量检测

一、实验目的
本实验通过对各类饼干的品质评定和质量检测，熟悉饼干质量标准；掌握饼干质量评定的有关方法。

二、实验原理
饼干是主要烘焙食品之一，在饼干制造过程中，水与干粉状态的面粉、白糖、油脂和其他粉状物料等配方成分混合成具有流变学特性的面团，经过一系列的加工焙烤过程，使之成为香松酥脆的饼干。饼干新的国家标准已于 2008 年 5 月 1 日起执行，国家发展和改革委员会发布了 11 类饼干质量标准，对饼干的定义、分类、质量评价进行了详细的规定，饼干在生产、包装、贮运、经营过程中须按照国家行业标准执行。

三、实验材料与仪器设备
1. 实验材料

自制或市售饼干，理化指标测定所需材料见相关标准。

2. 仪器设备

托盘，刀具，一次性水杯等，理化指标检测所需设备见相关标准。

四、实验内容
1. 饼干的感官评价

对样品的形态、色泽、滋味与口感、组织和杂质进行感官评价，将评价结果记入实验结果感官评价表。各类饼干的感官要求见表 7-2。

表 7-2 饼干的感官要求

产品分类		形态	色泽	滋味与口感	组织	杂质
酥性饼干		外形完整，花纹清晰，厚薄基本均匀，不收缩，不变形，不起泡，不应有较大或较多的凹底。特殊加工品种表面或中间可有可食颗粒存在（如椰蓉、巧克力等）	呈棕黄色或金黄色或该品种应有的色泽，色泽基本均匀，表面略带光泽，无白粉，不应有过焦、过白的现象	具有该品种应有的香味，无异味。口感酥松或松脆，不黏牙	断面结构呈多孔状，细密，无大的孔洞	无油污、无不可食用杂质
韧性饼干	普通、冲泡、可可韧性饼干	外形完整，花纹清晰或无花纹，一般有针孔，厚薄基本均匀，不收缩，不变形，可以有均匀泡点，不得有较大或较多的凹底。特殊加工品种表面或中间有可食颗粒存在（如椰蓉、巧克力、燕麦等）	呈棕黄色、金黄色或该品种应有的色泽，色泽基本均匀，表面有光泽，无白粉，不应有过焦、过白的现象	具有该品种应有的香味，无异味。口感松脆细腻，不黏牙	断面结构有层次或呈多孔状	
	超薄韧性饼干	外形端正、完整，厚薄大致均匀，表面不起泡，无裂缝，不收缩，不变形。特殊加工品种表面或中间可有可食颗粒存在（如椰蓉、芝麻、白糖、巧克力等）	呈棕黄色或金黄色，饼边允许褐黄色，有光泽，无白粉，不应有过焦、过白的现象	咸味或甜味适口，具有该品种特有的香味，无异味。口感松脆，不黏牙	断面结构有层次或呈多孔状	
发酵饼干	甜发酵饼干	外形完整，厚薄大致均匀，不得有凹底，不得有变形现象。特殊加工品种表面可有工艺要求添加的原料颗粒（如盐、巧克力等）	呈浅黄色或褐黄色，色泽基本均匀，表面略有光泽，无白粉，不应有过焦、过白的现象	味甜，具有发酵制品应有的香味或该品种特有的香味，无异味。口感松脆，不黏牙	断面结构的气孔微小、均匀或层次分明	
	咸发酵饼干	外形完整，厚薄大致均匀，具有较均匀的油泡点，不应有裂缝及变形现象。特殊加工品种表面可有工艺要求添加的原料颗粒（如芝麻、白糖、盐、蔬菜等）	呈浅黄色或谷黄色（泡点可为棕黄色），色泽基本均匀，表面略有光泽或呈该品种应有的色泽，无白粉，不应有过焦、过白的现象	咸味适中，具有发酵制品应有的香味及该品种特有的香味，无异味。口感酥松或松脆，不黏牙	断面结构层次分明	
	超薄发酵饼干	外形端正、完整，厚薄大致均匀，表面有较均匀的泡点，无裂缝，不收缩，不变形。特殊加工品种表面可有工艺要求添加的原料颗粒（如果仁、白糖、盐、椰丝等）	表面呈金黄色、棕褐色或该品种应有色泽，饼边及泡点可为褐黄色，表面略有光泽，无白粉，不应有过焦、过白的现象	咸味或甜味适中，具有该品种特有的香味，无异味。口感松脆，不黏牙	断面结构有层次或呈多孔状	

（续）

产品分类		形态	色泽	滋味与口感	组织	杂质
压缩饼干		块形完整，无严重缺角、缺边	呈谷黄色、深谷黄色或该品种应有的色泽	具有该品种特有的香味，无异味，不黏牙	断面结构呈紧密状，无孔洞	无油污、无不可食用杂质
曲奇饼干	普通、可可曲奇饼干	外形完整，花纹或波纹清楚，同一造型大小基本均匀，饼体摊散适度，无连边	呈金黄色、棕黄色或该品种应有的色泽，色泽基本均匀，花纹与饼体边缘可有较深的颜色，但不应有过焦、过白的现象	有明显的奶香味及该品种特有的香味，无异味。口感酥松，不黏牙	断面结构呈细密的多孔状，无较大孔洞	
	花色曲奇饼干	外形完整，撒布产品表面应添加的辅料，辅料的颗粒大小基本均匀	表面呈金黄色、棕黄色或该品种应有的色泽，在基本色泽中可有添加辅料的色泽，花纹与饼体边缘可有较深的颜色，但不应有过焦、过白的现象	有明显的奶香味及该品种特有的香味。口感酥松或具有该品种添加辅料应有的口感	断面结构呈多孔状，并具有该品种添加辅料的颗粒，无较大孔洞	
威化饼干		外形完整，块形端正，花纹清晰，厚薄基本均匀，无分离及夹心料溢出现象	具有该品种应有的色泽，色泽基本均匀	具有品种应有的口味，无异味。口感松脆或酥化，夹心料细腻，无糖粒感	片子断面结构呈多孔状，夹心料均匀，夹心层次分明	
蛋圆饼干		呈冠圆形或多冠圆形，外形完整，大小、厚薄基本均匀	呈金黄色、棕黄色或品种应有的色泽，色泽基本均匀	味甜，具有蛋香味及品种应有的香味，无异味，口感松脆	断面结构呈细密的多孔状，无较大孔洞	
夹心饼干		外形完整，边缘整齐，不错位，不脱片。饼面应符合饼干单片要求。夹心厚薄基本均匀，无外溢。特殊加工品种表面可有可食颗粒存在	饼干单片呈棕黄色或品种应有的色泽，色泽基本均匀。夹心料呈该料应有的色泽，色泽基本均匀	应符合品种所调制的香味，无异味。口感酥松或松脆，夹心料细腻，无糖粒感	饼干单片断面应具有其相应品种的结构，夹心层次分明	

（续）

产品分类		形态	色泽	滋味与口感	组织	杂质
蛋卷、煎饼	蛋卷	呈多层卷筒形态或品种特有的形态，断面层次分明，外形基本完整，表面光滑或呈花纹状。特殊加工品种表面可有可食颗粒存在	表面呈浅黄色、金黄色、浅棕黄色或品种应有的色泽，色泽基本均匀	味甜，具有蛋香味及品种应有的香味，无异味。口感松脆或酥松		无油污、无不可食用杂质
	煎饼	外形完整，厚薄基本均匀。特殊加工品种表面可有可食颗粒存在				
装饰饼干	涂饰饼干	外形完整，大小基本均匀。涂层均匀，涂层与饼干基片不分离，涂层覆盖之处无饼干基片露出或线条、图案基本一致	具有饼干基片及涂层应有的光泽，且色泽基本均匀	具有品种应有的香味，无异味。饼干基片口感松脆或酥松，涂层幼滑、无粗粒感	饼干基片断面应具有其相应品种的结构，涂层组织均匀，无孔洞	
	粘花饼干	饼干基片外形端正，大小基本均匀。饼干基片表面粘有糖花，且较为端正。糖花清晰，大小基本均匀。基片与糖花无分离现象	饼干基片呈金黄色、棕黄色，色泽基本均匀。糖花可为多种颜色，但同种颜色的糖花色泽应基本均匀	味甜，具有品种应有的香味，无异味。饼干基片口感松脆，糖花无粗粒感	饼干基片断面结构有层次或呈多孔状，糖花内部组织均匀，无孔洞	
	水泡饼干	外形完整，块形大致均匀，不应起泡，不应有皱纹、粘连痕迹及明显的豁口	呈浅黄色、金黄色或品种应有的颜色，色泽基本均匀。表面有光泽，不应有过焦、过白的现象	味略甜，具有浓郁的蛋香味或品种应有的香味，无异味。口感脆、酥松	断面组织微细，均匀，无孔洞	

2. 饼干的理化指标检测

对实验样品的水分、碱度、酸度、pH值、松密度、厚度和脂肪含量等理化指标进行检测，检测方法按照相关食品国家标准或公认方法进行。将检测数据记入实验结果，并与饼干理化标准相对照。各类饼干的理化标准见表7-3。

表 7-3　饼干的理化指标

产品分类		水分/% ≤	碱度（以碳酸钠计）/% ≤	酸度（以乳酸计）/% ≤	pH 值 ≤	松密度/(g/cm²) ≥	饼干厚度/mm ≤	边缘厚度/mm ≤	脂肪/% ≥
酥性饼干		4.0	0.4						
韧性饼干	普通韧性饼干	4.0					—	—	
	冲泡韧性饼干	6.5	0.4				—	—	
	超薄韧性饼干	4.0					4.5	3.3	
	可可韧性饼干	4.0	—		8.8		—	—	
发酵饼干	咸发酵饼干	5.0							
	甜发酵饼干	5.0		0.4					
	超薄发酵饼干	4.0					4.5	3.3	
曲奇饼干	普通、花色	4.0	0.3		7.0				16.0
	可可	4.0	—		8.8				16.0
威化饼干	普通威化饼干	3.0	0.3		—				
	可可威化饼干	3.0	—		8.8				
压缩饼干		6.0	0.4			0.9			
蛋圆饼干		4.0	0.3						
夹心饼干	油脂类			符合单片相应品种要求					
	果酱类	6.0		符合单片相应品种要求					
蛋卷和煎饼		4.0	0.3	0.4					
装饰饼干				符合基片相应品种要求					
水泡饼干		6.5	0.3						

3. 饼干的卫生指标

对实验样品的酸价、过氧化值、总砷、铅、菌落总数、大肠菌群、霉菌数、致病菌和添加剂含量等卫生指标进行部分或全部检测，检测方法按照相关食品国家标准规定方法进行。将检测数据记入实验结果，并与饼干卫生要求相对照。各类饼干的卫生要求见表 7-4。

表7-4 饼干的卫生指标

项 目		非夹心饼干	夹心饼干	检验方法
酸价（以脂肪计）（KOH）/（mg/g）	≤	5	5	GB/T 5009.37—2003
过氧化值（以脂肪计）/（g/100g）	≤	0.25	0.25	
总砷（以 As 计）/（mg/kg）	≤	0.5	0.5	GB/T 5009.11—2003
铅（以 Pb 计）/（mg/kg）	≤	0.5	0.5	GB/T 5009.12—2003
菌落总数/（cfu/g）	≤	750	2 000	GB/T 4789.24—2003
大肠菌群/（MPN/100g）	≤	30	30	
霉菌计数/（cfu/g）	≤	50	50	
致病菌（沙门菌、志贺菌、金黄色葡萄球菌）		不得检出		
食品添加剂和食品营养强化剂		按 GB 2760—2011 和 GB 14880—2012 的规定		

五、产品评定

1. 饼干种类鉴定结果

根据饼干种类定义与分类方法，将确定的样品种类记入实验报告。

2. 饼干的感官评价

将实验样品的感官评价结果记入表7-5，并与饼干感官要求相对照，说明样品的感官品质。

表7-5 感官评价结果

产品种类	形态	色泽	滋味与口感	组织	杂质

3. 饼干的理化指标

将需检测的理化指标结果记入表7-6，并与饼干理化标准相对照，说明样品的理化品质。

表7-6 理化检测结果

产品分类	水分/% ≤	碱度（以碳酸钠计）/% ≤	酸度（以乳酸计）/% ≤	pH值	松密度/（g/cm²）≥	饼干厚度/mm ≤	边缘厚度/mm ≤	脂肪/% ≥

4. 饼干的微生物指标

将需检测的微生物指标结果与饼干微生物要求相对照，说明样品的卫生质量。

六、思考题

1. 饼干的品质评定主要包括哪几方面？
2. 饼干种类判断的主要依据是什么？
3. 如何使感官评价结果准确？

实验四　广式五仁月饼的加工

一、实验目的
本实验通过广式月饼的制作，加深了解并掌握月饼制作的基本原理、加工工艺流程及操作要点，熟悉月饼加工设备的使用。

二、实验原理
月饼是使用面粉等谷物粉、油、糖（或不加糖）调制成饼皮，包裹各种馅料，经加工而成在中秋节食用为主的传统节日食品。我国月饼品种繁多，按产地分有：京式、广式、苏式、台式、滇式、港式、潮式、日式等；就口味而言，有甜味、咸味、咸甜味、麻辣味；从馅心讲，有五仁、豆沙、冰糖、芝麻、火腿月饼等；按饼皮分，则有浆皮、混糖皮、酥皮三大类。本实验主要以广式月饼为例进行。广式月饼是目前最大的一类月饼，起源于广东及周边地区，目前已流行于全国各地，其特点是皮薄、馅大，通常皮馅比为 2:8，皮馅的油含量高于其他类，吃起来口感松软、细滑，表面光泽突出。

三、实验材料与仪器设备

1. 实验材料

面粉，转化糖浆，花生油，榄仁，杏仁，瓜子仁，核桃仁，芝麻仁，糖冬瓜，白糖，橘饼，玫瑰糖，水等。

2. 仪器设备

烤箱（或烘箱），压模，烧杯，电炉，过滤筛，不锈钢盘或搪瓷盘，不锈钢刀（水果刀等），不锈钢锅，天平或台秤，毛刷，温度计（250℃）等。

四、实验内容

1. 工艺流程

称量→调制面粉→调馅→包馅与成型→烘烤→冷却包装→产品

2. 配方

（1）皮料　面粉 5kg，转化糖浆 4.25kg，花生油 1.25kg，碱水 0.1kg。

（2）馅料　榄仁 1.5kg，杏仁 1.0kg，瓜子仁 1.0kg，核桃仁 0.75kg，芝麻仁 0.75kg，糖冬瓜 0.95kg，白糖 1.0kg，冰糖 5.75kg，橘饼 0.4kg，玫瑰糖 0.4g，潮州粉 1.55kg，花生油 0.4kg，水 0.8kg。

3. 操作要点

（1）转化糖浆的制备　50kg 白糖加 10kg 红糖倒进锅里加 7.5kg 水，大火烧至沸腾加 20g 柠檬酸改用小火加热，一边加热一边分几次将 7.5kg 水加入糖浆中。从沸腾开始计时，小火加热 1h，可出锅放在容器中存放。

（2）调制面粉　将转化糖浆、花生油、水搅拌均匀后分次加入面粉，调制成软硬适宜的面团。

（3）调馅　将糖、油及各种小料一起投入调粉机内，搅拌均匀后加入面粉，继续搅拌即可成馅。

（4）成型　以 3:2 的比例称取皮和馅，将皮压扁，包好馅，成型。

(5) 烘烤　刷清水进炉，用210℃炉温烤至饼皮成金黄色取出，刷蛋液两次，再进炉，烤至熟透，冷却、包装。

五、产品评定

1. 色泽

饼面呈深棕色，色泽均匀，顶部呈黄色，底部棕黄不焦，无污染。

2. 口味

饼皮松软，具有果料香味。

3. 形态

外形饱满，腰部微凸，轮廓明显，品名花纹清晰，无明显凹缩和爆裂、塌陷、坍塌、漏馅现象。

4. 内部组织

饼皮厚薄均匀，皮馅无脱壳现象，果仁、蜜饯大小适中，拌和均匀，无夹生，无杂质。

六、思考题

1. 广式月饼有哪些特点？
2. 影响月饼色泽的因素有哪些？如何控制？

实验五　膨化小食品的加工（玉米薄片方便粥的加工）

一、实验目的

通过对玉米薄片方便粥的制作和质量评价，掌握膨化食品的制作工艺；加深对膨化食品的制作基本原理的理解。

二、实验原理

利用挤压膨化技术使玉米组织结构产生一系列的质构变化，糊化之后的 α-淀粉不易恢复其 β-淀粉的粗硬状态，得到蓬松的多孔状组织，并能赋予产品独特的焦香味道。在玉米挤压膨化的基础上，通过切割造粒与压片成型生产冲调复水性好的玉米薄片粥，产品食用方便，口感爽滑，易于消化，并具有传统玉米粥的清香风味。

三、实验材料与仪器设备

1. 实验材料

清理干净的去皮脱胚玉米，水。

2. 仪器设备

磨粉机，转叶式拌粉机，单螺杆或双螺杆挤压膨化机，旋切机，输送机，压片机。

四、实验内容

1. 工艺流程

玉米→粉碎→挤压膨化→切割造粒→冷却→压片→烘干→包装

2. 操作要点

(1) 原料粉碎　选取去皮脱胚的新鲜玉米原料，将原料经磨粉机磨至50～60目。

(2) 配料　选用转叶式拌粉机配料，转叶转速368r/min，加水量一般为20%～

24%，搅拌至水分分布均匀。

（3）挤压膨化　将配好的物料加入单螺杆或双螺杆挤压膨化机后，物料随螺杆旋转，沿轴向向前推进并逐渐压缩，经过强烈的搅拌、摩擦、剪切混合以及来自机筒外部的加热，物料迅速升温（140~160℃）、升压（0.5~0.7MPa），成为带有流动性的凝胶状态，通过出口模板连续、均匀、稳定地挤出条形物料，物料由高温骤然降为常温常压，瞬间完成膨化过程。

（4）切割造粒　物粒在挤出的同时，由模头前的旋转刀具切割成大小均匀的小颗粒，通过调整刀具转速可改变切割长度，切割后的小颗粒形成大小一致的球形膨化半成品，膨化成型的球形颗粒应该表面光滑，无相互粘连的现象。

（5）冷却输送　切割成型后球形颗粒掉落在冷却输送机上，通过向半成品吹风冷却，使产品温度降低到40~60℃，水分降至15%~18%，半成品表面冷却并失掉部分水分使半成品表面得到硬化，并避免半成品相互粘连结块。

（6）辊轧压片　冷却后的半成品送到压片机内轧成薄片，压片机转速调整为60r/min，轧片厚度为0.2~0.5mm，压片后的半成品应表面平整，大小一致，内部组织均匀，轴压时水分继续挥发，压片后水分降至10%~14%。

（7）烘烤　轧片后的半成品水分仍比较高，为延长保质期，需进一步干燥至水分含量为3%~6%，烘烤操作可采用远红外隧道式烤炉，网带14.5m，烘烤时间5~15min。烘烤后的成品还能产生玉米特有的香味。

五、产品评定
详见本节实验八。

六、思考题
1. 膨化食品生产的基本原理是什么？
2. 玉米膨化前后有哪些变化？
3. 膨化工艺操作中应注意哪些问题？

实验六　小米锅巴的加工

一、实验目的
本实验采用螺旋式自熟机生产膨化锅巴，通过实验使学生掌握锅巴类膨化食品的生产工艺和操作要点；熟悉锅巴类膨化食品的生产设备。

二、实验原理
锅巴是我国的一种传统风味小吃。通常由大米、黄豆、小米等制成，具有色泽金黄、口感松脆、味道鲜美等特点，是人们喜爱的小食品之一。传统锅巴生产是原料经调配拌料后压片、切片、油炸、喷调料制得。随着膨化技术的发展，锅巴类食品也开始采用挤压膨化生产，经螺旋式自熟机膨化后，原料中的淀粉部分α化，然后再经油炸而成。膨化技术生产的锅巴质构比传统锅巴膨松，口感酥，含油量低，设备省，能耗低，加工简便。

三、实验材料与仪器设备

1. 实验材料

小米,淀粉,奶粉,盐,味精等。

2. 仪器设备

电子秤,天平,量杯,调质桶,搅拌机,螺旋膨化机,油炸锅,包装袋热封机。

四、实验内容

1. 工艺流程

米粉、淀粉、奶粉→混合→加水搅拌→膨化→冷却→切段→油炸→调味→称量→包装

2. 配方

（1）原辅料配方　小米 90kg,淀粉 10kg,奶粉 2kg。

（2）调味料配方

①海鲜味：味精 20%,花椒粉 2%,盐 78%。

②麻辣味：辣椒粉 30%,胡椒粉 4%,味精 3%,五香粉 13%,精盐 50%。

③孜然味：盐 60%,花椒粉 9%,孜然 28%,姜粉 3%。

3. 操作要点

（1）原辅料混合及加水润湿　首先将小米磨成粉,再将原辅料按配方在搅拌机内充分混合,在混合时要边搅拌边喷水,可根据实际情况加入约 30% 的水。在加水时,应缓慢加入,使其混合均匀成松散的湿粉。

（2）膨化　开机膨化前,先配些水分较多的米粉放入膨化机中,再开动机器,使湿料不膨化,容易通过出口。机器运转正常后,将混合好的物料放入螺旋膨化机内进行膨化。

（3）冷却切段　将膨化出来的半成品凉几分钟,然后用刀切成所需要的长度。

（4）油炸　在油炸锅内装满油加热,当油温为 130~140℃时,放入切好的半成品,料层约厚 3cm。下锅后将料打散,几分钟后打料有声响,便可出锅。由于油温较高,在出锅前为白色,放一段时间后变成淡黄色。

（5）调味　当炸好后的锅巴出锅后,应趁热一边搅拌,一边加入各种调味料,使得调味料能均匀地撒在锅巴表面上。

五、产品评定

详见本节实验八。

六、思考题

1. 本产品的风味、口味如果不适合,应如何改进?
2. 膨化锅巴与传统锅巴的异同点有哪些?
3. 如何有效控制膨化效果?

实验七　膨化糯米米饼的加工

一、实验目的

本实验通过膨化糯米米饼的加工,掌握米饼类膨化食品的生产方法和原理；熟悉米饼类膨化食品的生产设备。

二、实验原理

米饼在焙烤的过程中完成饼坯的膨化。米饼坯在加热焙烤时，首先会产生软化现象，且透明度增大，转化成玻璃状形态，延展性大增。同时，饼坯中气体及水蒸气由于温度升高而体积有增加的要求，表现为气压增大，当气体压强增大到产生的力大于饼坯黏弹力时作为对膨胀压力的响应，饼坯将迅速膨胀，米饼的膨胀即膨化将持续到蒸汽压产生的力与米饼的黏弹力相平衡，此时膨化的米饼迅速失水后即能定型为膨化米饼的形状。然后，经焙烤制成产品。

三、实验材料与仪器设备

1. 实验材料

糯米粉，玉米淀粉，白糖，食盐，碳酸氢钠，花生仁，米香精，水。

2. 仪器设备

电子秤，天平，量杯，调质桶，远红外烘烤炉，包装袋热封机。

四、实验内容

1. 工艺流程

原料（糯米）→洗米→浸泡→脱水→粉碎→调粉→蒸制→冷却→压坯成型→干燥→静置→烘烤→膨化→干燥→焙烤→调味→成品

2. 配方

糯米粉 100kg，玉米淀粉 20kg，水 35~40kg，白糖 15kg，食盐 3kg，碳酸氢钠 0.5kg，花生仁 3kg，米香精 0.3kg。

3. 操作要点

（1）洗米、浸泡　将糯米用清水洗净，在室温下浸泡 30min 左右，让大米吸收一定水分便于粉碎。

（2）脱水、粉碎　将浸泡好的米放入离心机中脱水 5~10min，脱除米粒表面的水分，使米粒中的水分分布均匀。然后粉碎，米粉的粒度最好在 100 目以上。

（3）调粉　用水将白糖和食盐配制成溶液过滤后备用。先将玉米淀粉和糯米粉混合均匀，再加入调配好的溶液调制。

（4）蒸制、冷却　将调制好的米粉面团在 90~120℃蒸 20~25min；然后自然冷却 1~2d 或低温冷却（0~10℃）24h，让其硬化。

（5）压坯成型　成型前，面团需反复揉捏至无硬块和质地均匀，然后加入碳酸氢钠、米香精和花生仁，制成直径约 10cm、厚 2.5~3cm、质量 5~10g 的饼坯。

（6）干燥、静置　干燥使用远红外热风干燥，干燥温度应为 25~30℃，时间为 24h 左右。

（7）焙烤、调味　焙烤温度 120℃左右，进行饼坯干燥，干燥时间约 8min，干燥后的饼坯再升温到 210~250℃，烤至饼坯表面呈现金黄色。

若烤后的米饼要调味，可在表面喷调味液后再烘干为成品。

五、产品评定

详见本节实验八。

六、思考题

1. 写出膨化食品的特点。

2. 米饼膨化方式与挤压膨化有何异同？

实验八　膨化食品的品质评定及质量检测

一、实验目的

本实验通过对各类膨化食品的品质评定和质量检测，熟悉膨化食品质量标准，掌握质量评定的有关方法。

二、实验原理

膨化是利用相变和气体的热压效应原理，使被加工物料内部的液体迅速升温汽化、增压膨胀，并依靠气体的膨胀力，带动组分中高分子物质的结构变性，从而使之成为具有网状组织结构特征、定型的多孔状物质的过程。

膨化食品的品质主要包括感官品质、理化品质和卫生品质几个方面，国家在2008年发布了膨化食品的国家标准，膨化食品的品质及质量应符合国家标准的要求。

三、实验材料与仪器设备

1. 实验材料

自制或市售膨化食品，理化指标测定所需材料见相关标准。

2. 仪器设备

托盘，刀具，天平，标准筛，一次性水杯等，理化指标检测所需设备见相关标准。

四、实验内容

1. 膨化食品类别鉴定

根据膨化食品的定义和分类标准对实验样品进行种类鉴定。

膨化食品种类：

（1）焙烤型　采用焙烤或焙炒方式膨化制成的膨化食品。

（2）油炸型　采用食用油煎炸方式膨化制成的膨化食品。

（3）直接挤压型　原料经挤压机挤压，在高温、高压条件下，利用机内外压差膨化而制成的膨化食品。

（4）花色型　以焙烤型、油炸型或直接挤压型产品为坯子，用油脂、酱料或果仁等辅料夹心、注心或涂层而制成的膨化食品。

（5）其他型　采用微波、气流或真空等方式膨化制成的膨化食品。

2. 感官评价

将样品放入白搪瓷盘中，在自然光下目测其形态、色泽、组织和杂质；嗅其气味；品尝其滋味。焙烤型、油炸型、直接挤压型和其他型产品的感官要求见表7-7。花色型产品的感官要求见表7-8。

表 7-7　焙烤型、油炸型、直接挤压型和其他型产品的感官指标

项　目	指　标
形态	具有相应品种的特定形状，允许有部分碎片
色泽	具有相应品种应有的色泽
滋味、气味	具有主要原料经加工后应有的香味，无异味
组织	内部呈多孔状或内部结构均匀，口感酥松或松脆
杂质	无正常视力可见的外来杂质

表 7-8　花色型产品的感官指标

项　目	指　标
形态	具有相应品种的特定形状
色泽	具有相应品种应有的色泽
滋味、气味	具有主要原料经加工后应有的香味，无异味
组织	坯子应符合表 7-7 规定；夹心或注心产品的夹心料无外溢；涂层产品的涂层涂布均匀
杂质	无正常视力可见的外来杂质

3. 理化指标

对实验样品的筛下物、水分、脂肪和氯化钠含量等理化指标进行检测，检测方法按照相关食品国家标准或公认方法进行。将检测数据记入实验结果，并与膨化食品理化标准相对照。膨化食品的理化指标见表 7-9。

（1）筛下物　整包样品拆除包装后，称其质量（m_1），然后将样品放入标准筛中，手工平行摇动标准筛 5 次（如一包样品量较多，应分数次通过标准筛，且每次放入标准筛的样品量应不超过标准筛容积的 1/2），称其筛下物的质量（m_2）。计算其筛下物含量（X）。

（2）水分　按 GB/T 5009.3—2003 规定的方法测定。

（3）脂肪　按 GB/T 5009.6—2003 中第一法（索氏抽提法）规定的方法测定。

（4）氯化钠　按 GB/T 12457—2008 规定的方法测定。

表 7-9　膨化食品的理化指标

项　目		指　标
筛下物[①]/%	≤	5.0
水分/%	≤	7.0
脂肪[②]/%	≤	40.0
氯化钠/%	≤	2.8（普通型）　4.5（大颗粒型[③]）

注：①筛下物指标不包括以果仁为原料的花色型膨化食品以及产品直径小于标准筛孔直径的产品。
　　②脂肪指标不包括添加花生仁、榛子仁等高油脂坚果类的产品。
　　③大颗粒型是指较大颗粒粘在表面的产品。

4. 卫生要求

产品的酸价、过氧化值、羰基价、总砷、铅、黄曲霉毒素 B_1、菌落总数、大肠菌群和致病菌指标应符合 GB 17401—2003 的规定。

五、产品评定

1. 种类鉴定结果

根据膨化食品分类方法，将确定的样品种类记入实验报告。

2. 感官指标

将实验样品的感官评价结果记入表 7-10，并与膨化食品感官要求相对照，说明样品的感官品质。

表 7-10 感官评价结果

产品种类	形态	色泽	滋味与口感	组织	杂质

3. 理化指标

将需检测的理化指标结果记入表 7-11，并与膨化食品理化标准相对照，说明样品的理化品质。

$$筛下物（\%） = \frac{m_2}{m_1} \times 100$$

式中：m_1——试样质量（g）；
  　　m_2——筛下物质量（g）。

表 7-11 理化检测结果

产品分类	筛下物/% ≤	水分/% ≤	脂肪/% ≤	氯化钠/% ≤

4. 微生物指标

将需检测的微生物指标结果与膨化食品要求相对照，说明样品的卫生质量。

六、思考题

1. 膨化食品的品质评定主要包括哪几方面？
2. 膨化食品筛下物含量测定的意义是什么？
3. 如何保证感官评价结果的准确性？

实验九　二次发酵法面包加工

一、实验目的

通过实验了解并掌握二次发酵法制作面包的方法，加深对面包发酵原理、条件的了解。初步学会一般主食面包的成型方法。初步学会鉴别常见的面包质量问题，并了解各种原材料的性质及其对面包质量的影响。

二、实验原理

二次发酵法面包加工是经过两次面团调制、两次面团发酵制作面包的一种方法。经二次发酵后的面团再经整形、醒发、烘烤等工序加工成面包产品。面团在一定的温度下经发酵，面团中的酵母利用糖和含氮化合物迅速繁殖，同时产生大量二氧化碳，使面团体积增大，结构酥松，多孔且质地柔软。

三、实验材料与仪器设备

1. 实验材料

高筋粉，白糖，植物油，活性干酵母，盐，鸡蛋，面包改良剂等。

2. 仪器设备

和面机，醒发箱，烤箱，烤盘，台秤，面盆，刷子，烧杯等。

四、实验内容

1. 工艺流程

原辅料→第一次调粉→第一次发酵→第二次调粉→第二次发酵→成型→醒发→烘烤→冷却

2. 参考配方

面种：高筋粉1 000g，干酵母20g，白糖50g，全蛋350g，蛋黄100g，面包改良剂30g，水200g。

主面：高筋粉1 000g，白糖250g，食盐20g，蜂蜜100g，酥油300g，奶粉60g，水450g，蛋糕油20g。

3. 操作要点

（1）第一次调粉（种子面团的调制）　按实际用量称量各原辅料，并进行一定处理。用适量水将酵母、糖溶解。将面粉倒入立式和面机中先低速搅拌，打松面粉，加入酵母、糖液，搅拌，加全蛋液，搅拌调制成面团。

（2）第一次发酵　将调好的种子面团放入面盆内，用保鲜膜盖好，在发酵箱内进行第一次发酵，发酵条件为温度27~30℃，相对湿度70%，发酵时间约1.5h，发至成熟。

（3）主面团的调制　按实际用量称量各原辅料，并进行一定处理。先把蜂蜜、白糖、部分水混合均匀后待用。把面粉、奶粉在和面机中搅打混匀，加入溶解好的糖液，再补齐水量，加入种子面团，进行第二次面团调制。先低速搅拌，再高速，成团后将酥油、蛋糕油加入，调至面团成熟，加入色拉油搅拌片刻以防粘连，取出面团。

（4）搓圆、发酵　将发酵好的面团切块、搓条、分块、搓圆、放入盘中，然后放入醒发箱中发酵35~45min，温度27~30℃，相对湿度85%。

（5）成型　可加入各种馅料，进行各种造型，摆盘，事先将烤盘涂好油。

（6）醒发　在温度30~40℃，相对湿度85%的条件下最后发酵2h。

（7）烘烤　将烤盘连同醒发好的面包坯放入烤箱中焙烤，焙烤温度180~190℃，时间10~15min。

（8）冷却　将烤熟的面包从烤箱中取出，自然冷却后包装。

五、产品评定

1. 感官指标（表 7-12）

表 7-12　面包的感官指标

项　目	指　标
形态	完整，无缺损、龟裂、凹坑，表面光洁，无白粉和斑点
色泽	表面呈金黄色和淡棕色，均匀一致，无烤焦、发白现象
气味	应具有烘烤和发酵后的面包香味，并具有经调配的芳香风味，无异味
口感	松软适口，不黏，不牙碜，无异味，无未融化的糖、盐粗粒
组织	有弹性；切面气孔大小均匀，纹理均匀清晰，呈海绵状，无明显大孔洞和局部过硬；切片后不断裂，并无明显掉渣

2. 理化指标（表 7-13）

表 7-13　面包的理化指标

项　目		指　标
比容/（mL/g）	≤	7.0
水分/（%）	≤	45.0
酸价（以脂肪计）（KOH）/（mg/g）	≤	5
过氧化值（以脂肪计）/（g/100g）	≤	0.25
总砷（以 As 计）/（mg/kg）	≤	0.5
铅（Pb）/（mg/kg）	≤	0.5
黄曲霉毒素 B_1/（μg/kg）	≤	5

3. 微生物指标（表 7-14）

表 7-14　面包的微生物指标

项　目		指　标
霉菌计数/（cfu/g）	≤	100
大肠菌群/（MPN/100g）	≤	30
菌落总数/（cfu/g）	≤	1 500
致病菌（沙门菌、志贺菌、金黄色葡萄球菌）		不得检出

六、思考题

1. 面包醒发时，温度和湿度过高或过低会对产品产生什么影响？
2. 面包坯在烘烤中发生哪些物理的、化学的和微生物的变化？
3. 根据你的面包质量，总结实验成败的原因。

实验十　快速法面包加工

一、实验目的

通过实验掌握用快速法制作面包的方法，了解快速法制作面包的工艺特点；加深对面包发酵原理的了解，初步学会一般主食面包的成型方法；进一步了解各种原材料的性质及其在面包制作中所起的作用。

二、实验原理

快速法面包加工是指和面后直接成型，面包坯直接醒发，不需要经过专门的发酵过程的一种面包加工方法。生产周期短，但需要增加酵母的添加量，通过强烈的机械搅拌，把调粉和发酵两个工序混合在一起。目前美国有50%的面包加工采用此法。

三、实验材料与仪器设备

1. 实验材料

面包粉，活性干酵母，鸡蛋，面团改良剂，白糖，食盐，奶油，水，甜蜜素。

2. 仪器设备

立式搅拌机，压面机，醒发室，面团分割机（选用），面团滚圆机（选用），成型机（选用），远红外线电烤炉，案板，擀面杖，台秤，面包模具，烤盘。

四、实验内容

1. 工艺流程

原辅料→面团调制→面团静置→分割→揉圆→整形→醒发→烘烤→冷却→成品

2. 参考配方

面包粉5 000g，活性干酵母50g，面团改良剂25g，白糖500g，甜蜜素12g，食盐50g，鸡蛋250g，奶油200g，水2 150mL。

3. 操作要点

（1）面团调制　先将配方中的大部分水和白糖、鸡蛋、食盐等一起加入搅拌机中，慢速搅拌均匀，停机加入小麦面粉和奶粉，将酵母撒在小麦面粉上，不直接与糖盐溶液接触，开机先慢速搅拌，搅匀后改快速搅至卷起阶段，停机加入奶油，再继续搅拌至面筋完全扩展。搅拌后面团温度为30℃较理想。

（2）面团静置　将搅拌好的面团倒出置案板上，用薄膜盖好，静置20min。

（3）分割　每个分割面团的质量为60g。

（4）搓圆　搓圆时揉光即可，不能过度揉搓，以免将刚形成的表皮又撕破，影响成品质量。另外，搓圆完成后一定要注意收口向下放置，避免面团在醒发或烘烤时收口向上翻起，形成表面的皱褶或裂口。

（5）中间醒发　面团在搓圆后应在案板上静置8~15min，待面团内部重新产生气体，恢复柔软性后方可进行整形操作。进行中间醒发的方法是：滚圆好的面团按滚圆的先后顺序整齐成行地排放在案板上，用塑料薄膜盖好以防表面风干结皮，8~15min后按先后顺序取出逐个进行整形。

（6）整形　可以通过包馅造型、编织造型、表面装饰等各种手法对面包进行整形制作，花式繁多，风味各异。但不管是哪种造型方法，总的要求都是：造型要美观，味道要可口，不能影响面包的醒发、烘烤，保证质量。

（7）摆盘、醒发　将整形好的面包坯摆放在预先刷好油的烤盘上。面包坯在烤盘上的摆放还要注意其间距要适当。最后醒发的温度应控制在38~40℃之间，相对湿度掌握在85%~95%范围内，醒发时间通常在1h左右。

（8）表面涂饰、烘烤　综合考虑各种因素，一般宜采用面火220℃，底火200℃入炉，然后在面火 210℃、底火 190℃下烘烤约 12min，待其上色成熟即可出炉。

五、产品评定
参照二次发酵法面包的质量要求进行质量评价。

六、思考题
1. 面团发酵成熟度对面包品质有哪些影响？
2. 面包体积过小的原因及解决办法有哪些？
3. 面团搅拌不足或过度的危害有哪些？

实验十一　蛋糕加工

一、实验目的
掌握蛋糕的制作原理、工艺流程和制作方法；掌握物理膨松面团的调制方法和烤制、成熟方法；了解成品蛋糕的质量分析和鉴别方法。

二、实验原理
蛋糕是以鸡蛋、白糖、小麦粉和油脂等为主要原料，经过机械的搅拌作用或疏松剂的化学作用焙烤加工而制得的组织松软、细腻并有均匀的小蜂窝、富有弹性、入口绵软、较易消化的焙烤类制品。根据膨松原理，蛋糕可分为乳沫类蛋糕和面糊类蛋糕（油蛋糕）两大类。乳沫类蛋糕的制作原理是依靠鸡蛋蛋白的发泡性，蛋白在打蛋机的高速搅打下，蛋液卷入大量空气，形成许多被蛋白质胶体薄膜包围的气泡。油蛋糕的制作原理是利用了油脂的膨松性，糖、油在进行搅拌过程中，油脂中拌入了大量空气并产生气泡。

三、实验材料与仪器设备
1. 实验材料
面粉、鸡蛋、牛奶、白糖、植物油、泡打粉等。

2. 仪器设备
不锈钢容器，打蛋机，台秤，小铁皮模子，刷子，烤盘，烤箱等。

四、实验内容
1. 工艺流程
配料→打蛋→拌粉→装模→焙烤→冷却→成品

2. 参考配方
清蛋糕：鸡蛋 2 000g，白糖 1 000g，低筋粉 1 500g，泡打粉 15g，牛奶香精 15g，水 300g。

油蛋糕：鸡蛋 1 150g，白糖 1 000g，低筋粉 1 000g，黄奶油 1 000g，牛奶香精 10g，速发蛋糕油 20g。

3. 操作要点
（1）清蛋糕的制作
①打蛋：将鸡蛋液、白糖加入打蛋机中，慢速搅拌，使糖粒基本溶化，再用高速搅打至蛋液呈稠状的乳白色，打好的鸡蛋糊成稳定的泡沫状（一般体积为原来的 2~3 倍，时间是 15~20min）。

②拌粉：将面粉用60目以上的筛子轻轻疏松一下过筛，再将泡打粉、牛奶香精加入面粉中混合均匀，一起撒入打好的蛋浆中，慢慢将面粉倒入蛋糊中。同时轻轻翻动蛋糊，以最轻、最少翻动次数拌至见不到生面粉即可（打蛋机慢速搅拌1min左右即可），理想温度为24℃。

③装模：先在烤盘模具内涂上一层植物油或猪油，以防止黏模，然后轻轻将调好的蛋糊均匀注入其中，注入量为模具容积的2/3。

④焙烤：将装模后的烤盘放入已预热到180~200℃的烤炉中，烘烤15~20min，至蛋糕完全熟透（用牙签插入蛋糕坯内拔出无黏附物）、表面呈棕黄色为止。根据烤盘模具大小选择合适的烘烤温度和时间。

⑤冷却：将蛋糕从烤箱中取出，冷却至室温，方可包装。

（2）油蛋糕的制作

①打发：将黄奶油加白糖放在45~50℃热水盆中水浴，溶化后搅拌均匀。缓慢加入蛋液、蛋糕油，先慢速搅拌1min，再高速搅拌8~10min进行打发。

②拌粉：将过筛后的面粉、牛奶香精加入搅拌机中，慢速搅拌1min成面糊。

③装模：将调好的面糊倒入裱花袋，进行注模。

④焙烤：采用先低温，后高温的烘烤方法，面火220℃，底火180℃，焙烤时间15~20min，成熟的蛋糕表面一般为均匀的金黄色，若呈乳白色说明未烤透；蛋糊仍黏手，说明未烤熟；不黏手即可停止。

⑤冷却：出炉后稍冷却后脱模，冷透后再包装出售。

五、产品评定

1. 感官指标（表7-15）

表7-15 蛋糕的感官指标

项 目	指 标
形态	外形完整；块形整齐，大小一致；底面平整；无破损，无粘连，无塌陷，无收缩
色泽	外表金黄至棕红色，无焦斑，剖面淡黄，色泽均匀
滋味气味	爽口，甜度适中；有蛋香味及该品种应有的风味；无异味
组织	松软有弹性；剖面蜂窝状小气孔分布较均匀；无糖粒，无粉块，无杂质
杂质	外表和内部均无肉眼可见的杂质

2. 理化指标（表7-16）

表7-16 蛋糕的理化指标

项 目		指 标
总糖/（%）	≥	25.0
水分/（%）		15~30
酸价（以脂肪计）（KOH）/（mg/g）	≤	5
过氧化值（以脂肪计）/（g/100g）	≤	0.25
总砷（以As计）/（mg/kg）	≤	0.5
铅（Pb）/（mg/kg）	≤	0.5
黄曲霉毒素B_1/（μg/kg）	≤	5

3. 微生物指标（表7-17）

表7-17 蛋糕的微生物指标

项 目		指 标
霉菌计数/（cfu/g）	≤	50（出厂），100（销售）
大肠菌群/（MPN/100g）	≤	30
菌落总数/（cfu/g）	≤	750（出厂），1 000（销售）
致病菌（沙门菌、志贺菌、金黄色葡萄球菌）		不得检出

六、思考题

1. 出现蛋糕面糊搅打不起的原因及解决办法是什么？
2. 蛋糕在烘烤的过程中出现下陷和底部结块现象的原因及解决办法有哪些？
3. 观察打蛋过程中蛋液色泽、体积、组织状态的变化。
4. 观察蛋糕焙烤过程中色泽、体积的变化。

实验十二　酱油加工

一、实验目的

通过实验熟悉和掌握酱油生产工艺过程，包括种曲和成曲制备、酱油发酵控制的措施和方法。熟悉和掌握酱油酿造的原理、设备及操作要点。

二、实验原理

酿造酱油是以富含蛋白质的豆类（大豆）和富含淀粉的谷类及其副产品为主要原料，在微生物酶的催化作用下分解成熟并经浸虑提取的具有特殊色、香、味的液体调味品。酱油酿造的基本原理包括：淀粉的糖化、蛋白质的分解、脂肪的分解、纤维素的分解及色香味体的形成等复杂的化学和生物化学反应，经过这一系列过程使酱油中除食盐外还含有18种氨基酸以及多肽、还原糖、多糖、有机酸、醇类、醛、酯、酚、酮、维生素、多种微量元素等成分。国内外酱油生产的基本工序为：原料处理、制曲、制醪（醅）发酵、取油、加热配制。将成曲加入多量盐水，使呈浓稠的半流动状态的混合物称为酱醪；将成曲拌加少量盐水，使呈不流动状态的混合物，称为酱醅。根据醪及醅状态的不同可分为稀醪发酵、固稀发酵、固态发酵；上述几种发酵方式各有优点，成品酱油风味也有所不同。

三、实验材料与仪器设备

1. 实验材料

水，大豆或脱脂大豆（豆饼、豆粕），小麦，麸皮和食盐，米曲霉菌种，酵母菌种，霉菌培养基，酵母培养基等。

2. 仪器设备

温度计，台秤，天平，三角瓶，生化培养箱，蒸锅，发酵罐，过滤机，包装瓶等。

四、实验内容

1. 工艺流程

低盐固态发酵法制造酱油的工艺流程：

豆饼或豆粕→粉碎→混合→润水→蒸煮→冷却→接种→通风培养→成曲→制醅→入池保温发酵（移池法中间移醅1~2次）→酱醅成熟→浸出淋油→生酱油→加热→配制→成品酱油

2. 操作要点

（1）种曲制备（以培养沪酿3.042米曲霉为例）

①种曲原料配比：可选用下列各种配比：A. 麸皮80，面粉（甘薯粉）20，水70左右；B. 麸皮85，豆饼（或豆粕粉）15，水90左右；C. 麸皮100，水95左右。

②原料处理：原料混匀后，用3.5目筛子过筛，适当堆积润水后即可蒸料，常压为60min，加压为30~60min（0.1MPa），出锅后过筛，以便迅速冷却，熟料水分为50%~54%。有的处理是：混料后加40%~50%水，蒸熟后过筛，然后再加30%~45%冷开水，在冷开水中添加0.3%冰醋酸或醋酸钠0.5%~1%（以原料量计算），能有效地抑制制曲中细菌的繁殖。

③接种：将试管原菌用三角瓶扩大培养后作为菌种进行接种，温度为夏季38℃左右，接种量为0.5%。接种后快速充分拌匀，装入曲盘，上盖灭菌的干纱布后，送入种曲室或恒温恒湿培养箱。

④培养：曲盘装料摊平后（厚度为6~7cm），先用直立式堆叠，维持室温28~30℃及品温30℃，干湿相差1℃。培养16h左右，当品温上升至34~35℃，曲料表面稍有白色菌丝及结块时，进行第一次翻曲，翻曲后堆叠成十字形，室温按品温要求适当降低至26~28℃。翻曲后4~6h，当品温又上升至36℃时，进行第二次翻曲，每翻毕一盘，上盖灭菌湿纱布一块，曲盘改堆成品字形。掌握品温在30~36℃，培养50h揭去纱布，继续培养1d进行后熟，使米曲霉孢子繁殖良好，种曲全部达到鲜艳的黄绿色。实验室可以用大三角瓶按照上述条件要求制备种曲。

（2）成曲制备　实验中采用小型固态发酵罐或恒温培养箱制曲。

①制曲原料及处理：主要原料为豆饼或豆粕和麸皮。豆饼与麸皮的配合比例可采用8∶2或7∶3或6∶4。以豆饼为原料要进行适度的粉碎，要求颗粒大小为2~3mm，粉末量不超过20%。

②润水：原料配比用豆粕（或豆饼）∶麸皮为100∶10，按豆粕（或豆饼）计，加水量为80%~85%，使曲料水分达到50%左右。一般润水时间为1~2h，润水时要求水、料分布均匀，使水分充分渗入料粒内部。

③蒸料：用蒸锅蒸料，一般控制条件约为0.18MPa，5~10min；或0.08~0.15MPa，15~30min。在蒸煮过程中，蒸锅应不断转动。蒸料完毕后，立即排气，降压至零，然后关闭排气阀，开动水泵用水力喷射器进行减压冷却。锅内品温迅速冷却至需要的温度（约50℃）即可开锅出料。对蒸熟的原料要求达到一熟、二软、三酥松、四不黏手、五无夹心、六有熟料固有的色泽和香气。原料蛋白质消化率在80%~90%，

曲料熟料水分在45%~50%。

④接种曲：熟料出锅后，打碎并冷却至40℃左右，接入种曲。种曲在使用前可与适量经干热处理的鲜麸皮充分拌匀，保证接种均匀。种曲用量约为原料总质量的0.3%。

⑤通风制曲：将曲料置于曲箱（恒温恒湿培养箱），厚度一般为10~30cm，利用风机供给空气，调节温湿度，促使米曲霉在较厚的曲料上生长繁殖和积累代谢产物。接种后料层温度调节到30~32℃，促使米曲霉孢子发芽，静置培养6~8h，当曲料开始升温到37℃左右时应开机通风，开始时采用间歇通风，以后再连续通风来维持品温在35℃左右，并尽量缩小上下料层之间的温差。接种12~14h以后，品温上升迅速，米曲霉菌丝生长使曲料结块，此时应进行第一次翻曲，使曲料疏松，保持温度34~35℃，继续培养4~6h，根据品温上升情况进行第二次翻曲，翻曲后继续连续通风培养，米曲霉开始着生孢子并大量分泌蛋白酶，此阶段品温以维持产酶适温20~30℃为宜，使蛋白酶活力大幅度上升。培养至24~30h，酶的积蓄达最高点，即可出曲。

(3) 发酵

①盐水的配制：食盐加水溶解，调制成需要的浓度，要求食盐含量为0.14~0.15g/mL，盐水量为制曲原料的150%，酱醅含水分在57%，一般的经验数据是每100kg水加盐1.5kg即为1°Bé。

②酵母菌和乳酸菌菌液的制备：酵母菌和乳酸菌菌种选定后，分别进行逐级扩大培养，使之得到大量强壮而纯粹的细胞，再经过混合培养，最后接种于酱醅中。制备酵母菌和乳酸菌菌液以新鲜为宜，必须及时接入酱醅内，使酵母菌和乳酸菌迅速参与发酵作用。

③制醅：先将准备好的盐水或稀糖浆盐水加热到50~55℃，再将成曲粗碎，拌入盐水或稀糖浆盐水，进入发酵罐（池）。

④发酵及管理：在前期保温发酵过程中，要求成曲拌和盐水或稀糖浆盐水入池后，品温控制在40~45℃之间，如果低于40℃，即采取保温措施，使品温达到并保持此温度，使酱醅迅速水解。每天定时定点检测温度。前期保温发酵时间为15d。前期发酵完毕，水解基本完成。此时将制备的酵母菌和乳酸菌液浇于酱醅面层，并补充食盐，使总的酱醅含盐由8%左右提高到15%以上，使其均匀地淋在酱醅内。菌液加入后酱醅呈半固体状态，品温要求降至30~35℃，并保持此温度进行酒精发酵及后熟作用。后期发酵时间为15d。

(4) 浸出　酱醅成熟后，利用浸出法将其中的可溶性物质浸出。

(5) 加热和配制　生酱油需经加热、配制、澄清等加工过程方可得成品酱油。还可以在原来酱油的基础上，分别调配鲜味剂、甜味剂以及其他香辛料等以增加酱油的花色品种。常用的鲜味剂有谷氨酸钠、肌苷酸和鸟苷酸；甜味剂有白糖、饴糖和甘草；香辛料有花椒、丁香、桂皮、大茴香、小茴香等。

五、产品评定
1. 感官指标（表7-18）

表7-18　酱油的感官指标

项目	指标			
	特级	一级	二级	三级
色泽	鲜艳的深红褐色，有光泽	红褐色或棕褐色，有光泽	红褐色或棕褐色	棕褐色
香气	酱香浓郁，无不良气味	酱香较浓，无不良气味	有酱香，无不良气味	微有酱香，无不良气味
滋味	味鲜美、醇厚，咸味适口	味鲜美，咸味适口	味较鲜，咸味适口	鲜咸适口
体态	澄清	澄清	澄清	澄清

2. 理化指标（表7-19）

表7-19　酱油的理化指标

项目		指标			
		特级	一级	二级	三级
可溶性无盐固形物/（g/100mL）	≥	20.00	18.00	15.00	10.00
全氮（以氮计）/（g/100mL）	≥	1.60	1.40	1.20	0.80
氨基酸态氮（以氮计）/（g/100mL）	≥	0.80	0.70	0.60	0.40
总酸（以乳酸计）/（g/100mL）	≤	2.5			
总砷（以As计）/（mg/L）	≤	0.5			
铅（Pb）/（mg/L）	≤	1			
黄曲霉毒素 B_1/（μg/L）	≤	5			

3. 微生物指标（表7-20）

表7-20　酱油的微生物指标

项目		指标
菌落总数/（cfu/mL）	≤	30 000
大肠菌群/（MPN/100mL）	≤	30
致病菌（沙门菌、志贺菌、金黄色葡萄球菌）		不得检出

六、思考题
1. 酱油不同发酵方式的优点及对风味的影响有哪些？
2. 酱油酿造中主要的生化反应有哪些？
3. 酱油特有的色、香、味、体是怎样形成的？

实验十三　食醋加工

一、实验目的
通过实验，使学生深刻理解食醋酿造的基本原理；掌握食醋酿造的工艺过程及操作要点。

二、实验原理

食醋是以粮谷为原料,利用微生物细胞内的各种酶类,经淀粉糖化、酒精发酵和醋酸发酵而制成的含醋酸的液态酸味调味品。曲霉中的糖化型淀粉酶使淀粉水解为糖类,曲霉分泌的蛋白酶使蛋白质分解为各种氨基酸;酵母菌分泌的各种酒化酶使糖分子分解为乙醇;醋酸菌中氧化酶将乙醇氧化成醋酸。整个食醋的发酵过程就是这些微生物产生的酶相互协同作用,发生一系列生物化学变化的过程。

三、实验材料与仪器设备

1. 实验材料

白酒或食用酒精,醋酸菌种,葡萄糖,酵母膏,碳酸钙,酒液,琼脂。

2. 仪器设备

试管,三角瓶,恒温培养箱,台式恒温振荡器,高压蒸汽灭菌锅,无菌操作台,小型发酵罐。

四、实验内容

1. 工艺流程

醋酸菌种
↓扩培、接种
淀粉质原料→预处理→糖化→酒精发酵→醋酸发酵→后处理→醋

2. 操作要点

(1) 试管菌种培养　常用培养基有以下两种:

①葡萄糖 0.3g、酵母膏 1g、碳酸钙 2g、6 度酒液 100mL、琼脂 2~2.5g。

② 6~7°Bé 米曲汁 95%、酒精 4%、碳酸钙 1.5%、琼脂 2%。

在无菌条件下接入醋酸菌,在 31℃ 恒温下培养 48h。

(2) 三角瓶培养　常用以下两种培养:

①酵母膏 1%、葡萄糖 0.3%、水 100mL,灭菌后,无菌条件下添加 95 度酒精 4%。

② 6~7°Bé 的米曲汁 100mL,灭菌后,无菌条件下添加 95 度酒精 4%。

三角瓶容量为 500mL,装入培养基 100mL,每支试管菌种接 2~3 瓶,摇匀,30℃ 下静置培养 5~7d,液面上长有菌膜,嗅之有醋酸清香即为成熟。如果用摇床振荡培养,三角瓶内培养即可增至 120~150mL,在 31℃ 下恒温培养 24h 即可。

(3) 接种　将白酒或食用酒精稀释,使其浓度达到 7%~8%,接入三角瓶醋酸菌,接种量 2%~3%。

(4) 发酵　温度控制在 28~30℃,当醋酸含量达到 7%~9%,及时加入 3% 左右的食盐,终止醋酸发酵,并使产品具有一定的咸味。

(5) 灭菌　采用巴氏杀菌,杀菌条件为 80~85℃,30min。

五、产品评定

1. 感官指标(表 7-21)

表 7-21　食醋的感官指标

项目	指标
色泽	琥珀色或红棕色
香气	具有液态发酵食醋特有的香气
滋味	酸味柔和，无异味
体态	澄清

2. 理化指标（表 7-22）

表 7-22　食醋的理化指标

项目		指标
总酸（以乙酸计）/（g/100mL）	≥	3.50
游离矿酸		不得检出
总砷（以 As 计）/（mg/kg）	≤	0.5
铅（Pb）/（mg/kg）	≤	1
黄曲霉毒素 B_1/（μg/L）	≤	5

注：以酒精为原料的液态发酵食醋不要求可溶性无盐固形物。

3. 微生物指标（表 7-23）

表 7-23　食醋的微生物指标

项目		指标
菌落总数/（cfu/mL）	≤	10 000
大肠菌群/（MPN/100g）	≤	3
致病菌（沙门菌、志贺菌、金黄色葡萄球菌）		不得检出

六、思考题

1. 液态发酵法酿造食醋的优缺点有哪些？指出生产的关键。
2. 在现有条件下，如何进行工艺控制，并提出改进的措施。

实验十四　内酯豆腐加工

一、实验目的

通过实验，理解内酯豆腐的加工原理；掌握内酯豆腐的加工工艺及操作要点；了解大豆蛋白质的加工特性。

二、实验原理

内酯豆腐是采用新型凝固剂 δ-葡萄糖酸内酯（GDL）加工而成的。葡萄糖酸内酯本身并不能使大豆蛋白质胶凝，其水解产生的葡萄糖酸可以使豆浆中的蛋白质凝固，形成具有一定弹性和形状的凝胶体，即内酯豆腐。内酯豆腐的加工既利用了大豆蛋白质的凝胶性，又利用了 δ-葡萄糖酸内酯的水解特性。但在 30℃以下葡萄糖酸内酯的水解反应进行缓慢，影响大豆蛋白质凝胶体的形成速度，而加热之后则会迅速水解。

三、实验材料与仪器设备

1. 实验材料

大豆，δ-葡萄糖酸内酯。

2. 仪器设备

磨浆机或豆浆机，不锈钢锅，水浴锅，折光仪，容器（玻璃瓶或内酯豆腐塑料盒），电磁炉，过滤筛（80目左右）等。

四、实验内容

1. 工艺流程

葡萄糖酸内酯
↓
原料→浸泡→水洗→磨浆过滤→煮浆→冷却→混合→灌装→加热成型→冷却→成品

2. 参考配方

大豆2kg，水约12L，葡萄糖酸内酯为豆浆量的0.25%~0.3%。

3. 操作要点

（1）原料　应选择蛋白质含量高的大豆品种，制作豆腐的大豆以色泽光亮、籽粒大小均匀、饱满、无虫蛀和鼠咬的新大豆为好，经挑选后称取2kg净豆，清洗干净。

（2）浸泡　按1:4添加浸泡大豆的水量，水温17~25℃，pH值在6.5以上，时间为6~8h，浸泡好的大豆表面比较光亮，没有皱皮，豆瓣易被手指掐断。

（3）水洗　用自来水清洗浸泡好的大豆，去除浮皮和杂质，降低泡豆的酸度。

（4）磨浆　将浸泡好的大豆倒入磨浆机中，缓缓加入6倍于干豆质量的热水，水温50~55℃。磨好后用滤布过滤豆浆。

（5）煮浆　煮浆使蛋白质发生热变性，煮浆温度要求达到95~98℃，保持2min；豆浆的浓度为10%~11%。

（6）冷却　葡萄糖酸内酯在30℃以下不发生凝固作用，为使它能与豆浆均匀混合，把煮好的豆浆冷却至30℃以下。

（7）混合　葡萄糖酸内酯的加入量为豆浆质量的0.25%~0.3%，先用凉水或凉豆浆将其溶化，然后在不断搅拌下加入豆浆中，搅拌混匀后立即灌装。

（8）灌装　将混合好的豆浆注入包装盒内，每盒重250g，封口。

（9）加热凝固　将灌装好的豆浆盒放入热水浴中加热，当温度超过50℃后，葡萄糖酸内酯开始发挥凝固作用，使盒内的豆浆逐渐形成豆腐。加热的水温为85~100℃，加热时间为20~30min，凝固好后立即冷却，以保持豆腐的形状。

五、产品评定

1. 感官指标（表7-24）

表 7-24 内酯豆腐的感官指标

项目	指标
色泽	乳白色或淡黄色
滋味及气味	略有豆香味,无异味
组织形态	细腻滑嫩,持水性较好,刀切后不塌陷,不裂
杂质	无正常视力可见外来杂质

2. 理化指标（表 7-25）

表 7-25 内酯豆腐的理化指标

项目		指标
水分/%	≤	92
蛋白质/%	≥	4.0
砷（以 As 计）/（mg/kg）	≤	0.5
铅（以 Pb 计）/（mg/kg）	≤	1.0

3. 微生物指标（表 7-26）

表 7-26 内酯豆腐的微生物指标

项目		指标
菌落总数/（cfu/g）	≤	750
大肠菌群/（MPN/100g）	≤	30
致病菌（沙门菌、志贺菌、金黄色葡萄球菌）		不得检出

六、思考题

1. 豆腐加工应用了大豆蛋白质的何种功能特性？
2. 制作内酯豆腐的两次加热各有什么作用？
3. 分析影响豆腐品质的因素有哪些。

实验十五　传统豆豉加工

一、实验目的

通过豆豉的传统制作工艺实验,使学生在学习理论知识的基础上,加深理解豆豉的加工原理;掌握豆豉的传统制作工艺及操作要点。

二、实验原理

豆豉传统生产工艺是利用毛霉、曲霉或细菌蛋白酶的作用,分解大豆蛋白达到一定程度时,以加盐、酒、干燥等方法抑制酶的活力,延缓发酵进程,让熟豆的一部分蛋白质和分解产物在特定条件下保存下来,形成具有特殊风味的发酵食品。但传统工艺质量不稳定,酶活力不高,发酵周期长,且生产受季节性限制。

三、实验材料与仪器设备

1. 实验材料

大豆125kg,糯米5kg,食盐23kg,白酒2.5kg。

2. 仪器设备

筛选设备,浸料设备等。

四、实验内容

1. 工艺流程

大豆→筛选→浸泡→蒸煮→摊冷→制曲→成曲→配料→翻拌→入池→熟化→成品

2. 操作要点

(1) 筛选 必须选用颗粒饱满、硕大、粒径大小基本一致、充分成熟、表皮无皱褶、有光泽、无霉变、无虫蛀、无伤痕的大豆。

(2) 浸泡 将大豆清洗干净后加水浸泡3~4h,浸泡程度以豆粒表皮刚呈胀满、液面不出现泡沫为佳(含水量45%~50%)。取出沥干水分,同时再用水反复冲洗,除净泥沙。

(3) 蒸煮 将浸泡好的大豆装入蒸锅中在常压下蒸煮3~4h,之后保温(90~100℃)焖豆3h。蒸熟的豆粒要求熟而不烂、内无生心。若加压蒸煮,可在压力为98kPa下蒸煮30~40min即可。

(4) 摊冷 将蒸熟的大豆熟料摊晾在清洁的曲台上,待品温降低到28℃左右时接种。

(5) 制曲 豆豉原料制曲是使用豆豉毛霉菌种,曲室温度保持在20~26℃,料在曲池的厚度约5cm,约需3d曲料中菌丝密布,表面呈白色时要翻曲1次,室内通风,翻后3~4d菌丝又穿出曲面,通常制曲时间为8~15d。

(6) 配料 出曲后,成曲要充分搓散。另外,将糯米制作成甜米酒。按配料加入盐、白酒、米酒的混合物,拌均匀,务必使成曲充分沾湿。拌和时要精心操作,防止擦破豆粒表皮。

(7) 熟化 拌料后3d内至少每天倒翻1次,使辅料完全均匀吸收方可入池。入池后表面必须封严,并定时检查堵缝。产品一般要经过40~50d成熟。

五、产品评定

1. 感官指标(表7-27)

表7-27 豆豉的感官指标

项目	指标
色泽	黄褐色或黑褐色
香气	具有豆豉特有的香气
滋味	滋味鲜美,咸淡适口,无不良气味
体态	颗粒完整,松散成形

2. 理化指标（表7-28）

表7-28　豆豉的理化指标

项　目		指　标
水分/（%）	≤	44
氨基酸态氮（以氮计）/（g/100g）	≥	0.6
水溶性蛋白质/（g/100g）	≥	22
总酸（以乳酸计）/（g/100g）	≤	2.0
食盐（以氯化钠计）/（g/100g）	≥	12
砷（以As计）/（mg/kg）	≤	0.5
铅（以Pb计）/（mg/kg）	≤	1.0
黄曲霉毒素B_1/（μg/kg）	≤	5
食品添加剂含量		按 GB 2760—2011 规定

3. 微生物指标（表7-29）

表7-29　豆豉的微生物指标

项　目		指　标
大肠菌群/（MPN/100g）	≤	30
致病菌（沙门菌、志贺菌、金黄色葡萄球菌）		不得检出

六、思考题

1. 传统豆豉的生产工艺特点是什么？
2. 豆豉毛霉菌种的菌学特征是什么？
3. 如何生产出优质的豆豉产品？

实验十六　豆腐乳加工

一、实验目的

通过实验，使学生在学习理论知识的基础上深刻理解腐乳的加工原理；掌握腐乳的酿造过程及工艺要点；掌握发霉发酵法豆腐乳酿造过程中的工艺控制技术。

二、实验原理

豆腐乳是我国特有的发酵豆制品之一，是以豆腐为原料，以霉菌为发酵菌种，添加食盐、黄酒、红曲色素等辅料，经长霉、搓毛、盐腌、发酵而制成的块状发酵豆制品。通过豆腐发霉过程中形成的蛋白酶和淀粉酶将豆腐中的有效物质分解，同时与后发酵中添加的辅料一起形成腐乳特有的色、香、味、体。

三、实验材料与仪器设备

1. 实验材料

蔗糖，磷酸氢二钾，硫酸镁，硫酸亚铁，琼脂，豆腐，面粉等。

2. 仪器设备

恒温箱，高压蒸汽灭菌锅，制曲箱，超净工作台，发酵缸等。

四、实验内容

1. 工艺流程

$$菌液配制 \leftarrow 毛霉或根霉扩大培养$$
$$\downarrow$$
$$豆腐坯 \rightarrow 入笼格 \rightarrow 接种 \rightarrow 培养 \rightarrow 前发酵 \rightarrow 搓毛 \rightarrow 腌坯 \rightarrow 装坛 \rightarrow 后发酵 \rightarrow 成品$$
$$\uparrow$$
$$灌配汤料$$

2. 操作要点

（1）菌种培养　豆腐乳的前期发酵过程，就是豆腐坯长霉的过程，此过程可通过自然发霉与纯种培养两种形式完成。在实验中采用毛霉进行发酵。

①毛霉菌种保存及扩大培养：毛霉的原始菌种一般从中国科学院微生物研究所菌种保藏室或各地方微生物研究单位取得。菌管需要传代移接才能使用。菌种的移接传代，首先需要制作培养基，提供菌种的生长条件。培养基可用豆汁培养基或察氏培养基。

察氏培养基：蔗糖2g，磷酸氢二钾1g，硫酸镁0.5g，硫酸亚铁0.01g，琼脂2.5g。

用蒸馏水稀释至1 000mL，置于电炉上加热至沸，分装于试管中，再将试管放于高压灭菌器中或常压锅（普通闷罐也可）进行蒸汽灭菌。如用高压灭菌锅，可在0.07MPa压力下保持15min。如用普通锅，可间歇2~3次。灭菌后取出摆斜面冷却，贮存备用。

用上述培养基接上毛霉菌种，于28~30℃恒温培养箱中培养1周，长出白色绒毛，即为毛霉试管菌种，准备做扩大培养之用。

②菌种的扩大培养：若制作生产菌种，需将试管菌种进行扩大培养，扩大培养的培养基有：

A. 察氏培养基：配方从略，配于三角瓶中，灭菌后接入试管菌种的菌丝。

B. 豆汁培养基：取大豆500g，洗净、加水1 500mL浸泡，至豆粒无硬心，捞出，加清水1 000mL，温水煮沸3~4h（在煮沸过程中随时加水补充损失量），用脱脂棉过滤得豆汁1 000mL，加2.5%饴糖（或麦芽汁500mL），煮沸，备用。

C. 固体培养基：常用的固体培养基多用于扩大培养，以做成菌粉供生产接种用。一般用三角瓶培养，取豆腐渣与大米粉（或面粉）混合（其配比为1:1），装入三角瓶，其量不可过多，以1~2mL厚度为宜，加棉塞，高压灭菌（0.1MPa）1h，至室温接种，于20~25℃培养6~7d，风干后，每瓶加少量大米粉，混匀即成菌种粉。

（2）接种

①接种：豆腐乳前期发酵采用木框竹底盘笼格。先用蒸汽对笼格灭菌，灭菌结束后，待温度降至35℃时，采用喷雾法向笼格底部及四壁喷洒新配制的接种悬浮液，随即装格（将原液加入4倍冷开水，兑成接菌用菌液，一般盛在搪瓷盆中，白豆腐坯沾匀菌液即离开菌液，以防水分侵入豆腐坯内，增大其含水量而影响毛霉生长。喷雾法操作简单，坯子吸水机会少有利于原菌的生长）。

②摆坯：把豆腐坯——竖放在笼格内，排列整齐成行，行间留间隔，以利于通风调节温度。装完一只笼格，立即用配制好的菌悬液喷洒在豆腐坯上。接种力求均匀、全面，让每块豆腐坯前后左右和顶上都喷洒上菌悬液。

③发霉：接种完毕，稍经摊晾，让豆腐坯表面水分适当散失，然后将笼格移入发酵室，笼格层层重叠起来培养。温度宜控制在20~25℃，最高28℃，在正常生长情况下，一般经48h菌丝开始发黄，转入衰老阶段，这时即可降温，停止发霉。发霉好后应及时腌制，防止发霉过老发生"臭笼现象"。

(3) 腌坯　前发酵是让菌体生长旺盛，积累微生物分泌的蛋白酶，以便在后发酵期间将蛋白质缓慢水解。在进行后发酵之前，必须将毛坯的毛搓倒以便于腌坯操作。

①搓毛：发霉好的毛坯要即刻进行搓毛。将毛霉或根霉的菌丝用手抹倒，使其包住豆腐坯，成为外衣，同时要把毛霉间黏连的菌丝搓断，分开豆腐坯，这一操作与成品块状外形有密切关系。

②腌坯：毛坯经搓毛之后，即行盐腌，将毛坯变成腌坯。

腌制的目的在于渗透盐分，析出水分。腌制后，菌丝与腐乳坯都收缩，坯体变得发硬，菌丝在坯体外围形成一层被膜，经后发酵之后菌丝也不松散。腌制后的盐坯水分含量从豆腐坯的72%左右下降到56.4%左右，使其在后发酵期间也不致过快地糜烂。食盐有防腐能力，可以防止后发酵期间感染杂菌引起腐败。高浓度食盐对蛋白酶有抑制作用，使蛋白酶作用缓慢，不致在未形成香气之前腐乳就糜烂，使腐乳有一定的咸味，并容易吸附辅料的香味。

腌坯的用盐量及腌制时间有一定的标准，食盐用量过多，腌制时间过长，不但成品过咸，而且，后发酵期要延长，食盐用量过少，腌制时间虽然可以缩短，但易引起腐败。用盐量可根据每万块加盐50~60kg，腌坯时间为7d。

(4) 后期发酵　即发霉毛坯在微生物的作用下以及辅料的配合下进行后熟，形成色、香、味的过程，包括装坛、灌汤、贮藏等几道工序。

①装坛：取出盐坯，将盐水沥干，装入坛或瓶内，先在木盆内过数，装坛时先将每块坯子的各面沾上预先配好的汤料，然后立着码入坛内。

②配料灌汤：配好的汤料灌入坛内，要淹没坯子1.5~2cm，如汤料少，没不过的坯子就会生长各种杂菌，如霉菌、酵母、细菌，再加上浮头盐，封坛进行发酵。

豆腐乳汤料的配制，各地区不同，各品种也不相同。

青方腐乳装坛时不灌汤料，每1 000块坯子加25g花椒，再灌入7°Bé盐水（用豆腐黄浆水掺盐或液渍毛坯时流出的咸汤）。

红方腐乳一般用红曲醪145kg，面酱50kg，混合后磨成糊状，再加入黄酒255kg，调成10°Bé的汤料500kg，再加60°白酒1.5kg，甜蜜素50g，药料500g。搅拌均匀，即为红方汤料。

(5) 贮藏　豆腐乳的后期发酵主要是在贮藏期间进行的。由于豆腐坯上生长的微生物与所加入的配料中的微生物，在贮藏期内发生复杂的生化作用，促使豆腐乳成熟。

豆腐乳按品种配料装入坛内，擦净坛口，加盖，豆腐乳封坛后即放在通风干燥处，利用户外的气温进行发酵，红方腐乳一般需贮藏3~5个月。

五、产品评定

1. 感官指标（表 7-30）

表 7-30　豆腐乳的感官指标

项目	指标			
	红腐乳	白腐乳	青腐乳	酱腐乳
色泽	表面呈鲜红色或枣红色，断面呈杏黄色或酱红色	呈乳黄色或黄褐色，表面色泽基本一致	呈豆青色，表里色泽基本一致	呈酱褐色或棕褐色，表里色泽基本一致
滋味气味	滋味鲜美，咸淡适口，具有红腐乳特有气味，无异味	滋味鲜美，咸淡适口，具有白腐乳特有香味，无异味	滋味鲜美，咸淡适口，具有青腐乳特有香味，无异味	滋味鲜美，咸淡适口，具有酱腐乳特有香味，无异味
组织状态	块形整齐，质地细腻			
杂质	无外来可见杂质			

2. 理化指标（表 7-31）

表 7-31　豆腐乳的理化指标

项目		指标			
		红腐乳	白腐乳	青腐乳	酱腐乳
水分/%	≤	72.0	75.0	75.0	67.0
氨基酸态氮（以氮计）/（g/100g）	≥	0.42	0.35	0.60	0.50
水溶性蛋白质/（g/100g）	≥	3.20	3.20	4.50	5.00
总酸（以乳酸计）/（g/100g）	≤	1.30	1.30	1.30	1.30
食盐（以氯化钠计）/（g/100g）	≥	6.50			
砷（以 As 计）/（mg/kg）	≤	0.5			
铅（以 Pb 计）/（mg/kg）	≤	1.0			
黄曲霉毒素 B_1/（μg/kg）	≤	5.0			
食品添加剂含量		按 GB 2760—2011 规定			

3. 微生物指标（表 7-32）

表 7-32　豆腐乳的微生物指标

项目		指标
大肠菌群/（MPN/100g）	≤	30
致病菌（沙门菌、志贺菌、金黄色葡萄球菌）		不得检出

六、思考题

1. 在实验的基础上简述腐乳风味形成的机理。
2. 结合所学知识谈谈如何提高腐乳的质量。

实验十七　谷物加工综合设计实验及实例

一、实验目的

本实验旨在培养学生的创新意识和精神，提高学生分析问题和解决问题的综合能力。

二、项目选择

(1) 大米蒸煮品质及米饭的质构检验。
(2) 小麦面粉面筋含量的测定。小麦面粉吸水量和面团糅合性能测定。
(3) 小麦谷蛋白溶胀指数。小麦蛋白质电泳检测。
(4) 面团拉伸性能测定。
(5) 小麦粉发酵时间及发酵力测定。
(6) 新型面包及饼干的制作。

对教师提供的实验项目进行筛选，根据自己的兴趣、爱好和知识水平，确定主攻方向；在查找资料并充分酝酿之后，选择其中一个或多个项目进行设计。

三、实验方案

在选定设计实验项目后，根据项目任务充分查阅相关资料，自行推证有关理论，确定实验方法，选择配套仪器设备，设计好实验步骤和数据处理方法。然后，用实验报告把以上的过程用书面形式表达清楚。

四、实验实施方案论证

采取课堂讨论的方式进行：

(1) 陈述方案　每组派一名代表陈述本组的实验方案，注意突出自己方案的优势和创新点。
(2) 讨论　大家对该组的实验方案进行分组讨论，指出该方案存在的问题和实施中可能遇到的困难，并尽可能提出自己的解决办法。
(3) 总结　指导老师对陈述的方案和讨论的情况进行总结，并提出方案的修改意见。
(4) 修改　每小组根据讨论中存在的问题，修改自己的方案，并经指导老师同意后，最终确定自己的实验方案。

五、实施方案

根据自己设计的实验方案，在实验室进行具体的实验操作，注意仪器设备的正确使用以及人员的合理分工。

六、撰写实验报告

完成设计实验操作后，要在设计实验方案后补充数据处理部分内容及相应的讨论，形成一份完整的设计实验报告，并于规定的时间内上交报告。

以下实例可供参考。

实例　红平菇面包的加工

一、实验目的
通过本实验了解并掌握特色面包制作的基本原理及方法，学习运用正交试验分析实验结果，掌握工艺学制作实验的基本操作技能。

二、实验原理
红平菇是一种高蛋白低脂肪的健康食品，含有丰富的膳食纤维，富含多种人体必需和非必需的氨基酸、多种维生素和矿物元素。本实验将红平菇粉应用于面包的生产中，制作出营养丰富、风味独特的面包，以适应不同人群的消费需求。

三、实验材料与仪器设备
1. 实验材料

红平菇粉：经选育培养的子实体，经过烘干后粉碎，40目过筛，于70℃干燥后提供；面包专用粉：用80目筛子过筛；安琪高活性干酵母；面包改良剂；色拉油；鸡蛋、白糖、食盐、奶油等。

2. 仪器设备

和面机，电烤箱，醒发箱，立式三速和面机，电子天平等。

四、实验内容
1. 工艺流程

制粉→过筛→调粉→揉面→发酵→整形→摆盘→醒发→烘烤→冷却→包装

2. 操作要点

（1）活化　将安琪高活性干酵母用30℃温水约100mL，浸泡30min后搅匀使用。

（2）调粉　按配料比例，将面粉、红平菇粉、面粉改良剂、白糖、食盐、奶粉等混合后过50目筛，使之充分混匀。

（3）揉面　将活化酵母与混合粉剂、水、奶油等调和，反复揉制成光洁的面团。

（4）发酵　温度控制在30℃，时间控制在1h左右，用手指轻压面团判断发酵成熟与否，如果手指放开后，四周不塌陷，也不立即反弹跳回原处，则表示面团已经成熟。然后分块、整形、摆盘。

（5）醒发　醒发箱温度控制在35℃，醒发时间控制在90min左右，一般体积约膨胀至原来的2倍。

（6）烘烤　烘烤温度控制在220℃，烘烤时间控制在10min左右，为了使面包表面看起来光亮，并防止出现干裂现象，在烤成熟的面包表面刷一层色拉油。

五、红平菇面包的生产工艺优选
1. 配方筛选

本实验主要是确定红平菇粉、蔗糖和酵母3种配方的比例关系，将红平菇粉、蔗糖和酵母作为3因素，每因素设立3水平的配方组合，见表7-33；采用$L_{16}(3^4)$正交试验，从而得出最佳配方比例，其余物料量见以下基本配方。

基本配方：面粉100g，食盐0.5g，色拉油1.5g，面粉改良剂1.0g，奶油2.5g，奶粉 1.5g，水适量。

表 7-33 主要辅料配比表

水平	面粉/g	A 红平菇粉/g	B 蔗糖/g	C 即发活性干酵母/g
1	100	2	10	0.7
2	100	4	15	1.0
3	100	6	20	1.3

2. 生产工艺参数的优选

利用红平菇面包的最佳配方比例进行以下实验，以确定其最佳的发酵、醒发、烘烤过程工艺参数。

（1）发酵工艺参数的筛选　对不同发酵工艺参数下的红平菇面包进行品质评分，得出最佳的发酵工艺参数，实验参数见表 7-34。

表 7-34 发酵工艺参数水平表

水平	1	2	3	4	5	6	7	8	9
发酵温度/℃	26	26	26	28	28	28	30	30	30
发酵时间/min	60	90	120	60	90	120	60	90	120

（2）醒发工艺参数的筛选　对不同醒发工艺参数下的红平菇面包进行品质评分，得出最佳的醒发工艺参数实验条件见表 7-35。

表 7-35 醒发工艺参数水平表

水平	1	2	3	4	5	6	7	8	9
醒发温度/℃	35	35	35	40	40	40	45	45	45
醒发时间/min	60	90	120	60	90	120	60	90	120

（3）烘烤工艺参数的筛选　熟练掌握烘烤面包生坯的火候是制作面包的最后一个关键环节。通过对不同烘烤工艺参数下的红平菇面包进行品质评分，确定最佳的烘烤工艺参数，见表 7-36。

表 7-36 烘烤工艺参数水平表

水平	1	2	3	4	5	6	7	8	9
面火温度/℃	180	180	180	190	190	190	200	200	200
底火温度/℃	190	190	190	200	200	200	210	210	210
烘烤时间/min	8	10	12	8	10	12	8	10	12

六、产品评定

1. 感官评分标准（表 7-37）

表 7-37　面包品质评分标准（100 分）

项　目		满分标准	满分
外观	外形	饱满，光泽度好，外形均整	5 分
	皮质	薄而匀	10 分
	皮色	应呈均匀的金黄色，没有片状条纹	10 分
	触感	手感柔软，有适度的弹性	5 分
	体积	以比容评定	10 分
内质	内部组织	蜂窝大小一致，蜂窝壁厚薄一致，壁薄光亮者为好	10 分
	面包瓤颜色	以颜色浅，有光亮者好	10 分
	触感	手感柔软，有弹性	10 分
	口感	柔软适口，不酸，不黏	10 分
	气味	有正常面包的香味和酵母味，无异味	5 分
	口味	无异味，有小麦粉特殊的香味	15 分

2. 配方的确定

不同配方的红平菇面包正交试验评分结果如表 7-38 所示。得出结果：红平菇粉（A）、蔗糖（B）、酵母（C）的添加量 3 个因素对面包成品的质量影响主次关系为 A > C > B，最佳的配方方案为 $A_2B_3C_3$，即 4g 的红平菇粉、20g 的蔗糖和 1.3g 的干酵母。

表 7-38　$L_9(3^3)$ 正交试验表

列号	A 红平菇粉/g	B 蔗糖/g	C 酵母/g	综合评分
1	1 (2)	1 (10)	1 (0.7)	82.2
2	1	2 (15)	2 (1.0)	83.6
3	1	3 (20)	3 (1.3)	85.1
4	2 (4)	1	2	85.0
5	2	2	3	86.6
6	2	3	1	83.5
7	3 (6)	1	3	78.3
8	3	2	1	75.0
9	3	3	2	79.6
K_1	250.9	245.5	240.7	$T = 738.9$
K_2	255.1	245.2	248.2	
K_3	232.9	248.2	250.0	
k_1	83.6	81.8	80.2	
k_2	85.0	81.7	82.7	
k_3	77.6	82.7	83.3	
R	7.4	1.0	3.1	

3. 发酵工艺参数的确定

发酵工艺参数的确定见表7-39。表7-39 实验得出：发酵最佳工艺参数为发酵温度28℃，发酵时间90min，在此条件下，红平菇面包的总分最高。在该工艺条件下，用手摸，面团柔软光滑，手指按面团，有弹性，按下凹坑能慢慢恢复、鼓起，做拉伸实验，有伸缩性，揪断不连丝，手拍面团，嘭嘭作响，面团色泽鲜亮，滋润，做出的红平菇面包外观质量和内在质量都较高。

表7-39　不同发酵工艺参数质量评分表

水平	发酵温度/℃	发酵时间/min	外观质量/分	内在质量/分	总分/分
1	26	60	37.4	42.1	79.5
2	26	90	38.5	43.0	81.5
3	26	120	39.1	43.5	82.6
4	28	60	38.0	45.2	83.2
5	28	90	39.2	50.5	89.7
6	28	120	37.5	41.0	78.5
7	30	60	35.3	46.1	81.4
8	30	90	38.0	48.5	86.5
9	30	120	35.3	42.2	77.5

4. 醒发工艺参数的确定

醒发工艺参数的确定见表7-40。由表7-40 实验得出：醒发温度为35℃，醒发时间为120min 的工艺条件下，红平菇面包的总分最高，烤出的红平菇面包体积膨大到原来的2倍左右，并且，外观质量和内在质量均较佳。

表7-40　不同醒发工艺参数质量评分表

水平	醒发温度/℃	醒发时间/min	外观质量/分	内在质量/分	总分/分
1	35	60	35.5	44.1	79.6
2	35	90	38.5	46.0	84.5
3	35	120	38.2	50.5	88.7
4	40	60	38.0	45.2	83.2
5	40	90	32.3	48.1	80.4
6	40	120	37.5	45.0	82.5
7	45	60	36.5	48.4	84.9
8	45	90	38.0	48.5	86.5
9	45	120	30.3	42.2	72.5

5. 烘烤工艺参数的确定

烘烤工艺参数的确定见表7-41。由实验结果得出，烘烤最佳工艺参数为烘烤温度为面火190℃，底火200℃，烘烤时间为10min。该工艺条件下面包坯中心完全成熟，面包的香气产生，表皮颜色变为棕黄色。

表 7-41　不同烘烤工艺参数质量评分表

水平	醒发温度/℃	醒发时间/min	外观质量/分	内在质量/分	总分/分
1	面火 180 底火 190	8	35.5	42.0	77.5
2	面火 180 底火 190	10	38.5	46.3	84.8
3	面火 180 底火 190	12	35.5	50.3	85.8
4	面火 190 底火 200	8	37.0	46.2	83.2
5	面火 190 底火 200	10	37.4	53.5	90.9
6	面火 190 底火 200	12	37.5	45.0	82.5
7	面火 200 底火 210	8	30.5	47.6	78.1
8	面火 200 底火 210	10	38.0	48.5	86.5
9	面火 200 底火 210	12	35.3	42.2	77.5

七、思考题

1. 添加红平菇粉后对面包品质的影响有哪些？
2. 正交试验对工艺参数优化有什么方便性？

第八章 油脂类加工实验

第一节 食用油的品质评定

实验一 食用油掺假检验

一、实验目的
掌握几种油脂品质的鉴定方法；掌握几种常见的食用油中掺杂劣质油脂和非食用油脂的检验方法。

二、实验原理
对掺伪油脂的鉴别可通过测定油脂的理化性质和进行感官鉴别，如油脂的酸值、碘值、凝固点、气味、色泽、透明度、滋味、折射率；脂肪酸组成的分析；油脂不皂化物中甾族化合物的分析；油脂中特殊组分的分析检测。检验方法是将油加热至50℃，用鼻子闻其挥发出来的气味。

对于同一种油品的掺伪，多将毛油或二级精炼油掺入到精炼油中，这可以通过相关指标如水分、杂质、折射率、色泽、烟点、280℃加热试验等简单的测定加以区分。

对于将动物油（胆固醇含量高）掺入到植物油中去可以通过胆固醇含量的测定、油脂的脂肪酸组成、sn-2位脂肪酸组成测定以及甘三酯结构测定等进行鉴别。

对于将非食用油脂（如矿物油、桐油等）掺入到食用油中，则可以通过皂化值的测定、碘值的测定或个别油脂的特性实验等进行鉴别。

总之，鉴别掺伪的方法很多，科研人员应结合实际情况，对油脂掺伪作进一步的研究。以下是几种常见油脂的掺伪鉴别与检出实验。

三、实验材料与仪器设备
1. 实验材料

芝麻油，花生油，大豆油，棉籽油，菜籽油，蓖麻油，桐油，矿物油，棕榈油。三氟乙酸，乙醇，2%的硝酸钾及三氯甲烷，含1%硫黄粉的二硫化碳溶液，吡啶或戊醇，饱和食盐水，氢氧化钾或氢氧化钠，石油醚，亚硝酸钠，5mol/L硫酸溶液，1%三氯化锑甲烷溶液，硫酸，冰醋酸等。

2. 仪器设备

烧杯，试管，离心试管，白瓷反应板，离心机，水浴锅等。

四、实验内容
1. 芝麻油的鉴定

利用芝麻油中含有特殊的芝麻酚、芝麻素等可经三氟乙酸氧化生成蓝色化合物。显色反应能持续3min。本法专一性强，其他油脂无干扰，可检出0.25%以上芝麻油。

2. 花生油的鉴定

利用花生油含有花生酸等高分子饱和脂肪酸在某些溶剂（如乙醇）中的相对不溶性的特点，观察脂肪酸析出时的温度而进行定性。该法中当有其他油脂存在的情况下往往干扰观察。所以油脂皂化后室温放置15min后，可再观察油脂皂化后的性状。如出现微黄色琼脂样不流动的冻状物者为花生油。冻状物越结实，证明花生油含量越高。棕榈油也有冻状物出现，但为白色颗粒状。当花生油中掺有棕榈油时，白色颗粒会均匀地分布于琼脂样微黄色冻状物中。其他油脂皂化后不冻结。

3. 大豆油的鉴定

可取油样与2%的硝酸钾及三氯甲烷混溶，并剧烈振荡，使溶液完成乳化。如乳浊液呈现柠檬黄色，即表示有豆油存在；如有花生油、芝麻油和玉米胚芽油存在时，乳浊液呈现白色或微黄色。该方法灵敏度及准确度都较差，目前各检验机构多采用气相色谱分析方法。

4. 棉籽油的鉴定

取油样与1%硫黄粉的二硫化碳溶液相溶，加入吡啶或戊醇数滴，放置于饱和食盐水浴中缓缓加热至盐水沸腾后持续40min。若溶液呈红色或橘红色表示有棉籽油存在（同时注意做对照实验）。颜色越深，表示棉籽油含量越高。

5. 菜籽油的鉴定

菜籽油含有一般油脂中所没有的芥酸（可达30%~50%）。其熔点为33~34℃，是一种不饱和的"固体脂肪酸"，这一点与饱和脂肪酸的金属盐性质相近，不深于有机溶剂（如酒精、乙醚等）。因此，可以金属盐形式分离油脂中的脂肪酸，将油品加热皂化，如有芥酸存在时，它的金属盐常与饱和脂肪酸的金属盐混在一起，分离出"固体脂肪酸"。再测定其"固体脂肪酸"的碘值，由碘值可判断芥酸的存在与否，以及芥酸的大概含量。若芥酸含量在4.0%以上，表示有菜籽油或芥籽油存在。

6. 食用油中掺蓖麻油的检验

蓖麻油是不干性油，主要成分为蓖麻酸甘油酯，热榨或浸出法生产的蓖麻油中含有有毒成分，可引起中毒。利用蓖麻油特有的反应，与一般的油脂不同，蓖麻油易溶解于乙醇，不溶于石油醚的性质，将油样混入乙醇中，离心后，观察离心管中下层油的量可检出蓖麻油。下层油越少，掺杂蓖麻油越多。该方法能检出5%的蓖麻油掺杂。

7. 食用油中掺桐油的检验

桐油是干性油，主要成分是酮酸甘三酯，因酮酸对人有害，常因混入食用油或误食引起中毒。桐油常见的测定方法有以下几种。

（1）亚硝酸法 取油样1mL滴于试管中，加2mL石油醚溶解油样（必要时需过滤），在溶液或滤液中加入少许亚硝酸钠和1mL浓度为5mol/L硫酸溶液，震荡后静置1~2h，观察。

若油样中混有1%以上的桐油，油样就会出现白色浑浊或白色沉淀；没有桐油的样品，油液澄清。该方法适用于大豆油、棉籽油中桐油的检出，灵敏度为0.5mg/mL。

（2）三氯化锑显色法 取油样1mL于试管中，然后沿试管内壁加入1mL质量浓度为 1% 三氯化锑甲烷溶液（10g 三氯化锑溶解于 100mL 三氯甲烷中，搅拌，必要时可用微热使其溶解，如有沉淀可以过滤），试管内溶液分成两层，于 40℃ 水浴中保温 8~10min。

如有桐油存在，在两层溶液分界面上出现紫红色或深咖啡色的环。本方法适用于花生油、菜籽油中桐油的检出，可检出 0.5% 的桐油。

（3）硫酸显色法 样品滴于白瓷反应板上，在样品上滴加 1~2 滴硫酸，如有桐油存在，则呈现出深红色并凝成固体，颜色逐渐加深，最后为炭黑色。

（4）苦味酸法 取油样 1mL 置于试管中，加入饱和苦味酸冰醋酸 3mL，混合摇匀，如果油样呈红色，说明掺有桐油。

8. 食用油中掺矿物油的检验

矿物油是指除植物油品之外的石油产品，如柴油、润滑油、石蜡等，甚至包括那些不皂化的脂溶性物质。它属于烃类物质，不能被皂化。而食用动植物油脂能够与强碱皂化，生成甘油及皂，两者均溶于热水，呈透明状态。将油样加热皂化完全，加沸水，摇匀后，如有明显的浑浊或有油状物析出，则表明有矿物油存在，此方法可检出 0.5% 以上的矿物油。

9. 食用油中掺棕榈油的检验

棕榈油是从油棕树上的棕果中榨取出来的，是植物油的一种，也被称为饱和油脂，因为其含 50% 的饱和脂肪。棕榈油广泛用于烘烤食品、油炸食品等。精炼棕榈油凝固点 27~30℃。夏季容器下部有白色沉淀的可流动物质，而冬季为淡黄色凝块。由于价格较低，多被人掺入其他食用油中。

（1）浓硫酸反应法 取浓硫酸数滴于白瓷反应板上，加入待检油样 2 滴，反应后看表面颜色的变化。若显橙黄色则说明有棕榈油的存在。

（2）冷冻实验 待检油样倒入试管至其高度的 2/3 处，于冰箱冷藏放置 4h，取出观察，棕榈油会有奶黄色凝块出现。

五、思考题

1. 花生油皂化后出现黄色的冻状物说明花生油的脂肪酸具有什么特点？
2. 棉籽油鉴定中的特征反应是利用其含有什么成分？
3. 什么是干性油、不干性油？

实验二 食用油脂透明度、色泽、气味、滋味的检测

一、实验目的

通过实验掌握食用油脂的感官检测方法；学会区分基本的油脂种类及不同品质；了解罗维朋比色仪的结构及测定原理；掌握测定油脂色泽的方法。

二、实验原理

油脂透明度是指油样在一定温度下，静置一定时间后目测油样的透明程度，是一种感观鉴定方法，过高的水分、磷脂、蛋白质、固体脂肪、蜡质，或含皂量过多等都会影响油脂的透明度。因此，油脂的透明度是评价油脂纯净程度以及油品质量的重要指标之一。

植物油脂之所以具有不同的颜色，主要是因为油料籽粒中含有的脂溶性色素在制油过程中溶于油脂中的缘故。此外，还与加工工艺及精炼程度有关。油料品质劣变和油脂酸败也会导致油色加深而影响色泽。因此，测定油脂的色泽可了解油脂的精炼程度及判断其品质。测定油脂色泽的方法有罗维朋比色计法、重铬酸钾法及光电比色计法，目前国际上较常用罗维朋比色计法。罗维朋比色法是通过调节黄、红色的标准颜色色阶玻璃片与油样的色泽进行比色，比至二者色泽基本一致时，分别读取黄色、红色玻璃片上的数字作为罗维朋色值，即为油脂的色泽值。

各种油脂都具有独特的气味和滋味，一方面是油脂本身天然和固有的气味、滋味，如花生油、芝麻油带有令人喜爱的香味；另一方面，油脂一旦酸败变质会产生酸味或哈喇的滋味等。因此通过油脂气味和滋味的鉴定，可以了解油脂的种类、品质好坏、酸败的程度，能否食用以及有无掺杂等（参考 GB/T 5525—2008）。

三、实验材料与仪器设备

1. 实验材料

食用油脂，分析纯乙醚。

2. 仪器设备

比色管：100mL，直径25mm；乳白色灯泡，恒温水浴（0~100℃）等；罗维朋比色仪：比色槽（比色槽有两种规格：25.4mm、133.4mm）、比色槽支架、白板、灯泡、观察管、标准颜色色阶玻璃片（红、黄、蓝、灰色4种）等；100℃温度计，烧杯。

四、实验内容

1. 透明度的鉴定

量取试样100mL注入比色管中，在20℃下静置24h，然后移置在乳白灯泡前（或在比色管后衬以白纸），观察透明程度，记录观察结果。

以"透明""微浊""混浊"表示。（透明：指油样内无絮状悬浮物及混浊；微浊：指有少量絮状悬浮物；混浊：指有明显絮状悬浮物。）

一级豆油、脱色油、中和油（D013）、四级豆油（脱胶油）一般是澄清、透明，若出现混浊现象，可能是受水分、残皂、含磷、掺杂其他等级油品等因素影响；

脱溶油、脱皂油、精炼棕榈油一般是混浊。

2. 色泽测定

（1）将液槽及标准滤片拭净。放平仪器，安置观测管和碳酸镁片，检查光源是否完好。

（2）取澄清（或过滤）的试样注入比色槽中，达到距离比色槽上口约5mm处。

（3）比色槽置于比色计中先固定黄色玻片色值，打开光源，移动红色片调色，直至玻片与油样色全相同为止（特殊情况下可取色泽较接近的一组色值），如果油色有青绿色，须配入一蓝色玻片，这时移动红色玻片，使配入蓝色玻片的号码达到最小值为止，记下黄、红或黄，红，蓝玻片的号码的各自总数，即为被测油样的色值。

（4）结果注明不深于黄多少号和红多少号，同时注明比色槽厚度。双试验允差：红不超过0.2，以实验结果高的作为测定结果。

①厚度为25.4mm的比色槽用于深色泽油样的测定，如四级豆油、特香花生油、浓

香花生油、芝麻油等；厚度为133.4mm比色槽用于浅色油样色泽的测定，如一级豆油、脱色油、精炼棕榈油、精炼花生油等。

②标准颜色色阶玻璃片中常用的是红、黄两种，蓝色用于调配青色用，灰色用于调配亮度。

③若油样中有杂质，应过滤后再检测。

④不可将比色槽靠近白板位置放置，以免弄脏白板，影响实验结果。

⑤如若灯泡不亮或发暗，应及时更换。

⑥比色槽、白板常保持干净。

⑦为避免眼睛疲劳，每观察比色30s后，操作者的眼睛必须离开目镜。

3. 气味、滋味鉴定

取少量油脂样品注入烧杯中，加温至50℃，用玻棒边搅拌边嗅气味，同时尝辨滋味。凡具有该油脂固有的气味和滋味，无异味的为合格。不合格的应注明异味情况。

注：如油样在室温下为固体或因受冷而出现凝固时，应置于50℃水浴中加热熔化，取出逐渐冷至20℃，然后再混匀备用。

五、思考题

1. 透明度的鉴定为何要用乳白色的灯泡？
2. 为什么要将油脂温度升至50℃再尝辨滋味？
3. 是否油脂的色泽越浅表明油脂的品质越好？
4. 测定油脂色泽之前要先将比色槽用乙醇拭净，为什么？

实验三 氢化食用油中反式脂肪酸含量的测定

一、实验目的

掌握反式脂肪酸的概念；理解测定原理；熟悉实验的方法和操作。

二、实验原理

反式脂肪酸（trans fatty acids，TFA）是所有含反式非共轭双键的不饱和脂肪酸的总称。因其与双键相连的氢原子分布在碳链的两侧而得名，在氢化植物油中含量较高。近年来，大量研究证实了反式脂肪酸对健康的不良作用，因此国际组织和各国纷纷呼吁或出台相应政策，以减少居民膳食中反式脂肪酸的摄入量。一般天然食用油脂中反式脂肪酸含量很低，但是个别植物油和反刍动物体内含有一定量的反式脂肪酸。另外，油脂加工的过程中会促使顺式脂肪酸向反式脂肪酸的转化。例如，油脂氢化过程中会出现40%~50%的反式脂肪酸；脱臭过程会出现0.2%~2%的反式脂肪酸等。

反式脂肪酸双键上的氢原子在波长10.3μm（频率970cm^{-1}）处有特征吸收峰，而顺式双键上的氢原子在3.3μm（频率3 030cm^{-1}）及6.1μm（频率3 030cm^{-1}）处有吸收峰，在10.3μm处无显著吸收。通过对比测定，可计算出反式脂肪酸的含量（参考SN/T 1945—2007）。

三、实验材料与仪器设备

1. 实验材料

无水二硫化碳（分析纯）。

标准溶液：9t-油酸甲酯，纯度不小于99%。若无此标样，可用孤立反式脂肪酸甲酯含量高于65%的混合物。

硬脂酸甲酯：要求不含反式不饱和脂肪酸甲酯。

2. 仪器设备

烧瓶（10mL），具塞，带刻度。

双光束红外分光光度计：带记录仪，能在 9～11μm 波长范围内定量测定，最小精确度 0.01μm。

1mm 的红外吸收池：带有黏红外透光材料（如 KCl 或 KBr）的小窗；试样池及参比池分别接收的红外辐射光路径长度基本相同，差别小于 1%。

四、实验内容

1. 步骤

（1）标准曲线

①标准溶液与参比溶液的配制：分别称取 0、25、50、100、150mg（精确到 0.1mg）反油酸甲酯标样于一系列烧瓶中，分别准确加入 200、175、150、100、50mg 的参比溶液（硬脂酸甲酯），使之总量达到 200mg，然后加入适量二硫化碳溶解烧瓶中的内容物，使之达到 10mL 刻度线（20℃）。

②标准溶液的测定：用标准溶液（含 25mg 反油酸甲酯的标准溶液）润洗干净的吸收池，用该标准溶液装满吸收池。用同样的方法于第二只相同规格的吸收池内装入等量的参比溶液（仅含硬脂酸甲酯）。将标样池及参比池置于双光束红外分光光度计中，从光源发出红外辐射，分成两束，一束通过标样池，一束通过参比池。利用带笔和光楔的机械装置绘制在 9.5～11μm 波长范围的（或吸光度）曲线。相同条件下，绘制其他不同浓度的标准溶液的透光率曲线。

以溶液中所含标准溶液的量为横坐标，对应的 A_i 为纵坐标（共 4 个点），绘制标准曲线。

（2）待测样品的预处理　按脂肪酸甲酯的制备方法，制备出待测样品的脂肪酸甲酯（250～500mg）。准确称取约 200mg（精确到 0.1mg）脂肪酸甲酯于烧瓶中，并用二硫化碳溶解至刻度线。若待测样品在 10.3μm 处得透光率小于 10%，或没有足够多的样品供实验，则可少称取些样品，但必须加入适量的硬脂酸甲酯使之总量达 200mg。

（3）样品的测定　用已经处理好的待测样品液润洗干净的吸收池，并将溶液装满吸收池。用同样的方法将参比溶液（只含硬脂酸甲酯）装入另一个相同规格的吸收池内。将样品池及参比池置于双光束红外分光光度计中，从光源发出红外辐射，分成两束，一束通过样品池，一束通过参比池。利用带笔和光楔的机械装置绘制在 10.0～10.8μm 波长范围的（或吸光度）曲线。如果样品中含有反式不饱和双键化合物，则在 10.3μm 处会有很小的透光率（或很大的吸光度），按上述方法在 10.0～10.8μm 波长范围内绘制透光率或吸光度曲线。

2. 结果计算

样品中所含反式不饱和双键化合物的含量：由计算出的待测样品 A 值，通过已绘制的标准曲线得出待测样品的量 m_0（mg），然后通过下式计算出该样品中所含反式不饱和脂肪酸的含量（以反油酸甲酯表示）。

$$反式不饱和酸的含量 = \frac{m_0}{m} \times 100\%$$

式中：m_0——由标准曲线上测出的待测样品中反式不饱和脂肪酸的量（mg）；

　　　m——称取样品的量（mg）。

五、注意事项

(1) 向吸收池中装溶液时，必须避免气泡进入，防止气泡影响测定结果；必要时可以采用注射器加样。

(2) 采用本方法测定反式酸含量时，若在 $10.3\mu m$ 附近有吸收的干扰物质存在，如蓖麻油中的蓖麻酸、桐油中的共轭酸（桐酸），则会影响测定结果。

六、思考题

1. 反式脂肪酸结构怎样？对人体有哪些危害？
2. 实验中为什么将脂肪酸甲酯化？
3. 测定吸光度时，应先将透光率的值调节到多少？

第二节 油脂类食品的加工

实验一 超临界流体萃取技术

一、实验目的
掌握超临界流体萃取技术的操作原理，利用超临界流体萃取技术分离提取某种成分，如风味物质、色素的提取等。

二、实验原理
超临界流体萃取是一种新型的萃取分离技术。任何物质都具有气、液、固三态，对一般物质而言，当液相和气相在常压下成平衡状态时，两相的物理性质，如黏度、密度等相差很显著，而在较高的压力下，这种差别逐渐缩小，当达到某一温度与压力时，两相差别消失合并成一相，此状态点称为临界点，此时的温度与压力分别称为临界温度与临界压力，当温度和压力略超过临界点时，其流体的性质介于液体和气体之间，称为超临界流体。该技术是利用流体（CO_2溶剂）在临界点附近某一区域（超临界区）内，与待分离混合物中的溶质，具有异常相平衡行为和传递性能，它具有对溶质溶解能力随压力和温度改变而在相当宽的范围内变动这一特性，从而达到溶质的分离。它可从多种液态或固态混合物中萃取出待分离的组分。

超临界流体的密度与压力和温度有关。因此，在进行超临界萃取操作时，通过改变体系的温度和压力，改变流体密度，进而改变萃取物在流体中的溶解度，以达到萃取和分离的目的。在各种可作为超临界流体物质中，CO_2的临界温度为31.1℃，接近室温，临界压力为7.24MPa，溶解力强，挥发性强，无毒，无残留，安全，不会造成环境污染，价格便宜，纯度高，性质稳定，避免产物氧化，节能。因此对保护热敏性和活性物质十分有利，更适于作为天然物质的萃取剂。

通常，超临界流体萃取系统主要由4部分组成：①溶剂压缩机（即高压泵）；②萃取器；③温度压力控制系统；④分离器和吸收器。

三、实验材料与仪器设备
1. 实验材料
市售鲜姜。

2. 仪器设备
干燥箱，粉碎机，天平，分析筛等，钢瓶装CO_2气体：纯度99.5%以上（食品级），国产超临界萃取设备。

四、实验内容
1. 工艺流程

鲜姜清洗→切片→低温干燥→粉碎→过筛
　　　　　　　　　　　　　　　　　↓
CO_2钢瓶→冷凝器→高压器→加热器→萃取罐→过滤→减压→分离罐（CO_2循环）→姜油

2. 操作要点

（1）鲜姜预处理　鲜姜清洗后，去皮、切成薄片的 2~3mm，在干燥箱内 45~50℃ 烘干，粉碎至 20 目左右备用。

（2）萃取分离　称取 0.5kg 的干姜粉，加到萃取罐中，通入 CO_2 提高萃取压力到预定试验值，加热升温并保持在设定温度，用一定流量的超临界 CO_2 流体连续萃取。溶于 CO_2 流体的油脂流入分离罐，经降温降压，CO_2 在分离釜中重新气化，并循环压缩、冷却为 CO_2 流体使用，姜油从分离罐底部取出。

3. 实验设计

由于萃取的压力、萃取温度、萃取时间等因素都影响到萃取率，因此采用正交试验的方法确定最佳工艺条件。

五、产品评定

1. 萃取率的计算

$$萃取率（\%）= \frac{萃取油量}{装样量} \times 100 \qquad 有效萃取率（\%）= \frac{萃取油量}{装样量 \times 总含油量} \times 100$$

2. 产品质量指标

超临界 CO_2 萃取的姜油，外观为棕黄色、油状液体，具有姜的天然香气和辛辣味；折射率（20℃）为 1.495~1.499；密度（25℃）为 0.86~0.91g/cm^3；微生物及重金属检查应符合国家标准。

六、思考题

1. 干姜为什么要粉碎到一定的细度？
2. 除了萃取压力、温度和时间，还有哪些因素影响姜油的萃取率？

实验二　微胶囊造粒技术

一、实验目的

通过实验了解微胶囊技术的基本知识，掌握常用的一种包埋方法。

二、实验原理

微胶囊造粒技术就是将固体、液体或气体物质包埋、封存在一种胶囊内，成为一种固体微粒产品的技术，这样能够保护被包埋的物料，使之与外界隔绝，达到最大限度地保持其原有的色香味、性能和生物活性，防止营养物质的破坏与损失。

三、实验材料与仪器设备

1. 实验材料

芝麻油，乳化剂（亲水亲油平衡值 HLB：4.0~6.0），包埋剂（麦芽糊精、变性淀粉、羧甲基纤维素钠等）。

2. 仪器设备

均质机，离心喷雾干燥设备，电热恒温水浴箱，搅拌器，台秤，天平，扫描电子显微镜等。

四、实验内容

1. 工艺流程
原料混合→乳化原液→均质乳化（两次）→喷雾干燥→包装

2. 配方（乳化原液的配比）
芝麻油:乳化剂:包埋剂:水 = 1:0.03:(1~2):(4~6)。

3. 操作要点
（1）乳化原液的制备　先将包埋剂加水，搅拌、水浴加热溶解；芝麻油与乳化剂混合，稍加热、搅拌溶解后倒入包埋剂溶液中，搅拌制成乳化原液，温度控制在45~55℃之间。

（2）均质　将乳化原液倒入均质机中，进行两次均质，第一次：压力控制在15~25MPa之间；第二次：压力控制在30~40MPa之间。经均质后，得到均匀稳定的O/W型乳化液。

（3）喷雾干燥（微胶囊包埋）　开始操作时，先开启电加热器，并检查是否正常，如正常即可运转预热干燥器。预热期间关闭干燥器顶部用于喷雾转盘的孔口及出料口，以防冷空气漏进，影响预热；当干燥器内温度达到预定要求时，开动喷雾转盘，待转速稳定后，开始进料进行喷雾干燥；根据设定的工艺条件，通过电源调节和控制所需的进风温度、出风温度、进料速度，将乳化液送入离心喷雾干燥机内，进行脱水干燥。如进风温度控制在130~140℃，出风温度控制在60~70℃。

喷雾完毕后，先停止进料再开动排风机出粉，停机后打开干燥器，用刷子扫刷室壁上的粉末，关闭干燥器再次开动排风机出粉；必要时对设备进行清洗和烘干。

4. 实验设计
在离心喷雾干燥微胶囊过程中，由于包埋剂的种类、心材与壁材比例、均质的压力、干燥空气进出口温度以及进料速度等因素，都会影响产品质量，可进行多因素多水平的正交实验方法，确定最佳工艺参数。

五、产品评定

1. 颜色、气味与滋味
淡黄色、无异味、具有芝麻油正常的香味，入口有滑感。

2. 溶解性
热水冲泡就能很快溶解。

3. 乳化性
无油滴上浮，无分层结膜现象，冲调后成均匀的乳状液，乳状液稳定性好。

4. 吸潮性
不易吸潮。

5. 微生物指标
应符合国家标准。

六、思考题
1. 试分析离心喷雾干燥时，进料速度对产品的影响。
2. 在离心喷雾干燥微胶囊过程中，所有的油脂是否都被包埋了？为什么？

实验三 传统油条的加工

一、实验目的
通过传统油条的制作，了解油条的制作原理及其制作方法；掌握工艺学实验的基本操作技术。

二、实验原理
现代油条的加工方法大致分为两种：传统油条的加工技术和无铝油条加工新技术。本实验介绍的是传统油条的制作。

制作油条的面团属于矾、碱、盐面团。由于此种面团反应特殊，所以在成熟工艺上受到一定的限制，一般只适宜于高温油炸方法，才能达到松软酥脆的特点。面团调制所掺入的明矾（白矾）、碱（纯碱）、盐（劲大的粗盐）在水的作用下产生气体，使面团达到膨松。在膨松过程中，起主要作用的是明矾和纯碱，其反应式是：

$$KAl(SO_4)_2 \cdot 12H_2O + Na_2CO_3 + H_2O \rightarrow Al(OH)_3 + Na_2SO_4 + K_2SO_4 + CO_2 \uparrow + H_2O$$

三、实验材料与仪器设备

1. 实验材料

普通面粉，明矾，食盐，纯碱，温水，食用油等。

2. 仪器设备

面盆，案板，小擀面杖，温布，菜刀，竹筷，电磁炉，油锅等。

四、实验内容
由于传统油条的制作在冬季和夏季所用原料比例不同（冬季时：明矾12.5g，食盐12.5g，碱6g，温水300g。夏季时：明矾17g，食盐17g，碱8.5，温水275g），本实验以冬季时传统油条的制作为例。

1. 制作面团

分别称取12.5g明矾、12.5g食盐和6g纯碱碾碎放入盆内，加入300g温水搅拌溶化，成乳状液，并生成大量的泡沫，且有响声，再加入500g面粉搅拌成雪花状，揣捣使其成为光滑柔软有筋力的面团，用温布或棉被盖好，饧20~30min，再揣捣一次，再叠面，如此重复3~4次，使面团产生气体，形成孔洞，达到柔顺。

2. 成型与熟制

案板上抹油，每次取1/5的面团放在案板上，拖拉成长条，用小面杖擀成1cm厚、10cm宽的长条，再用刀剁成1.5cm宽的长条，将两条摞在一起，用竹筷顺长从中间压实、压紧，双手轻捏两头，旋转后拉成长30cm左右的长条，放入八成热（180℃左右）的油锅中，边炸边翻动，使坯条鼓起来，丰满膨胀酥脆，呈金黄色即成。

五、注意事项
（1）和面时必须先将明矾、盐、碱和水充分搅散后，再加入面粉，否则会出现松脆不一、口味不均的现象；和面时需要按由低速到中速搅拌的顺序，这样才有利于面筋的形成。

（2）揣捣面团时，重叠次数不宜过多，以免筋力太强，用力不宜过猛，以免面筋断裂。制作好的面块需静置30min后再进行出条，否则炸出的油条死板，不够酥软。另外，在叠制面块的过程中，如有气泡产生，应用牙签挑掉，否则炸出的油条外形不光滑。

（3）切好的条坯，应刷少许水再重叠按压，避免炸的过程中条坯黏接不牢而裂开，用手拉扯油条成坯时，用力要轻，用力过大会使条坯裂口或断裂。

（4）油炸时油温以六七成熟（180℃）为宜，油温过低，油脂会很快浸透进面坯中，这样不仅使油条中间含油，还会使其膨胀度降低；而油温过高时，又很容易将油条炸焦、炸糊。在油炸的过程中，必须用筷子来回翻动，使其均匀受热，让油条变得膨胀松泡且色泽一致。

六、产品评定

成品应该色泽金黄，大小均匀，外酥内嫩，松软、膨松良好，咸香适口，柔韧有劲，无异味等。

七、思考题

1. 为什么在和面时必须先将明矾、盐、碱和水充分搅散后，再加入面粉？
2. 油炸时为什么油温以六七成熟（180℃）为宜？

实验四　油炸芝麻麻花的加工

一、实验目的

通过芝麻麻花的制作实验，了解芝麻麻花的制作原理及方法。

二、实验材料与仪器设备

1. 实验材料

面粉，豆油，白糖，芝麻，矾，饴糖，碱适量等。

2. 仪器设备

电磁炉，油锅，案板，菜刀，长筷子等。

三、实验内容

（1）原料清洗　将芝麻淘洗干净，放入锅内炒熟。

（2）调制面团　把面粉倒在案板上，扒个坑，加入白糖、油、发面、适量碱液、矾（擀碎用）。用700mL温水化开，和成面团，稍饧。

（3）搓条　将饧好的面团搓成6份粗细的长条，分成25g一个的面剂，将面剂搓成10cm的小条，然后刷上一层油，摆在案上备用。

（4）成型　将饴糖加少许水，调成饴糖水，把小条往饴糖水中蘸一下，再滚上芝麻，用双手把条搓成40cm的长条，一手向里，一手向外上劲，然后将两根条合起，朝相反的方向搓成双股绳状，再折成三股，将剂头掖住，上反劲拧成三股麻花形，饧20min即成。

（5）油炸　待油烧至八成热时，将麻花抻长逐个放入油锅炸制，用长木筷子翻拨，见麻花浮起，呈金黄色即熟，捞出沥干油摆于盘内。

四、产品评定

成品色泽金黄，大小均匀，芝麻分布均匀，酥脆香甜，味美适口，无炸焦、炸糊现象，无异味。

五、思考题

1. 调制面团时，为什么要加入碱、矾？
2. 油炸时除了豆油还可以选择哪种食用油？

实验五 油炸沙琪玛的加工

一、实验目的

通过沙琪玛的制作实验，了解沙琪玛的制作原理及方法。

二、实验材料与仪器设备

1. 实验材料

面粉，鸡蛋，白糖，饴糖，蜂蜜，瓜子仁，金糕，葡萄干，青梅，桂花，芝麻仁，植物油，干面等。

2. 仪器设备

电磁炉，油锅，面盆，擀面杖，菜刀，案板，长竹筷等。

三、实验内容

（1）和面 将700g鸡蛋加适量的水搅大气泡后加入1kg面粉，揉成软硬适度的面团。

（2）擀片、切条 将面团静置0.5h后，撒上干面，将面团擀成3mm厚的薄片，切成长约10cm的细条，筛去浮粉。

（3）炸制 将植物油烧至160℃，然后投入面条炸至金黄色。

（4）熬糖浆 将1kg白糖和适量水放入锅内烧开，分别加入1.3kg饴糖、300g蜂蜜和50g桂花，熬至116~118℃，可拔出单丝即可。

（5）制饰面料 将75g青梅切成片，100g金糕切碎，50g葡萄干洗净，备用。

（6）成型 把木框放在案板上，框内铺上一层芝麻仁垫底，将炸好的面条拌上一层糖浆，均匀后倒入木框内，铺平，表面撒上瓜子仁和饰面果料，然后用刀切成约4.5cm见方的长方块。

（7）包装 待冷却后密封包装。

四、产品评定

1. 规格形状

块形方正，刀口整齐，厚薄一致，面条细而均匀。

2. 色泽

果料均匀，有浆膏，面条呈金黄色。

3. 口味口感

入口酥松绵软，香甜，有桂花、蜂蜜、果料、芝麻的香味。

五、思考题
1. 沙琪玛吃起来"酥松"是由哪种成分决定的？
2. 沙琪玛炸制过程中油温为什么是160℃？而不是常用的180℃？

实验六　油炸糕点类食品的加工

Ⅰ　烫面炸糕

一、实验目的
通过烫面炸糕的制作实验，了解烫面炸糕的制作原理及方法。

二、实验材料与仪器设备

1. 实验材料
面粉，老酵，碱面，白糖，糖桂花，芝麻油，花生油等。

2. 仪器设备
电磁炉，油锅，案板，搅拌机，面盆，长竹筷等。

三、实验内容
（1）将凉水2 000g倒入锅中，在旺火上烧沸后点上一些凉水，使水不沸，立即倒入面粉2 000g，迅速搅拌，直到面团由白色变成灰白色，而且不黏手时，取出摊在案板上凉凉。然后，加入老酵和25g碱面揉匀，盖上湿布发酵1h（冬天需要2h）。
（2）将白糖放入盆内，加入25g芝麻油、100g糖桂花和250g面粉拌成馅。
（3）把烫好的面团搓成圆条，再揪成100个面剂，逐个按成圆皮，加入约12g的糖馅，将四边兜起包严，揪去收口处的面头，按成直径6cm的圆饼。
（4）锅内倒入花生油，在旺火上烧到四成热，将圆饼分批下入油里炸。约炸10min待两面都呈金黄色时即成。

四、产品评定
风味特点色泽金黄，外皮酥脆，内质嫩软。

五、思考题
1. 为什么要先将凉水烧沸以后再加入面粉？
2. 拌馅时，要注意哪些问题？加馅的顺序会影响产品口感或品质吗？

Ⅱ　油炸糖糕

一、实验目的
通过油炸糖糕的制作实验，了解油炸糖糕的制作原理及方法。

二、实验材料与仪器设备

1. 实验材料
面粉，酵母，水，白糖，花生油等。

2. 仪器设备
电磁炉，油锅，案板，擀面杖，长竹筷等。

三、实验内容

（1）将面粉950g倒在案板上，鲜酵母加温水500g搅匀后倒入面粉中，搓匀揉透，盖上布静置发酵。

（2）酵面发起后，搓成直径5cm的圆形长条，按扁，擀成长10cm、宽1.3cm的皮子。用面粉50g、糖、生油100g调和成糖油面，搓成长条，按扁，放在面皮的中间，折拢，切成25g一个的坯子。

（3）炒锅内加花生油，烧至六成热时，放入生坯，炸至金黄色时，捞出沥油即成。

四、产品评定

成品呈金黄色，大小均匀，无馅外漏，无炸糊、炸焦现象，有一种糖糕特殊的香味，无异味。

五、思考题

1. 在制作中为什么用发酵过的面粉，而不用"死面"？
2. 能不能先加糖再发酵？为什么？

实验七　油炸食品品质评定及质量检测

一、实验目的

掌握油炸食品品质评定的方法，了解相关标准和规定，掌握相关仪器设备的使用。

二、实验原理

虽然油炸食品因其酥脆可口、香气扑鼻、能增进食欲的特点深受许多成人和儿童的喜爱，但是油炸食品的摄入过多对身体也是有害处的。由于食用油在炸制的过程中要经历加热，其物理性质和化学性质都要发生很大的变化。物理性质的变化主要表现在：黏度增大、色泽变深、油起泡、发烟等。化学性质变化主要表现为：热氧化、热聚合、热分解和水解等变化并生成许多热分解物质。油在这些变化过程中，会产生羰基化合物、酮基酸、环氧物质、环状单聚体、二聚体及多聚体等，这些物质均会使食品产生不良的味道，影响食品的质量和安全性，产生的环状单聚体、二聚体等可能会导致神经麻痹，甚至危及生命。对油炸类食品的品质评定和质量检测主要包括感官评定和理化检测。

三、实验材料与仪器设备

1. 实验材料

面粉，食用油等。

2. 仪器设备

电磁炉，案板，油锅，擀面杖等。

四、实验内容

1. 取样方法

称取0.5kg含油脂较多的试样，炸糕等含脂肪少的试样取1.0kg，然后用对角线取2/4或2/6或根据试样情况取有代表性试样，在玻璃乳钵中研碎，混合均匀后放置广口瓶内保存于冰箱中。

2. 试样处理

（1）含油脂高的试样（如油条等）　称取混合均匀的试样 50g，置于 250mL 具塞锥形瓶中，加入 50mL 石油醚（沸程：30~60℃），放置过夜，用快速滤纸过滤后，减压回收溶剂，得到的油脂供测定酸价、过氧化值等用。

（2）含油脂中等的试样（如炸糕等）　称取混合均匀后的试样 100g 左右，置于 500mL 具塞锥形瓶中，加 100~200mL 石油醚，以下按 2.(1) 自"放置过夜"起依法操作。

（3）含油脂少的试样　称取混合均匀后的试样 250~300g 于 500mL 具塞锥形瓶中，加入适量石油醚浸泡试样，以下按 2.(1) 自"放置过夜"起依法操作。

3. 检测方法

（1）酸值　取上述油脂提取液为样品，按 GB/T 5530—2005 的测定方法测定酸值。如油脂量少时，可改用氢氧化钾标准滴定溶液 [c（KOH）=0.050 0mol/L] 滴定。如无氢氧化钾标准溶液，改用氢氧化钠溶液滴定时，系数仍乘 56.11。

（2）过氧化值　取上述油脂提取液为样品，参考 GB/T 5538—2005/ISO3960：2001 的测定方法测定过氧化值。

（3）羰基值　取上述油脂提取液为样品，参考 GB/T 5009.37—2003 的测定方法测定羰基值。

（4）总砷　按 GB/T 5009.11—2003 操作。

（5）铅　按 GB/T 5009.12—2003 操作。

五、产品评定

1. 感官评定

（1）色泽　具有本品种特有的正常色泽，无焦、生现象。

（2）气味　气味正常，无霉味、哈喇味及其他异味。

2. 理化指标

理化指标应符合表 8-1 规定。

表 8-1　油炸食品的各种理化指标

项　目		指　标
酸价（以脂肪计）（KOH）/（mg/g）	≤	3
过氧化值（以脂肪计）/（g/100g）	≤	0.25
羰基价（以脂肪计）/（meq/kg）	≤	20
总砷（以 As 计）/（mg/kg）	≤	0.2
铅（Pb）/（mg/kg）	≤	0.2

六、思考题

1. 含油脂较多的样品为什么要先进行脱脂处理？
2. 若测得的过氧化值很高，则说明什么？
3. 写出你知道的油炸食品的其他质量指标。

实验八　油炸食品综合设计实验及实例

一、实验目的
设计一种新型油炸食品，并研究油炸条件对其品质的影响。

二、实验内容

1. 设计实验方案

方案应包括实验方法，实验材料与试剂，仪器与设备，产品配方，产品配方可行性分析，油炸条件对产品品质影响，工艺流程，操作步骤，时间安排。

2. 实验方案修订

对实验方案进行集体讨论和修订。

3. 实验材料准备

小组集体讨论并向实验室提交实验所需的原料，检测原料及产品品质所需的仪器、设备、试剂。

4. 实验实施

按照修订的实验方案进行实验。

5. 产品品质检测

对实验原料及产品的品质进行检测，并写实验原料和产品品质检测报告。（查阅主要原料及产品的感官和理化质量标准，掌握主要原料和产品测定检测方法。）

6. 产品感官评定

对产品进行感官评分。

7. 产品销售

对产品进行成本核算，并对部分产品进行成本回收。

8. 实验总结

对实验结果进行分析，包括原料和产品感官品质及理化品质的分析；油炸条件对产品品质的影响分析；产品的感官评分及分析；并完成实验报告。

三、实验要求

（1）设计的方案具有一定的创新性，设计的产品配方和生产的产品具有一定的特色和实用性，设计的方案应提出解决预定问题的方法。

（2）实验中要求学生不完全依赖现成条件，能在教师指导下自己创造一些条件完成实验。

（3）实验中注意安全，谨慎操作，仔细观察和记录实验现象与数据。

以下实例可供参考。

实例　真空低温油炸香菇脆片的加工

一、实验目的
通过真空低温油炸香菇脆片的制作实验，了解油炸香菇脆片的制作方法；掌握真空低温油炸加工工艺实验的基本操作技能。

二、实验原理

香菇又名香蕈、香信、厚菇、冬菇、花菇，具有丰富的营养，并具有多种保健功能，素有"蘑菇皇后"的美称。真空油炸技术是将油炸和脱水作用有机地结合在一起，使原料处于负压状态，在这种相对缺氧的条件下进行食品加工可以减轻氧化作用（如脂肪酸败、酶促变褐等）所带来的危害。

三、实验材料与仪器设备

1. 实验材料

香菇，具备相关权威部门的农药检测和重金属检测合格证明，采收后 -4℃保鲜库中备用；食用棕榈油，盐，味精，麦芽糊精，柠檬酸钠，沙茶粉，鸡精。

2. 仪器设备

沸腾清洗机，气动式漂烫机，真空浸糖机组，低温冷库，真空油炸机组，煎炸油过滤器，调香机，真空充氮包装机。

四、实验内容

1. 工艺流程

原料验收修整→清洗→沥水→杀青→冷却→切片→沥水→浸渍→沥糖摊盘→速冻解冻→真空油炸→真空脱油→调味→包装→装箱入库

2. 操作要点

（1）选料　选用无霉斑、无霉变、无杂质、无不良气味、形块完整、大小均匀的鲜菇为原料。

（2）清洗　用清水反复冲洗，洗去菇体上的泥沙、木屑等污物，并把水沥尽。

（3）杀青　沸水煮制 2~3min，杀青水中添加 0.5% 的盐和 0.3% 柠檬酸。

（4）浸渍　用10%的麦芽糊精溶液浸渍鲜菇，用真空浸渍，以蘑菇被均匀浸透为准。

（5）真空油炸　将油加热至90℃，然后必须关闭炸锅门，将真空度提至0.09MPa以上，然后开始脱油操作，油温90~95℃的条件下，炸制20~25min，以油面无水泡沸腾为止。

（6）真空脱油　将煎炸出好的香菇脆片提出油面趁热在真空状态下离心脱油。

（7）充氮气包装　在干燥条件下，将香菇脆片装袋，并充氮气封口。

五、产品评定

成品应该具有香菇原有色泽，口感酥脆饱满，具有该产品独有的气味、滋味，无异味，无炸焦、炸糊现象等。

六、思考题

1. 油炸结束后为何要立即进行脱油处理？
2. 采用0.5%的盐和0.3%柠檬酸对原料浸泡处理的作用是什么？

第四篇 水产食品综合实验

第九章 水产原料的品质评定

实验一 水产品新鲜度的感官检测

一、实验目的
明确水产品鲜度鉴定的意义,掌握其感官鉴定的方法、原理。

二、实验原理
鲜度是水产品感官鉴定中的主要内容,与鱼的营养成分、口感以及食用安全性密切相关。由于水产品的鲜度与其体内一系列物理、生物以及化学因素的变化有关,这些因素的变化与其感官性状(如色、香、味、形等)存在着一定的关系,因而通过人的视觉、味觉、嗅觉等可以鉴别评价其品质。

三、实验材料与仪器设备
各种鲜鱼类,对虾,切刀,冰箱等。

四、实验内容
(一)鱼新鲜度的感官检测

在进行鱼的感官鉴别时,先观察其眼睛和鳃,然后检查其全身和鳞片,并同时用一块洁净的吸水纸吸鳞片上的黏液来观察和嗅闻,鉴别黏液的质量(供试鱼类如不能立即进行鉴定,须贮藏在 0~3℃的低温条件下)。具体的评定按下列顺序进行。

1. 观察鱼眼的状态,确定新鲜度
(1) 一级鲜度 眼球饱满,角膜透明清亮,有弹性。
(2) 二级鲜度 眼角膜起皱并稍变混浊,有时由于内溢血而发红。
(3) 三级鲜度 眼球塌陷或干瘪,角膜浑浊。

2. 观察鳃的状态,确定新鲜度
(1) 一级鲜度 鳃色鲜红,黏液透明,无异味,可稍带土腥味。
(2) 二级鲜度 鳃盖较松、鳃丝粘连,呈淡红、暗红或灰红色(有显著腥臭味)。
(3) 三级鲜度 鳃色变暗,呈淡红、深红或紫红、褐色、灰白色,鳃丝黏结,黏液带有发酸气味,有腥味或陈腐味,被覆有脓样黏液(有腐臭味)。

3. 观察体表,确定新鲜度
(1) 一级鲜度 具有鲜鱼固有的鲜明本色及光泽,腹部完整,正常不膨胀,肛孔凹陷。黏液透明,鳞片完整,紧贴鱼体,不易脱落(鲳鱼除外)。
(2) 二级鲜度 体表黏液增加,不透明,有酸味,鳍光泽稍差并易脱落,腹部轻微膨胀或稍软,肛孔稍突出。
(3) 三级鲜度 黏液多不透明,有酸味,鱼鳞暗淡无光且易与外皮脱离,表面附有污秽黏液并有腐臭味,腹部膨胀或下陷,肛孔鼓出。

4. 观察肌肉的状态，确定新鲜度

（1）一级鲜度　肌肉坚实有弹性，以手指压后凹陷立即消失，无异味。肌肉的横断面有光泽（无异味）。

（2）二级鲜度　肌肉松软，以手指压后凹陷不能立即消失，稍有酸味，肌肉的横断面无光泽，脊骨处有红色圆圈。

（3）三级鲜度　肌肉松软无力，手指压后凹陷不消失，肌肉易于骨刺分离，有臭味和酸味。

（二）对虾新鲜度的感官检测

在进行对虾的感官鉴别时，先观察其虾体和卵黄色泽，然后检查其肌肉和气味，具体的评定按下列顺序进行。

1. 观察虾的色泽，确定新鲜度

（1）一级鲜度　虾体色泽正常，卵黄按不同产期呈现自然色泽，允许稍松懈。在正常冷藏中允许卵黄变色。

（2）二级鲜度　虾体不得变红，卵黄按不同产期呈现自然色泽，允许稍松懈，卵黄在正常的冷藏中允许变色。

（3）三级鲜度　虾体变红，卵黄变色，松懈。

2. 观察虾的体表，确定新鲜度

（1）一级鲜度

① 虾体完整，允许节间松弛。连结膜可有两处破裂，破裂处虾肉可有轻微裂口，但甲壳不脱落。连结膜有一处破裂者，其第一节甲壳允许脱落。允许有愈合的伤疤，不大的刺擦伤和尾肢脱落，不允许有软壳虾。

② 允许有黑箍一个，黑斑四处，黑斑可以抵补黑箍。虾尾允许轻微变色，甲壳可有轻微水锈和自然斑点。

③ 颈肉允许因虾头感染呈现轻微异色（不包括变质红肉）。

④ 虾体清洁，允许串清水及局部串血水。

（2）二级鲜度

① 虾体基本完整，允许甲壳断节但不脱落（第一节甲壳可脱落）。虾体可有愈合伤疤和不大的刺擦伤，虾尾可有不大残缺或尾肢脱落，不允许有软壳虾。

② 允许有黑箍3个和不严重影响外观的黑斑，自然斑点不限。

③ 颈肉允许因虾头感染呈现轻微异色（不包括变质红肉）。

④ 虾体清洁，允许串血水。

（3）三级鲜度

① 虾体破损，甲壳断节甚至脱落。虾体有愈合伤疤或大的刺擦伤，虾尾有大的残缺或尾肢脱落，有软壳虾。

② 有黑斑。

③ 颈肉异色（不包括变质红肉）。

④ 虾体不清洁，串血水。

3. 观察肌肉的状态，确定新鲜度

（1）一级鲜度　紧密，有弹性。

（2）二级鲜度　弹性稍差。

（3）三级鲜度　弹性差。

4. 嗅闻气味，确定新鲜度

（1）一级鲜度　正常无异味。

（2）二级鲜度　正常无异味。

（3）三级鲜度　有异味。

五、思考题

1. 为什么供试鱼类如不能立即进行鉴定，须贮藏在 0~3℃ 的低温条件下存放一段时间再鉴定？

2. 比较新鲜鱼、鲜度较差的鱼和劣质鱼肌肉状态差异，并分析为什么会出现这些差异。

实验二　鱼类鲜度（K 值）的测定

一、实验目的

通过本实验，使学生掌握通过测定核酸降解产物的浓度（K 值）判断鱼新鲜程度的方法，并培养学生使用液相色谱的能力。

二、实验原理

用核酸关联化合物浓度来计算 K 值。ATP 及其分解产物是水产动物肌肉核苷酸的主要成分，一般认为死后鱼肉内 ATP 依次降解为腺苷二磷酸（ADP）、腺苷酸（AMP）、肌苷酸（IMP）、次黄嘌呤核苷（HxR）和次黄嘌呤（Hx）。在贝类中 ATP 还可以按 ATP—ADP—AMP—AdR（腺苷）—HxR—Hx 和 ATP—ADP—AMP—AdR—Ad（腺嘌呤）途径进行分解。

这些分解反应都是氧气引起的。但由 IMP 分解成 HxR 的催化剂的活性较弱，IMP 大量被积蓄，随着时间推移渐渐地转换成 HxR，Hx。换句话说，鱼死后随着时间的推移，IMP 减少，HxR 和 Hx 增多，并成比例。

三、实验材料与仪器设备

1. 实验材料

鲜活的鱼虾等，ATP 关联物 ATP、ADP、AMP、IMP、HxR、Hx、Xt（黄嘌呤）、AdR、Ad 标准品、甲醇、乙腈为色谱纯，其余试剂为分析纯。

2. 仪器设备

高效液相色谱和紫外检测器，电子天平，超速冷冻离心机，内切式匀浆机等。

四、实验内容

1. 肉样的处理

鲜活的鱼等捕获后置装海水的袋中，充氧并迅速运回实验室。活鱼杀后，沿脊椎剖为两半，取脊背肉，切成约 5mm 厚鱼片，保鲜袋包装冰藏。一层冰一层鱼放置，并及

时换冰。

2. ATP 及其降解产物的提取

分别取新鲜样品以及冰藏一段时间的样品，剪碎后取 1g 放入离心管，加入 15mL 预先冷却的 10% 高氯酸（PCA）溶液进行抽提，悬浮液于 10 000r/min 冷冻离心 15min，收集上清液。所得沉淀再用 5% PCA-KOH 溶液抽提和离心。合并两次上清液，用 1mol/L KOH 溶液中和至 pH 6.5~6.8，静置 0.5h 后并用双蒸水定容至 50mL，摇匀，然后通过孔径为 0.45μm 的滤膜过滤，整个过程均在 0~4℃ 下操作。

3. ATP 关联物的高效液相色谱（HPLC）检测

HPLC 条件：色谱柱 Capcettpak C18（4.6mm×150mm），流动相为 0.05mol/L pH 6.8 的磷酸缓冲溶液，流速 1mL/min，柱温 35~40℃，检测波长 254nm，进样量 20μL。外标法定量。

ATP 关联物标准品 HPLC 图谱的测定：标准品混合物在相同条件下进行测定，并绘制标准图谱。ATP 及其降解产物在本色谱条件下 30min 内得到有效的分离。

样品 ATP 关联物 HPLC 图谱的测定：样品提取液过膜后注入 HPLC 仪测定。通过比较样品和标准化合物色谱图峰值的保留时间和峰高来确定 ATP 及其降解产物的种类和含量。

鲜度指标（K）值计算方法：

$$K(\%) = \frac{HxR + Hx}{ATP + ADP + AMP + IMP + HxR + Hx} \times 100$$

式中，ATP、ADP、AMP、IMP、HxR 和 Hx 的浓度，以 μmol/g 湿重表示。

五、思考题

1. 变质肉水煮后为何会出现脂肪浮出水面和肉汤变混现象？
2. 为什么不能用普通酸度计直接测定肉的 pH 值？

实验三 水产品中甲醛的测定——分光光度法

一、实验目的

掌握检测水产品中甲醛的原理及分光光度法检测方法。

二、实验原理

水产品中的甲醛在磷酸介质中经过水蒸气加热蒸馏，冷凝后经水溶液吸收，蒸馏液与乙酰丙酮反应，生成黄色的二乙酰二氢二甲基吡啶，用分光光度计在 413nm 处比色定量。

三、实验材料与仪器设备

1. 实验材料

（1）磷酸溶液 取 100mL 磷酸，加 900mL 的水溶液，混匀。

（2）乙酰丙酮溶液 称取乙酸铵 25g，溶于 100mL 蒸馏水中，加冰乙酸 3mL 和乙酰丙酮 0.4mL，混匀，储存于棕色瓶，在 2~8℃ 冰箱内可保存 1 个月。

（3）0.1mol/L 碘溶液 称取 40g 碘化钾，溶于 25mL 水中，加入 12.7g 碘，待碘完全溶解后,加水定容至1 000mL,移入棕色瓶中,暗处储存。

(4)1mol/L 氢氧化钠溶液。

(5)硫酸溶液 取100mL硫酸,加900mL的水溶液,混匀。

(6)0.1mol/L 硫代硫酸钠标准溶液,其标定方法按GB/T 5009.1—2003方法标定。

(7)0.5%淀粉溶液 此溶液应当日配制。

(8)甲醛标准贮备溶液。

(9)甲醛标准溶液(5μg/mL) 根据甲醛标准贮备液的浓度,精密吸取适量于100mL容量瓶中,用水定容至刻度,配制甲醛标准溶液(5μg/mL),混匀备用,此溶液应当日配制。

2. 仪器设备

(1)分光光度计 波长范围为360~800nm。

(2)圆底烧瓶 1 000mL、2 000mL、250mL;容量瓶200mL;纳氏比色管20mL。

(3)调温电热套或电炉。

(4)组织捣碎机。

(5)蒸馏液冷凝、接收装置。

四、实验内容

1. 取样

(1)水发水产品 水发水产品可取其水发溶液直接测定,或样品沥水后,取可食部分测定。

(2)干制水产品 活水产品、冷鲜水产品 干制水产品、活水产品取肌肉等可食部分测定。冷冻水产品经半解冻直接取样,不可用水清洗。鱼类去头、去鳞,取背部和腹部肌肉;虾去头、去壳、去肠腺后取肉;贝壳类去壳后取肉;蟹类去壳、去性腺和肝脏后取肉。

2. 样品处理

将取得的样品,用组织捣碎机捣碎,混合均匀后称取10.00g于250mL圆底烧瓶中,加入20mL蒸馏水,用玻璃棒搅拌均匀,浸泡30min后加10mL磷酸溶液后立即通入水蒸气蒸馏。接收管下口事先插入盛有20mL蒸馏水且置于冰浴的蒸馏液接收装置中。收集蒸馏液至200mL,同时做空白对照实验。

3. 标准曲线的绘制

精密吸取5μg/mL甲醛标准液0、2.0、4.0、6.0、8.0、10.0mL于20mL纳氏比色管中,加水至10mL,加入1mL乙酰丙酮溶液,混合均匀,置沸水浴中加热10min,取出用水冷却至室温,以蒸馏水为参比,于波长413nm处,以1cm比色杯进行比色,测定吸光度,绘制标准曲线。

4. 样品测定

根据样品蒸馏液中甲醛浓度高低,吸取蒸馏液1~10mL,补充蒸馏水至10mL,测定过程同3,记录吸光度。每个样品应做两个平行测定,以其算数平均值为分析结果。

5. 结果计算

试样中甲醛的含量按下式计算,计算结果保留两位小数。

$$X_2 = \frac{C \times 10}{m \times V_2} \times 200$$

式中：X_2——水产品中甲醛含量（mg/kg）；

C——查曲线结果（μg/mL）；

10——显色溶液的总体积（mL）；

m——样品质量（g）；

V_2——样品测定取蒸馏液的体积（mL）；

200——蒸馏液总体积（mL）。

6. 说明

（1）回收率≥60%。

（2）样品中甲醛的检出限为0.50mg/kg。

（3）在重复条件下获得两次独立测定结果 样品中甲醛含量≤5mg/kg时，相对偏差≤10%；样品中甲醛含量＞5mg/kg时，相对偏差≤5%。

五、思考题

分光光度法测定水产品中甲醛的原理是什么？

第十章　水产品加工实验

实验一　鱼肉松的加工

一、实验目的
掌握鱼肉松的制作技术。

二、实验原理
选择肌肉纤维较长的鱼类，通过蒸煮、去皮等工艺使得鱼肉蛋白适度变性熟化；再经去骨、调味，赋予鱼肉鲜美的味道；最后经炒松，使鱼肉纤维晾干等操作，使鱼类肌肉失去水分，制成色泽金黄、绒毛状的干制品。

三、实验材料与仪器设备

1. 实验材料

青鱼（或草鱼、鲢鱼、鲤鱼）。

2. 仪器设备

蒸锅，炒锅，电炉，盘子等。

四、实验方法

1. 工艺流程

原料选择与整理→蒸煮→脱皮、骨→拆碎、晾干→调味炒松→晾干→包装

2. 配方

鱼肉 1kg，猪骨或鸡骨汤 1kg，水 0.5kg，酱油 400mL，白糖 0.2kg，葱姜 0.2g，花椒 0.25kg，桂皮 0.15g，茴香 0.2g，味精适量。

3. 操作要点

(1) 原料选择与整理　选择肌肉纤维较长的，鲜度标准为二级的鱼，变质鱼严禁使用（以白色肉鱼类为好），洗净，去鳞之后由腹部剖开，去内脏、黑膜等，再去头，充分洗净，滴水沥干。

(2) 蒸煮　沥水后的鱼放入蒸笼，蒸笼底要铺上湿纱布，防止鱼皮、肉黏着以及脱落到水中，锅中加入适量清水，加热，水煮沸约 15min 之后可以取出鱼。

(3) 去皮、骨　将蒸熟的鱼趁热去皮，挑出骨、鳍、筋等，留下鱼肉。

(4) 拆碎、晾干　将鱼肉放入清洁的瓷盘内，在通风处晾干，并随时将鱼肉撕碎。

(5) 调味炒松　调味液要预先配制，方法是：先将原汤汁放入锅中烧热，然后按上述用量放入酱油、桂皮、茴香、花椒、糖、葱、姜等。最好将桂皮放入纱布袋中，以防止混入鱼松成品中，待煮沸熬煎后，加入适量味精，取出放瓷盘中待用。

洗净的锅中放入生油（最好是猪油），等油熬热，即将上述晾干并撕碎的鱼肉放入并不断搅拌，之后再用竹轴充分炒松，约 20min，等鱼肉变成松状，随即将调味液喷洒

在鱼松上，不断搅拌，直至色泽和味道均很适合为止。炒松要用文火，以防鱼松炒焦发脆。

（6）晾干、包装　炒好的鱼松自锅中取出，放在瓷盘中，冷却后包装。

五、产品评定

产品外观：色泽金黄，肉丝疏松，无潮团，口味正常，无焦味及异味，允许有少量骨刺存在。

化学指标：水分12%~16%，蛋白质52%以上。

细菌检验：无致病菌，0.1g样品内无大肠杆菌。

六、思考题

1. 为什么要选择肌肉纤维较长的鱼类来生产鱼肉松？
2. 鱼肉松制造的关键步骤是什么？
3. 列表总结鱼肉松与猪肉松在形态感官方面以及营养成分方面的差异与特点。

实验二　调味鱼肉片的加工

一、实验目的

掌握水产品干制加工的方法和原理。

二、实验原理

以鱼类为原料，利用循环水漂洗以除去水溶性蛋白质和杂质等，再经滚压拉松使鱼片肌肉纤维组织疏松均匀，面积延伸增大，期间辅以调味渗透等工艺，制成水分含量较低，营养丰富、味道鲜美的片状鱼制品。

三、实验材料与仪器设备

1. 实验材料

鲢鱼（或草鱼），各种调料等。

2. 仪器设备

剖片刀，干燥设备，漂洗用筐或水槽等。

四、实验方法

1. 工艺流程

原料选择与整理（冻鱼解冻）→剖片→检验→漂洗→沥水→调味渗透→摊片→烘干→揭片（生干片）→烘干→滚压拉松→检验→称量→包装

2. 操作要点

（1）原料选择与整理　将新鲜鲢鱼清洗、刮鳞、去头、去内脏、去皮、洗净血污。

（2）剖片　用刀片割去胸鳍，一般由尾端下刀剖至肩部，力求出肉率高。

（3）检片　将剖片时带有的黏膜、大骨刺、杂质等检出，保持鱼片洁净。

（4）漂洗　漂洗是提高制品质量的关键，漂洗可在漂洗槽中进行，也可将肉片放入筐内，再将筐放入漂洗槽，用循环水反复漂洗干净，然后捞出，沥水。

（5）调味　配料为：白砂糖5%~6%，精盐1.5%~2%，味精1%~1.8%，黄酒1%~1.5%，用手翻拌均匀，静置渗透1.5h（15℃）。

（6）摊片　将调味的鱼片摊在烘帘上烘干，摆放时片与片间距要紧密，片型要整齐，抹平，两片搭接部位尽量紧密，使整片厚度一致，以防爆裂，相接的鱼片肌肉纤维要纹理一致，使鱼片成型美观。

（7）烘干　烘干温度以30~35℃为宜，烘至半干时移出，使内部水分向外扩散然后继续烘干，最终达到规格要求。

（8）揭片　将烘干的鱼片从网上揭下，即得生片。

（9）烘烤　温度为160~180℃，1~2min，烘烤前往生片上喷洒适量水，以防鱼片烤焦。

（10）滚压拉松　烤熟的鱼片在滚压机中进行滚压拉松，滚压时要沿着鱼肉纤维的垂直（即横向）方向进行，一般须经二次拉松，使鱼片肌肉纤维组织疏松均匀，面积延伸增大。

（11）检验　经拉松后的鱼片，去除剩余骨刺，根据需求确定包装大小（聚乙烯或聚丙烯袋均可）。

五、产品评定

1. 感官指标

（1）色泽　黄白色，边沿允许略带焦黄色。
（2）形态　鱼片平整，片形基本完好。
（3）组织　肉质疏松，有嚼劲，无僵片。
（4）滋味及气味　滋味鲜美，咸甜适宜，具有烤淡水鱼的特有香味，无异味。
（5）杂质　不允许存在。

2. 水分含量

水分控制在17%~22%。

3. 微生物指标

致病菌不得检出。

六、思考题

1. 如何才能使得片状鱼制品口感好、有嚼劲？
2. 为什么烘干温度不能超过35℃？温度过高会有什么不利变化？
3. 为什么感官质量指标中规定水分含量为17%~22%？过高或过低会有何影响？

实验三　鱼肉脯的加工

一、实验目的

熟悉鱼肉脯生产的工艺流程及操作方法，掌握去皮方法。

二、实验原理

以鱼类为原料，利用4%的碳酸钠溶液处理去皮后，清洗、去头、剖片，然后用盐水冲洗，再经碱-盐漂洗等步骤后沥干水分，经过擂溃、油炸、烘制等工艺即可制得美味的鱼肉脯。

三、实验材料与仪器设备

1. 实验材料

新鲜鱼,植物油,调味料,碳酸钠溶液(4%),氯化钠溶液(10%),碱液等。

2. 仪器设备

擂溃机,不锈钢刀,斩拌机,烘箱,烤箱等。

四、实验内容

1. 工艺流程

原料选择→去皮→剖片→清洗→漂洗、沥水→擂溃→摊片→烘片→切片→油炸→浸渍、沥干→烘制→真空包装

2. 操作要点

(1) 原料选择 选择鲜度等级符合要求的鱼。

(2) 去皮 以4%的碳酸钠溶液处理去皮,然后洗净。

(3) 剖片 用剖刀垂直从鱼头切下,然后沿脊椎骨水平向鱼尾剖成完整鱼肉,洗净。

(4) 清洗 鱼肉浸入浓度10%的氯化钠溶液中,浸1.5min,最后用流动水洗15min。

(5) 漂洗、沥水 采用碱-盐漂洗法,沥水过程中水温不超过10℃;之后沥去过多的水分。

(6) 擂溃 将鱼肉放入擂溃机中,按照空擂、盐擂、调味擂的顺序进行擂溃。

(7) 摊片 将鱼片摊到金属模板上,摊片要均匀并且紧实。

(8) 烘片 将模板置于烘箱中,45℃以下烘至鱼片表面结膜,人工脱模。

(9) 切片 按照包装袋的规格,将鱼片切成大小均匀的小片。

(10) 油炸 将半干鱼片放入油锅中炸至金黄色,捞出沥干油。

(11) 浸渍、沥干 炸好的鱼片趁热放入浸渍液中浸渍2~3min,捞出沥干。

(12) 烘制 将沥干鱼脯放入烤箱中烤熟,温度220℃,时间2min左右。

(13) 真空包装 将干制的鱼片定量放入包装袋中,立即抽真空封口。

五、注意事项

(1) 去皮过程中要合理选择所使用的碳酸钠溶液的浓度,以防去皮过度,导致鱼肉损伤。

(2) 实验操作过程中要严格控制漂洗、擂溃、油炸等工艺条件。

六、思考题

1. 采用碱-盐漂洗时,沥水过程中水温为什么不能超过10℃?

2. 炸好的鱼片为什么要趁热放入浸渍液中?

实验四 熏鱼罐头的加工

一、实验目的

通过本实验,使学生掌握熏鱼罐头加工的方法,并能够根据原料和工艺设计开发不同的熏鱼罐头制品。

二、实验原理

熏鱼罐头是以鱼肉为原料,加入一定量的香辛料、调味料,经油炸、烟熏等工序制成的一种罐头制品。因其口味醇正,开袋即食,受到广大消费者的喜爱。在沿海地区,该产品品种众多。

三、实验材料与仪器设备

1. 实验材料

青鱼(草鱼,鲤鱼)、黄酒、酱油、食盐、丁香、甘草、胡椒、砂糖、味精等。

2. 仪器设备

广口瓶,加压杀菌锅,油炸锅等。

四、实验内容

1. 工艺流程

原料选择与整理→腌制→油炸与调味→烟熏→装罐→排气及密封→杀菌冷却→成品

2. 配方

配方一:

配汤配方:酱油 20kg,香料水 3.75kg,胡椒粉 0.015kg,食盐 0.62kg,甘草粉 0.25kg,砂糖 12.5kg,丁香粉 0.018kg,黄酒 20kg,味精 0.1kg。

香料水配方:桂皮 0.2kg,青葱 0.8kg,花椒 0.09kg,月桂叶 0.06kg,陈皮 0.09kg,水 5kg,生姜 0.5kg,八角茴香 0.08kg。

调味油配方:精制油 42kg,月桂叶 0.12kg,青葱 4kg,生姜 1kg,陈皮 0.18kg,花椒 0.2kg,桂皮 0.4kg,八角茴香 0.3kg。

以上香辛料先用水加热微沸 1h 至水近干,加入精制油,炸至香味浓时出锅,过滤备用。

配方二:

酱油溶液 4.5kg,是酱油与食盐以 2:1 比例溶解配制而成。

调味液配方:鱼片 100kg,白糖 6kg,黄酒 3kg,生姜 2kg,味精 0.045kg。

调味油配方同配方一。

3. 操作要点

(1) 原料选择与处理 做熏鱼的原料多为青鱼、草鱼等中型鱼类,也有用鲤鱼、鲢鱼、鲳鱼等,但以青鱼为最好,取新鲜或冷冻良好、尾重 1kg 以上的鱼,用钝物敲击鱼头致死,清水洗净,刮鱼鳞,剪鳍条,去鳃,剖腹挖内脏,用热净布擦净腹腔内的血污及黑膜等。切去头,沿脊骨背开成两条鱼片(一条带骨),将鱼片皮面部分横切成皮面为 1~2cm 的斜刀口,大小厚薄均匀。先切下腹部肉,按鱼体大小切成约 70g 重的鱼块。

(2) 拌料腌制 配方一按照鱼块 10kg,黄酒 0.08kg 充分拌均匀(配方二加入酱油溶液)浸渍 2h 左右,沥干待炸。

(3) 油炸与调味 油温 180~200℃,油量为一次投鱼量的 10 倍左右,按大小及腹部肉分开炸至鱼块坚实,呈茶黄色或深棕色为止,炸 2.5~3min,脱水率为 52%~54%。油炸后鱼块沥油片刻后趁热浸调味汤汁约 3~5min,取出沥汁,增重约 20%。鱼块较厚而未炸透的应选出,于 150℃油中炸第二次。

(4) 烟熏　在干燥、干净的铁锅里放入糖和锯末,将调味后的鱼放在铁丝网笆子上,注意留有间隙,架在铁锅里,盖好锅盖,大火烧锅使锅内糖和锯末生烟,停止烧火,烟熏 5~10min。

(5) 装罐　每罐(净含量525g)装 9~15 块鱼肉(500g)排列整齐,加入调味油 25g;953 号罐(净重198g)装入 4~7 块鱼肉(190g),加入调味油8g,搭配均匀。

(6) 排气及密封　预封式加专用盖,排气温度95℃,时间10min,抽气密封。

(7) 杀菌及冷却　杀菌式(排气)15-65min/118℃反压冷却。

五、产品评定

成品肉色正常,呈红褐色,具有熏鱼罐头应有的滋味及气味,无异味,组织紧密,软硬适度,鱼块骨肉连接,块形大致均匀,每罐4~7块,允许另加添秤小块一块。953 罐型净重198g,固形物≥90%,氯化钠 1.5%~2.5%。

六、思考题

1. 油炸起到了哪些作用?
2. 鱼块排气宜采用哪种方法?为什么?

实验五　鱼糜蛋白食品(鱼蛋白纺丝制品)的加工

一、实验目的

掌握鱼蛋白纺丝制品的制作方法。

二、实验原理

鱼蛋白纺丝制品以鱼为原料,经过磨碎、溶解、离心分离、脱气、浓缩、纺丝及洗涤、加热、中和等步骤,即可制得形状多样,风味可口的鱼肉制品。

三、实验材料与仪器设备

1. 实验材料

鱼肉或鱼片,碱,醋酸(磷酸或盐酸),缓冲液。

2. 仪器设备

碾磨机,表面蒸发器等。

四、实验内容

1. 工艺流程

原料→磨碎→溶解→离心分离→脱气、浓缩→纺丝→洗涤、加热、中和

2. 操作要点

(1) 磨碎　将鱼肉或鱼片在加水的同时磨至 1~8mm 细度的鱼肉糜。水与鱼的比例为 0.7:1~2.5:1,最好为 1:1~1.5:1。磨碎后得鱼蛋白分散物。

(2) 溶解　将碱添加到鱼蛋白分散物中,最好添加碱溶液,添加量以固形物计算,碱与鱼的比例为 0.5:1~1.5:1。因为在这个比例范围内不会产生过剩的碱,且能使含鱼蛋白的碱液 pH 值达到 10~14。加碱后混合,并将该混合物在 0.5~3min 内加热至 60~100℃。加热最好采用喷射蒸汽的方法,加热后鱼蛋白溶解,得鱼蛋白溶液。

(3) 离心分离　目的是完全分离掉不溶物,最好在温度降至 40~50℃后进行。分

离后得鱼蛋白溶液。

（4）脱气、浓缩 为了除去鱼蛋白溶液中的气泡，并将黏度调整到 10～30Pa·s（25～40℃时），纺丝前必须进行脱气。然后将溶液浓缩，使固形物含量达到 6%～10%。

（5）纺丝 将 pH 值为 10～14 的鱼蛋白溶液通过喷嘴注入酸液中。酸液可使用醋酸、磷酸或盐酸。酸液中应含 7%～15% 的食盐，离子强度为 2～2.2。由于有高浓度的食盐存在，鱼蛋白的 pH 值才能由 5 降至 3～3.5，使之适当凝固，而且通过渗透压作用使其纤维在一定程度上脱水，因此，可获得 pH 值为 4.0～4.2 的鱼蛋白纤维。如果 pH 值超过 5，鱼蛋白纤维质脆，易断；反之，如果 pH 值低于 3.5，鱼蛋白纤维在洗涤过程中会因再溶解而受到相当大的损失。为了进行连续生产，应连续测定溶液的 pH 值及食盐浓度，并及时进行调整。

（6）洗涤、加热、中和 将鱼肉纺丝纤维放入水中进行洗涤，以洗去其中的大部分盐分，以固形物计算，使食盐含量降至 2%～5%。洗涤后进行加热，以便在中和过程中具有较高的稳定性。中和时，先将纤维在 50～75℃ 的水中连续浸渍 10～15min，再放入缓冲液中，如放入含氢氧化钠的碳酸氢钠溶液中浸渍 3～10min，使 pH 值达到 6～6.8，最后进行自然干燥。

五、思考题

1. 鱼蛋白纺丝制品加工过程中的关键步骤是什么？
2. 洗涤后进行加热为什么会使中和过程具有较高的稳定性？

实验六　鱼肉蛋白豆腐的加工

一、实验目的

掌握鱼蛋白豆腐的加工方法；学会合理利用资源，制作出营养丰富、口感鲜美的新型产品。

二、实验原理

豆腐是利用大豆蛋白的均质及加热凝固原理而做出的一种固体产品。根据豆腐的加工制作原理，将大豆蛋白进行乳化，然后在乳化物中加入鱼肉、食盐和冰水进行均质，然后加入消泡剂、静置、加热凝固，即可得口感柔嫩的鱼蛋白豆腐。

三、实验材料与仪器设备

1. 实验材料

大豆蛋白粉，大豆白绞油，鱼肉（鱼肉糜），食盐，水等。

2. 仪器设备

绞肉机，离心机等。

四、实验内容

1. 工艺流程

原料处理→消泡→静置→加热凝固

2. 配方

（1）大豆蛋白粉 11.25%，大豆白绞油 7.5%，水 76.25%，鱼肉糜 5.0%，食盐 0.15%。

（2）大豆蛋白粉 7.5%，大豆白绞油 7.5%，水 65.0%，鱼肉糜 20.0%，食盐 0.6%。

（3）大豆蛋白粉 5.0%，大豆白绞油 7.5%，水 70.7%，鱼肉糜 30.0%，食盐 0.9%。

3. 操作要点

（1）原料处理　各种原料的配合及均质化方法没有特殊限制，一般可采用以下方法：将大豆蛋白、油脂和水用绞肉机处理得乳化物。在乳化物中加鱼肉、食盐和冰水，然后均质化。或者在鱼肉糜中加入大豆蛋白、油脂和水，在持续混合过程中，再添加食盐和冰水。也可在鱼肉中加食盐，混合后再加入由大豆蛋白、油脂及水组成的低浓度乳化物，边添加边进行均质。

（2）消泡　在该混合物中，可添加单甘酯、硅油等消泡剂，或均质后采用减压或离心手段进行消泡处理。虽然没有在混合物中添加凝固剂的必要，但如果添加少量碱土类金属盐，可使制品具有类似木棉豆腐的口感。

（3）静置　均质后的混合物可进行静置，也可不进行静置，填充到肠衣或其他密封容器中，或放在开放容器中进行加热凝固。按固形物计算，与大豆蛋白相比，鱼肉蛋白用量越多，越需要静置，因为通过静置可改善制品的口感。

（4）加热凝固　加热凝固时的温度至少在60℃以上，最好掌握在75~90℃范围内。凝固后，即得营养丰富、口感柔嫩的独特鱼蛋白豆腐。

五、思考题

如何使鱼蛋白豆腐口感更好？

实验七　香酥虾饼的加工

一、实验目的

掌握香酥虾饼的制作方法。

二、实验原理

将鱼糜与适量的碎虾肉混合，加入调味料擂溃，然后经过成型、挂屑，即可装盘、速冻，最后包装制成风味独特的水产品。

三、实验材料与仪器设备

1. 实验材料

鱼糜，碎虾肉，鸡蛋，猪油，淀粉，葱，姜，调味料。

2. 仪器设备

擂溃机，成型模具，盘子等。

四、实验内容

1. 工艺流程

```
                    虾肉、虾味素、虾香料、水
                              ↓
原料（冷冻鱼糜）→解冻→擂溃→成型→沾面包屑→装盘→速冻→包装
                              ↑
                    蛋清、猪油、淀粉、调味料
```

2. 配方

鱼糜 100kg，碎虾肉 20kg，精盐 1.8%，味精 0.8%，蛋清 6%，猪油 8%，葱姜末 4%，黄酒 2.5%，虾味素 0.8%，虾香料适量，淀粉 15%，水 40%~50%。

3. 操作要点

（1）原料选择　以冷冻鱼糜为原料。

（2）解冻　根据季节不同，把冷冻鱼糜从冷库中取出，除去包装纸箱，将原装的聚乙烯薄膜袋置于室温条件下使鱼糜解冻到半解冻状态（-4℃左右）。

（3）擂溃　把半解冻的鱼糜放入擂溃机，并按配方加入绞碎的虾肉、虾味素、虾香料、适量的水，擂溃 5min，当鱼糜没有冰晶感后加入食盐，擂溃约 20min，加入蛋清、猪油、淀粉及其他调味配料擂溃 10min 即成。

（4）成型　将擂溃好的鱼虾糜倒入成型模具中，根据要求的质量调好成型后虾饼厚度，做成圆形或椭圆形的虾饼。

（5）沾面包屑　成型后的虾饼进入盛有面包屑的盘上，将虾饼两面都沾上面包屑。

（6）装盘　冻鱼盘底先铺上一层聚乙烯薄膜，把沾上面包屑的虾饼整齐的排放盘上，放满一层后盖上塑料薄膜，再放一层虾饼，并盖上塑料薄膜，一般可放 2~3 层虾饼，最上层虾饼也要盖上塑料薄膜。

（7）速冻　成型后装盘的虾饼，放进速冻库，使虾饼中心温度达到 -20℃，即可出库包装。

（8）包装　速冻好的虾饼出库脱盘，按包装盒规定的个数快速装盒、装箱，送入冷库中冷藏。

五、思考题

虾饼加工的关键步骤是什么？

实验八　冻藏水产品的加工

一、实验目的

掌握冷冻水产品的加工方法。

二、实验原理

1. 冷冻对微生物的影响

（1）低温对微生物的影响　微生物进行生长繁殖有一定的温度范围，大多数微生物的繁殖在 0℃ 以下即受到抑制。

(2) 冷冻与微生物的死亡　鱼体在冻结的过程中冰晶体的形成不仅使微生物细胞遭到机械性破坏，而且促使微生物细胞内原生质或胶体脱水，最后导致不可逆的蛋白质变性。因此，冻结可以杀死一部分微生物。

2. 冷冻对酶活性的影响

酶的活动与温度有密切的关系。冷冻不能破坏酶的结构和特性，只能降低酶的活性和鱼体组织中生化反应的速度。

3. 冷冻对鱼品质的影响

鱼在冷冻和冻藏的过程中，其组织结构和内部成分仍然会发生一些理化变化，影响产品质量。

三、实验材料与仪器设备

1. 实验材料

银鱼，黄鱼或带鱼。

2. 仪器设备

包装袋，扁筐，包装盒，包装箱等。

四、实验内容

（一）冻银鱼

1. 工艺流程

原料→漂洗→沥水→称量→装盒→检验→冷冻→装箱→冷藏

2. 操作要点

(1) 原料要求　鱼体完整，肉质饱满，眼球角膜透明，体表清晰有光泽呈白色或青白色半透明状态的新鲜银鱼。

(2) 漂洗　按鱼体大小分级盛于扁筐，置阴凉通风处待加工，时间长要加冰保鲜。漂洗要迅速，前后工序紧密配合，不能积压。加适量的冰，使清洗用水水温保持在15℃左右。

(3) 挑拣　漂洗同时，除去漂浮在水面的冰块和杂草，并挑出其他鱼虾类。

(4) 沥水　漂洗后的银鱼放入底部有漏水孔的容器内，沥水 10~20min。

(5) 称重　沥水后的鱼按不同规格称量装袋。称量时要增加让水量，以成品解冻后不低于规格净重为准。然后装盒，装盒时注意整形，正面向下顺序放入冻盘。

(6) 冷冻　装盒后立即送入 -25℃ 以下急冻库，使冻品中心温度在 14h 内降至 -15℃。

(7) 装箱与冷藏　冻结后的银鱼按规格装箱、包扎，标明品名、规格、质量、出厂日期等。置于 -18℃ 冷藏，波动幅度不超过 0.5~1℃。

（二）冻黄鱼和带鱼

1. 工艺流程

原料→挑拣→淋洗→称量装盘→冷冻→脱盘→冷藏→成品

2. 操作要点

(1) 原料要求　体形完整，体表有光泽，眼球饱满，角膜透明，肌肉弹性好。变质鱼或杂鱼必须剔除。

(2) 淋洗　因为原料本身比较清洁，洗涤可以从简，一般以喷淋冲洗为好。

(3) 称量装盘　每盘装鱼 15~20kg，加 0.3~0.5L 的让水量，以弥补冻结过程中鱼体水分挥发而产生的质量损失。按鱼体大小规格分别装盘，并在摆盘方式上加以区别。黄鱼摆盘时，要求平直，使鱼在盘中排列紧密整齐，鱼头朝向盘两端，带鱼做盘圈状摆入鱼盘内，鱼腹朝里，即底、面两层的腹部朝里，背部朝外。对鱼体较小的鱼，则理直摆平即可，鱼体及头尾不允许超出盘外。

(4) 冷冻　装好盘的鱼要及时冷冻，在 14h 以内使鱼体中心温度降至 -15℃以下。

(5) 脱盘　将鱼盘置 10~20℃水中浸几秒钟后，将鱼块从鱼盘中取出。

(6) 冷藏　冻鱼如不立即出售，必须装箱后及时转入 -18℃以下冷库中冻藏。

五、思考题

1. 鱼经冻藏后品质会发生哪些变化？
2. 鱼在冻藏处理过程中称量装盘应注意什么？

实验九　鱼肉制品综合设计实验

一、实验目的

熟悉鱼肉制品综合设计实验的基本思路和方法；掌握鱼肉制品加工的操作要点及注意事项。

二、实验内容

1. 学习鱼肉制品加工流程

要求学生首先查资料，搞清楚不同鱼种在制作冷冻鱼糜时形成凝胶的特性，熟悉冷冻鱼糜的制作工艺过程，了解其相关的机械设备。

2. 制订实验计划

学生自己设计鱼糜制品（鱼丸）的配方和生产工艺。按 5 人为一实验小组，学生自己拆装、调试设备。各实验小组自己根据鱼糜制品制造的技术原理、影响鱼糜制品弹性的因素，各组自己制订鱼丸生产工艺、产品配方，用各实验小组自己制造的冷冻鱼糜原料制造鱼丸。各实验小组要提前一星期，把自己制订鱼丸生产工艺、所需工具、产品配方报实验室老师，由实验室老师准备、购买。

3. 实施实验计划

按照论证和修订好的实验计划，在教师指导下研制和加工出鱼肉产品，遇到问题及时讨论解决。

4. 产品评价

教师和各组负责人可参照本章相关方法，通过感官评分、理化检验等，对加工产品进行评价。再通过集体讨论、调研、教师点评等形式，对各组创意和产品给出综合评价。

5. 撰写实验报告

按照任课教师要求，在产品制作完成后撰写实验报告。

实例　冷冻鱼糜及鱼糜制品的生产

一、实验目的

掌握冷冻鱼糜的生产原理和工艺技术，抗冻剂防止鱼肉蛋白质冷冻变性的作用，鱼肉蛋白质变性的特征变化；掌握鱼糜制品弹性形成的机理及其影响弹性的因素；掌握鱼糜制品制造的生产技术；掌握鱼糜凝胶化和凝胶劣化的性质；学习鱼糜制品弹性感官检验方法。

二、实验材料与仪器设备

1. 实验材料

罗非鱼，抗冻剂（食用级），增鲜剂（食用级），辅料（食用级），香辛料（食用级）。

2. 仪器设备

采肉机，精滤机，刮冰机，慢速搅拌机，搅拌机，高速搅拌机，鱼肉成丸机，冰箱，冷柜，温度计，厨刀，砧板。

三、实验内容

（一）冷冻鱼糜的生产

1. 工艺流程

原料验收→原料处理→采肉→漂洗→脱水→精滤→搅拌→包装→冻结→成品→冷藏

2. 操作要点

（1）原料验收

① 采用新鲜罗非鱼或鲢鱼6kg，鱼体完整，眼球平净，角膜明亮，鳃呈红色，鱼鳞坚实附于鱼体上，肌肉富有弹性，骨肉紧密连接，鲜度应符合一级鲜度。

② 原料鱼条重150g以上。

（2）原料处理

① 原料鱼用清水洗净鱼体，除去鱼头、尾、鳍和内脏，刮净鱼鳞。

② 用流水洗净鱼体表面黏液和杂质，洗净腹腔内血污、内脏和黑膜，水温不超过15℃。

（3）采肉

① 原料处理后，进入采肉机采肉，将鱼肉和皮、骨分离。

② 采肉操作中，要调节压力。压力太小，采肉得率低；压力太大，鱼肉中混入的骨和皮较多，影响产品质量。因此，应根据生产的实际情况，适当调节，尽量使鱼肉中少混入骨和皮。同时，要防止操作中肉温上升，以免影响产品质量。

③ 采肉得率应控制在60%左右。

④ 采肉工序直接影响产品质量和得肉率，应仔细操作。

（4）漂洗

① 漂洗的目的：除去脂肪、血液和腥味，使鱼肉增白，同时，除去影响鱼糜弹性的水溶性蛋白质，提高产品的质量。

②漂洗方法：采肉后的碎鱼肉，放于漂洗塑料盆中，加入5倍量的冰水，慢速搅拌漂洗。反复漂洗3次。根据原料鱼鲜度，确定漂洗次数，一般来说，鲜度高的鱼可少洗，鲜度差的鱼应多洗。漂洗时间为15～20min。

③漂洗条件的控制：漂洗水的温度应控制在10℃。漂洗水的pH值应控制在6.8～7.3。最后一次漂洗时，可加入0.2%的食盐，以利脱水。

（5）脱水　漂洗以后的鱼肉，装进尼龙布袋挤压脱水。脱水与制品的水分含量、得率都有关。脱水后的鱼肉含水量应控制在80%～82%。用手挤压，指缝没水渗出。

（6）精滤

①脱水后的鱼肉，进入精滤机，除去骨刺、皮、腹膜等，精滤机的孔径为1.5～2mm。

②在精滤过程中，鱼肉的温度会上升2～3℃。在该操作过程中，鱼肉温度应控制在10℃以下，最高不得超过15℃。必要时，先降温。

（7）搅拌

①为防止鱼肉蛋白冷冻变性，在搅拌过程中加入鱼肉质量的5.5%白糖、0.15%三聚磷酸钠、0.15%焦磷酸钠等添加物，搅拌时间为3～5min。

②在搅拌过程中，鱼肉的温度应控制在10℃以下，最高不得超过15℃。以防温度升高影响产品质量。

取250g鱼肉不加防蛋白质冷冻变性的物质，不需搅拌，直接包装冻结，作为做鱼肉蛋白质冷冻变性特征变化的试验的原料，采用不同颜色塑料包装，并做好包装记号。

（8）包装

①包装袋采用有色聚乙烯塑料袋，以便识别破袋。塑料袋的卫生质量应符合GBn84—1980《聚乙烯成型品卫生标准》之有关规定。

②搅拌后的鱼糜，定量装入聚乙烯袋中，每袋250g，厚度1cm。

（9）冻结　装袋封口后，立即送入冰箱速冻柜冻结，并贮藏于速冻柜作为做鱼糜制品试验和了解蛋白质冷冻变性特征变性试验用原料。

（二）鱼糜制品（鱼丸）的生产

1. 工艺流程

冷冻鱼糜→切碎→放入不锈钢盆→加25～50g碎冰（用铝盆加冰水作为冷却套，冷却全擂溃过程的鱼糜温度并控制在12℃以下）→先加盐用饭匙擂溃15～20min（盐分2次加入，间隔时间3min）→加植物油等调味料擂溃3min→加淀粉擂溃均匀（用小型斩拌机斩拌时间控制在5～7min，由各实验组设计斩拌时间）、用饭匙手工成型→进入常温水中→进入100℃水中加热煮熟

2. 操作要点

（1）按鱼丸制造原理技术、配方制作，成型后的鱼丸放在40～45℃温水中15min后再进入100℃水中加热煮熟，和直接加热煮熟的鱼丸比较弹性。

（2）按鱼丸制造原理技术、配方制作，成型后的鱼丸放在60℃温水中10min后再进入100℃水中加热煮熟，和直接加热煮熟的鱼丸比较弹性。

（3）按配方，全部配方材料一起加入擂溃5min，用饭匙手工成型，进入常温水中，进入100℃水中加热煮熟，和直接加热煮熟的鱼丸比较弹性。

（4）冷冻鱼糜不加盐擂溃，其他工艺配方操作规程一样，加热煮熟后和采用鱼丸

制造原理技术制造的鱼丸测试弹性对比。

（5）没有加抗冻剂的冷冻鱼糜，按鱼丸制造原理技术、配方另加冷冻鱼糜质量5.5%白糖、0.15%三聚磷酸钠、0.15%焦磷酸钠等添加物，制作鱼丸。加热煮熟后和加抗冻剂的冷冻鱼糜采用鱼丸制造原理技术制造的鱼丸测试弹性对比。

四、产品评定

（1）计算冷冻鱼糜及其制品得率。

（2）由指导教师、实验室老师和各实验小组代表1~2人组成实验评价小组，对各实验小组制造的鱼丸质量指标进行评定。鱼丸的质量指标包括凝胶强度（弹性）、味、香、产品成数、白度、水分等。各项质量指标所占比例如下：鱼丸的凝胶强度30%；鱼丸的香气15%；鱼丸的产品成数20%；鱼丸的白度10%；鱼丸的水分10%；鱼丸的风味15%。

五、实验报告要求

（1）严格按照实验步骤注意记录实验数据，分析实验结果。

（2）指出实验过程中存在的问难，并提出相应的改进方法。

六、思考题

1. 生产冷冻生鱼糜有何意义？其加工原理和工艺特点是什么？
2. 以冷冻生鱼糜为原料加工鱼糜制品应注意些什么问题？
3. 详细叙述以新鲜鱼为原料生产鱼糜制品的加工工艺及关键控制工序。
3. 鱼糜制品弹性的形成的机理及其影响因素是什么？如何提高鱼糜制品的弹性？
4. 什么是鱼糜的凝胶劣化？引起鱼糜凝胶劣化的生化原因是什么？可以采取什么方法减轻鱼糜凝胶劣化现象？温度控制在鱼糜制品加工中有什么样的重要性，并说明其原理。
5. 如何判定一种原料鱼是否适合于加工鱼糜制品？
6. 鱼糜制品的质量指标包括哪些？如何测定鱼糜制品的质地状况？
7. 鱼糜制品的变质主要由什么引起？怎样防止？

参考文献

鲍鲁生. 1999. 食品工业中应用的微胶囊技术 [J]. 食品科学 (9): 6-9.
毕阳. 2006. 蔬菜制品加工工艺与配方 [M]. 北京: 化学工业出版社.
蔡同一. 2001. 三大高新分离技术在农产品加工中的应用 [C]. 中国 (天津) 农产品加工及贮藏保鲜国际研讨会论文集.
陈复生, 李里特, 张宏康. 2001. 果蔬气调保鲜的机理与应用 [J]. 中国商办工业 (3): 46-49.
陈有容, 张雪花, 齐凤兰. 2002. 白鲢废弃物发酵鱼露的成分分析及评价 [J]. 中国水产 (4): 72-74.
陈志成. 2003. 薯类精深加工利用技术 [M]. 北京: 化学工业出版社.
迟玉杰. 2009. 蛋制品加工技术 [M]. 北京: 中国轻工业出版社.
崔柳译, 日本文艺社. 2009. 干酪品鉴大全 [M]. 沈阳: 辽宁科学技术出版社.
崔伟荣, 逄焕明, 杨静, 等. 2010. 果胶酶澄清哈密瓜汁工艺研究 [J]. 新疆农业科学, 47 (4): 698-704.
丁武, 张静, 蒋爱民, 等. 2002. 畜产食品工艺学实验指导 [M]. 西安: 西北农林科技大学出版社.
董海洲. 2008. 焙烤工艺学 [M]. 北京: 中国农业大学出版社.
杜鹏. 2008. 乳品微生物学实验技术 [M]. 北京: 中国轻工业出版社.
范江平. 2004. 猪肉型鱼香肠的制作 [J]. 肉类工业 (1): 8-9.
方敏, 沈月新, 方竞, 等. 2004. 臭氧水在水产品保鲜中的应用研究 [J]. 食品研究与开发, 25 (2): 132-136.
高福成. 1998. 冻干食品 [M]. 北京: 中国轻工业出版社.
高福成, 王海鸥, 郑建仙, 等. 1997. 现代食品工程高新技术 [M]. 北京: 中国轻工业出版社.
高福成. 1999. 新型海洋食品 [M]. 北京: 中国轻工业出版社.
龚钢明, 顾慧, 蔡宝国. 2003. 鱼类加工下脚料的资源化与利用途径 [J]. 中国资源综合利用, 7: 23-24.
谷鸣. 2009. 乳品工程师实用技术手册 [M]. 北京: 中国轻工业出版社.
顾瑞霞. 2006. 乳与乳制品工艺学 [M]. 北京: 中国计量出版社.
郭本恒. 2003. 乳粉 [M]. 北京: 化学工业出版社.
郭本恒. 2003. 酸奶 [M]. 北京: 化学工业出版社.
郭锡铎. 2008. 肉类产品概念设计 [M]. 北京: 中国轻工业出版社.
郭锡铎. 2004. 新产品研究与思考 [J]. 肉类工业 (1): 23-28.
韩风华. 2003. 谈谈食醋酿造工艺 [J]. 山东食品发酵, 3: 40-41.
韩光军. 2002. 新产品开发手册 [M]. 北京: 经济管理出版社.
郝淑贤, 李来好, 杨贤庆, 等. 2005. 臭氧水对水产品中微生物的杀菌效果研究 [J]. 现代食品科技, 21 (2): 72-73.
何莉. 2003. 罗非鱼的综合加工利用技术 [J]. 渔业技术产业, 1: 30-31.
何孟晓, 管永庆. 2010. 三文治火腿的加工 [J]. 肉类工业 (4): 10-11.
侯春友. 2000. 微胶囊化粉末油脂的开发与年产 8000t 产品的生产线建设 [J]. 中国油脂 (5): 55

—56.

黄晓钰，刘邻渭. 2009. 食品化学与分析综合实验 [M]. 北京：中国农业大学出版社.

籍保平，李博. 2005. 豆制品安全生产与品质控制 [M]. 北京：化学工业出版社.

纪家笙. 1999. 水产品工业手册 [M]. 北京：中国轻工业出版社.

江洁，王文侠，栾广忠. 2005. 大豆深加工技术 [M]. 北京：中国轻工业出版社.

江水泉. 2003. 食品及农畜产品的冷冻粉碎技术及应用 [J]. 粮油食品科技（5）：44-45.

蒋爱民，樊明涛，李志诚，等. 2003. 畜产食品工艺学实验指导 [M]. 西安：西北农林科技大学出版社.

蒋爱民，南庆贤. 2008. 畜产食品工艺学 [M]. 2版. 北京：中国农业出版社.

蒋爱民. 2005. 畜产品加工学实验指导 [M]. 北京：中国农业出版社.

蒋明利. 2006. 酸奶和发酵乳饮料生产工艺与配方 [M]. 北京：中国轻工业出版社.

揭广川. 2007. 方便与休闲食品生产技术 [M]. 北京：中国轻工业出版社.

金同铭. 2001. 菠菜的营养与药用 [J]. 蔬菜（1）：35.

金泽民，李云亮. 2005. 鱼糜及鱼糜制品的安全性质量管理 [J]. 渔业现代化（2）：45-48.

孔保华. 2004. 乳品科学与技术 [M]. 北京：科学出版社.

孔保华，于海龙. 2008. 畜产品加工 [M]. 北京：中国农业科学技术出版社.

李春. 2008. 乳品分析与检验 [M]. 北京：化学工业出版社.

李冬生，曾凡坤. 2007. 食品高新技术 [M]. 北京：中国计量出版社.

李芳，杨清香. 2009. 肉、乳制品加工技能综合实训 [M]. 北京：化学工业出版社.

李桂花. 2006. 油料油脂检验与分析 [M]. 北京：化学工业出版社.

李里特，江正强. 2010. 焙烤食品工艺学 [M]. 北京：中国轻工业出版社.

李楠，黄登禹，李飞. 2007. 面包制作116款 [M]. 北京：中国轻工业出版社.

李平兰，王成涛. 2005. 发酵食品安全生产与品质控制 [M]. 北京：化学工业出版社.

李晓东. 2005. 蛋品科学与技术 [M]. 北京：化学工业出版社.

李晓东. 2007. 乳品科学与技术实验指导 [M]. 哈尔滨：东北林业大学出版社.

李新华，董海洲. 2009. 粮油加工学 [M]. 2版. 北京：中国农业大学出版社.

李雅飞. 1996. 水产食品罐藏工艺学 [M]. 北京：中国农业出版社.

李勇. 2006. 现代软饮料生产技术 [M]. 北京：化学工业出版社.

李瑜. 2008. 泡菜配方与工艺 [M]. 北京：化学工业出版社.

李志明. 2009. 食品卫生微生物检验学 [M]. 北京：化学工业出版社.

梁洁. 2000. 超临界CO_2萃取食用姜油的研究 [J]. 广州食品工业科技（1）：23-27.

梁填庚，张凤桐，张玉香，等. 2004. 乳品检验员 [M]. 北京：中国轻工业出版社.

林洪. 2001. 水产品保鲜技术 [M]. 北京：中国轻工业出版社.

林若泰. 2005. 即食菜肴辐照保鲜工艺研究 [J]. 辐照研究与辐射工艺学报（12）：1333-1336.

蔺毅峰，王俊贤，高文庚. 2006. 食品工艺实验与检验技术 [M]. 北京：中国轻工业出版社.

凌芝. 2008. 菠菜冬瓜汁复合饮料的研制 [J]. 试验报告与理论研究，11（10）：4-6.

刘长虹. 2006. 食品分析及检验 [M]. 北京：化学工业出版社.

刘长虹. 2005. 蒸制面食生产技术 [M]. 北京：化学工业出版社.

刘俊荣. 2000. 鱼蛋白的综合利用途径2：酸贮液体鱼蛋白 [J]. 水产科学，19（6）：36-38.

刘勤生，胡志和. 2009. 中式传统食品加工技术 [M]. 北京：化学工业出版社.

刘天印，陈存社. 2009. 挤压膨化食品生产工艺与配方 [M]. 北京：中国轻工业出版社.

刘鑫，薛长湖，李兆杰，等. 2007. 鱿鱼低温火腿肠的加工工艺 [J]. 食品与发酵工业，33（1）：

65-68.

刘颖,李云飞,王如竹,等. 2003. 气相色谱法一次进样测定气调包装中 O_2,CO_2 和 C_2H_4 [J]. 食品工业科技(12):96-98.

刘玉田. 2002. 肉类食品新工艺与新配方. 济南:山东科学技术出版社.

卢利军,牟峻. 2009. 粮油及其制品质量与检验[M]. 北京:化学工业出版社.

卢晓明,任发政. 2007. 奶油干酪加工工艺研究进展[J]. 中国乳业(9):22-24.

陆启玉. 2007. 粮油食品加工工艺学[M]. 北京:中国轻工业出版社.

罗庆丰,夏德昭,刘勤剩. 1998. 降低真空油炸果蔬脆片合油率的探讨[J]. 农机与食品机械(4):6-8.

罗殷,王锡昌,刘源. 2008. 金枪鱼加工及其综合利用现状与展望[J]. 安徽农业科学,36(7):11997-11998.

罗云波,蔡同一. 2001. 园艺产品贮藏加工学[M]. 北京:中国农业大学出版社.

罗志刚. 2007. 香菇纤维面包的研制[J]. 粮油加工(2):15-17.

骆承庠. 1992. 乳与乳制品工艺学[M]. 北京:中国农业出版社.

马俪珍,刘金福. 2011. 食品工艺学实验[M]. 北京:化学工业出版社.

马美湖. 2003. 动物性食品加工学[M]. 北京:中国轻工业出版社.

马美湖. 2003. 禽蛋制品生产技术[M]. 北京:中国轻工业出版社.

马佩选. 2002. 葡萄酒质量与检测[M]. 北京:中国计量出版社.

马涛. 2008. 粮油制品检验[M]. 北京:化学工业出版社.

马永昆,陈计峦,胡小松. 2004. 超高压鲜榨哈蜜瓜汁加工工艺技术的研究[J]. 食品工业科技,25(4):75-77.

马永昆,刘威,胡小松. 2005. 超高压处理对哈蜜瓜汁品质酶和微生物的影响[J]. 食品科学,26(12):144-147.

CARF LACHAT,马兆瑞. 2004. 苹果酒酿造技术[M]. 北京:中国轻工业出版社.

马兆瑞,秦立虎. 2010. 现代乳制品加工技术[M]. 北京:中国轻工业出版社.

马兆瑞,吴晓彤. 2006. 畜产品加工实验实训教程[M]. 北京:科学出版社.

里切西尔M. 1989. 加工食品的营养价值手册[M]. 北京:中国轻工业出版社.

倪昕路,韩丽,王传现,等. 2008. 傅立叶变换红外光谱法分析食品及油脂中反式脂肪酸[J]. 中国卫生检验杂志,18(2):248-250.

宁江. 2001. 鱼肉香肠的制作[J]. 大众科技(8):9.

彭凌,张婷,贺新生. 2010. 红平菇面包的加工工艺[J]. 食品研究与开发,31(8):72-76.

彭增起,蒋爱民. 2005. 畜产品加工学实验指导[M]. 北京:中国农业出版社.

乔秀红. 2003. 醋蛋烤制工艺条件研究[J]. 食品科学(9):36.

乔秀红. 2003. 鸡蛋烘烤工艺技术条件研究[J]. 食品机械(4):15.

秦刚,王庭. 2010. 罗非鱼下脚料鱼糜系列功能性产品的开发[J]. 肉类研究(7):78-81.

任宏伟,胡柳. 2010. 我国鱼糜制品现状及发展态势[J]. 中国水产(8):25-26.

任君卿,周根然,张明宝. 2005. 新产品开发[M]. 北京:科学出版社.

阮征. 2005. 乳制品安全生产与品质控制[M]. 北京:化学工业出版社.

尚永彪,唐浩国. 2007. 膨化食品加工技术[M]. 北京:化学工业出版社.

生庆海,张爱霞,马蕊. 2009. 乳与乳制品感官品评[M]. 北京:中国轻工业出版社.

宋玉卿,王立琦. 2008. 粮油检验与分析[M]. 北京:中国轻工业出版社.

檀亦兵. 1998. 微胶囊化芝麻油的研制[J]. 中国油脂(5):35-36.

汤凤霞, 乔长晨. 2005. 低温火腿肠工艺技术研究 [J]. 食品工业科技, 26 (4): 135-137.

唐突. 2006. 食品卫生检验技术 [M]. 北京: 化学工业出版社.

王福源. 2003. 现代食品发酵技术 [M]. 北京: 中国轻工业出版社.

王华. 1999. 葡萄与葡萄酒实验技术操作规范 [M]. 西安: 西安地图出版社.

王钦德, 杨坚. 2003. 食品试验设计与统计分析 [M]. 北京: 中国农业大学出版社.

王双飞. 2009. 食品加工与贮藏实验 [M]. 北京: 中国轻工业出版社.

王水兴, 于敏, 余世望. 1996. 绿茶饮料的澄清技术 [J]. 食品科学, 17 (11): 36-40.

王文生. 2005. 臭氧化空气保鲜果品的应用技术及作用机理的研究 [D]. 中国农业大学博士学位论文.

王喜泉. 2000. 微胶囊技术生产粉末油脂 [J]. 豆通报 (2): 21-25.

王香英, 张容鹄, 万祝宁, 等. 2009. 木薯加工综合利用研究进展 [J]. 农业工程技术 (农产品加工业), 11: 29-33.

王晓静, 叶芳, 林彦. 1996. HACCP 在冷冻干燥蘑菇中的应用初探 [J]. 福建热作科技, 21 (3): 23-24.

王肇慈. 2000. 粮油食品品质分析 [M]. 第2版. 北京: 中国轻工业出版社.

翁鸿珍, 高宇萍, 袁静宇. 2006. 乳与乳制品检测技术 [M]. 北京: 中国轻工业出版社.

吴广臣. 2006. 食品质量检测 [M]. 北京: 中国计量出版社.

吴国卿, 王文平, 田亮, 等. 2010. 不同澄清剂对野木瓜果汁澄清效果的影响 [J]. 贵州农业科学, 38 (7): 171-172.

吴士云. 2002. 大豆马铃薯面包的研制 [J]. 安徽技术师范学院学报, 16 (3): 50-52.

吴文通. 2004. 中西面包蛋糕制作 [M]. 广州: 广东科学技术出版社.

武建新. 2002. 乳制品生产技术 [M]. 北京: 中国轻工业出版社.

武运, 杨海燕, 傅力, 等. 2007. 菠菜汁复合乳酸菌发酵饮料的研制 [J]. 农产品加工 (12): 25-27.

夏文水. 2009. 食品工艺学 [M]. 北京: 中国轻工业出版社.

信溪. 2004. 中国酱油、食醋酿造业发展概况 [J]. 中外食品, 8: 22-23.

徐飞, 钮福祥, 张爱君, 等. 2006. 真空油炸果蔬脆片常见质量缺陷分析 [J]. 安徽农业科学, 34 (10): 2249-2251.

薛效贤, 薛琴. 2004. 乳品加工技术及工艺配方 [M]. 北京: 科学技术文献出版社.

岩田晏奈. 2010. 能够迅速简便地测定鲜鱼的新鲜度判定装置 [J]. 现代渔业信息: 25 (10): 20-22, 36.

燕艳, 季志会, 杜伟, 等. 2010. 真空低温油炸香菇脆片的中试生产工艺探讨 [J]. 东北农业大学学报, 41 (3): 117-119.

杨春哲. 2000. 超滤在苹果酒澄清中的应用 [J]. 食品工业 (5): 46-47.

杨宝进. 2007. 现代畜产食品加工学 [M]. 北京: 中国农业大学出版社.

杨桂馥. 2002. 软饮料工业手册 [M]. 北京: 中国轻工业出版社.

杨虎清, 王文生. 2001. 臭氧在食品生产中的应用研究 [J]. 食品研究与开发, 22 (2): 61-62.

杨文鸽, 薛长湖, 徐大伦, 等. 2007. 大黄鱼冰藏期间 ATP 关联物含量变化及其鲜度评价 [J]. 农业工程学报, 23 (6): 217-222.

姚远, 任大明. 2004. 利用 $^{60}Co-\gamma$ 辐射杀菌技术生产无防腐剂调味品 [J]. 中国调味品 (5): 114-116.

叶兴乾. 2008. 果品蔬菜加工工艺学 [M]. 北京: 中国农业出版社.

于美娟,王飞翔,马美湖. 2008. 冷杀菌技术在液蛋制品加工中的应用研究 [J]. 湖南农业科学,5: 116-118.
俞岚,曲彬,黄加华. 2001. 鱼糜灌肠生产的关键工艺及技术要点 [J]. 肉类工业 (6): 11-12.
玉田. 2006. 肉制品加工技术 [M]. 北京: 中国环境科学出版社.
苑艳辉,钱和,姚卫蓉. 2004. 鱼下脚料综合利用之研究近况与发展趋势 [J]. 水产科学,23 (11): 41.
苑艳辉. 2004. 水产品下脚料综合利用研究进展 [J]. 水产科技情报,31 (1): 44-48.
曾洁. 2009. 粮油加工实验技术 [M]. 北京: 中国农业大学出版社.
曾寿瀛,张国农. 2003. 现代乳与乳制品加工技术 [M]. 北京: 中国农业出版社.
张柏林,裴家伟,于宏伟. 2008. 畜产品加工学 [M]. 北京: 化学工业出版社.
张邦劳. 2006. 食品科学实验基础 [M]. 西安: 陕西人民出版社.
张和平,张佳程. 2010. 乳品工艺学 [M]. 北京: 中国轻工业出版社.
张静. 2000. 超滤技术在澄清果汁加工中的应用 [J]. 落叶果树 (6): 34-35.
张娟. 2001. 甘薯面包的研制 [J]. 粮油加工与食品机械,5: 35-36.
张兰萍. 2001. 超滤——饮料工业中的新型澄清技术 [J]. 饮料与速冻食品工业 (9): 18-19.
张列兵,吕加平. 2003. 新版乳制品配方 [M]. 北京: 中国轻工业出版社.
张其昌,黄谚谚. 1995. 红平菇 RO-1 营养成分分析 [J]. 食用菌 (4): 22-24.
张谦. 2001. 安息茴香油脂的超临界 CO_2 提取工艺研究 [J]. 新疆农业科学,38 (5): 273-274.
张容鹄,窦志浩,万祝宁,等. 2010. 油炸木薯片工艺研究 [J]. 安徽农业科学,38 (27): 15084-15086,15091.
张水华. 2010. 食品分析 [M]. 北京: 中国轻工业出版社.
张万萍. 1995. 水产品加工新技术 [M]. 北京: 中国农业出版社.
张惟广. 2004. 发酵食品工艺学 [M]. 北京: 中国轻工业出版社.
张艳荣,王大为. 2008. 调味品工艺学 [M]. 北京: 科学出版社.
章银良. 2010. 食品与生物试验设计与数据分析 [M]. 北京: 中国轻工业出版社.
赵国华. 2009. 食品化学实验原理与技术 [M]. 北京: 化学工业出版社.
赵晋府. 2007. 食品工艺学 [M]. 2版. 北京: 中国轻工业出版社.
赵征,刘金福,李楠. 2009. 食品工艺学实验技术 [M]. 北京: 化学工业出版社.
郑坚强. 2008. 浑浊苹果汁的研制 [J]. 农产品加工 (3): 77-78,80.
郑志强,赵征. 2007. 霉菌成熟软质干酪工艺参数优化的研究 [J]. 中国乳品工业,35 (6): 17-20.
钟红英. 2010. 关于对固体饮料质量安全标准的思考 [J]. 标准科学 (3): 70-73.
周德庆. 2007. 水产品质量安全与检验检疫实用技术 [M]. 北京: 中国计量出版社.
周光宏. 2008. 肉品加工学 [M]. 北京: 中国农业出版社.
周小理. 2007. 食品工艺学及冷饮生产综合实验指导书 [M]. 上海: 上海应用技术学院出版社.
周子诚. 2005. 粮食及其制品检验 [M]. 成都: 西南交通大学出版社.
朱红,钮福祥,张爱君,等. 2004. HACCP 在真空低温油炸果蔬脆片加工中的应用 [J]. 江苏农业科学 (3): 69-71.
GARY S LYNN, RICHARD R REILLY. 2003. 新产品开发的5个关键 [M]. 冯玲,王星明,译. 北京: 机械工业出版社.
CHARLES A L, SR IROTHK, HUANG T C. 2005. Proximate composition, mineral contents, hydrogen cyanide and phytic acid of 5 cassava genotypes [J]. Food Chemistry, 92 (4): 615-620.
HUI ZHANG, ZHANG WANG, SHI-YING XU. 2007. Optimization of processing parameters for cloudy ginkgo

（Ginkgo biloba L. ）juice [J] . Journal of Food Engineering, 80: 1226 – 1232.

JINSHUI WANG. 2002. Effect of the addition of different fibres on wheat dough performance and bread quality [J] . Food Chemistry, 79 (2): 221 – 226.

KROKIDA M K, OREOPOULOU V, MAROULIS Z B. 2000. Water loss and oil uptake as a function of frying time [J] . Journal of Food Engineering, 44 (1): 39 – 46.

SHYU S L, HWANG L S, HAW L B. 1998. Effect of vacuum frying on the oxidative stability of oils [J] . Journal of the American Oil Chemists Society, 75 (10): 1393 – 1398.